JN083897

くらべてわかる
シダ

文―桶川 修　写真―大作晃一

山と溪谷社

はじめに

日本は山の多い国です。そして雨の多い国でもあります。山に降った雨は渓流となり、谷間に林を育て、平地を潤します。日本の国土の三分の二は森林であり、その約半分が天然林、残りが人工林と言われます。このように日本は森林国であり、その湿潤な森林の中には多くのシダが育っています。さらには森林の中だけでなく、都会の公園、山の麓の農家の石垣、石灰岩の岩場など、海岸から高山まで、ありとあらゆる場所にシダが育っていると言って過言ではありません。日本で観察されるシダの種類（亜種、変種、雑種を含む）は実に1,000種類を超え、本当に日本はシダの宝庫なのです。

しかし、シダは初心者にとっては敷居が高いとよく言われます。初めてシダの観察会に参加された人の話を聞くと、よく「どのシダも皆同じように見える」と言われます。それではと手近にあるシダ、例えばフモトシダとベニシダを取って、「これが同じに見えますか」と聞くと、「同じには見えない」との返事です。即ち皆同じに見えるのではなく、単に馴染みがないだけというのが本当のところではないでしょうか。この本はそのような方々を対象に、少しでもシダに親しんでいただきたいという想いで執筆しました。

確かにシダは花が咲かない地味な植物です。しかし、タチシノブの繊細な葉は誰でも美しいと思われるでしょうし、初めてヒメウラジロの真っ白な葉の裏を見たときの驚きは何十年か経った今でもよく覚えています。オニヒカゲワラビの大きな葉の力強さも印象的でした。そのようなシダの魅力を少しでもお伝えできれば、シダを身近に感じていただけるようになるのではないかと期待しています。

また、シダには冬でも葉を青々と茂らせている常緑性の種類が多くあります。そのうえどこの山に行っても1日歩けば大抵20種類や30種類のシダを観察することが

できるでしょう。勿論その中には同定に困るようなよく似た種類もあるでしょうが、それでもそれぞれの種類の特徴を理解していれば、かなりのところまで同定できるようになると思います。その点は種子植物の観察と何ら変わるところはありません。つまり1年を通して植物の観察眼を養うには、シダは絶好の対象と言えるのではないでしょうか。

この本では関東地方で比較的よく目にする種類を中心に掲載しました。関東地方では少ないものの中部地方や関西まで行くと一般的となる種類についても一部掲載しました。しかし初心者の方を主な読者対象と考えましたので、稀な種類は除くこととしました。また雑種については、観察会でも時々見かけますが、この本ではそのほとんどを割愛しました。まず基本的な種類をきっちり自分のものとすることが大事であると考えるからです。雑種を含め、本書に含めなかった希少なシダについては、他に立派な図鑑が出ていますので、そちらを参照していただきたいと思います。また本書では外形を重視し、分類体系はある程度無視しました。外見が似ていれば、分類上は離れていても近くのページに配置するようにしました。それによって初心者の方が種名にたどり着きやすくなると考えたからです。写真はできるだけ全形を大きく載せ、それによって各種類の特徴を視覚的に捉えていただけるようにしました。また、各種類の特徴を表す部分については、できるだけ拡大写真を付け加えました。これも名前を知る手助けになろうと思います。その他に少しでもシダを身近に感じていただけるように、名前の由来、最近の話題などもできるだけ取り上げました。

本書が少しでもシダに親しむための手助けになることを切に願う次第です。

目　次

コラム

解説

本書の見方

特徴的な部分の
拡大写真
拡大写真の解説
生態写真（できるだけ
載せるようにした）
胞子嚢群の位置や
形などの拡大写真
拡大写真の解説
全形写真
シダの和名と漢字表記
シダの学名（命名者名
は省いた）
科・属／国内の分布
種の特徴などの解説
葉柄や根茎の鱗片など
の拡大写真と解説
胞子嚢群は裂片の
脈端につき、包膜
はコップ状
胞子嚢群をつけた小羽片。
裂片は長楕円形～披針形
シノブが木の幹に根茎を這わせ、多くの葉をつけていた
3～4回羽状に切れ込む
葉柄上部から
中軸の鱗片は
まばら
根茎と葉柄基部
には褐色で周辺
部が白っぽい鱗
片が密にある
シノブ【忍】
Davallia mariesii
シノブ科シノブ属／北海道～九州、琉球（北海道では稀）
山地や山麓の樹幹や岩上に着生する夏緑性のシダ。鱗片に覆われた根茎は長く
匍匐し、まばらに葉を出す。葉身は長さ15cm前後の三角状広卵形、3～4回
羽状に切れ込み、最終裂片に1つずつの胞子嚢群がつく。名前は、土がなくても、
また乾燥にも耐え忍ぶ性質に由来し、このような性質を利用して古来よりシノブ
玉として栽培・鑑賞される。また、琉球列島以南の亜熱帯に分布する個体群
は常緑性となり、別変種（var. stenolepis）として、分けられることがある。
193

シダの和名、漢字表記、学名、分類群（科・属）は一部を除き「日本産シダ植物標準図鑑（学研プラス）」に従った。また、「国内の分布」は同図鑑の分布図を参考に記載し、例えば北海道、本州、四国、九州のすべてに分布している場合は「北海道～九州」と省略して記載した。なお屋久島や対馬は九州に含め、特に九州本土になく屋久島だけにあるような場合はそのことが判るように記載した。

シダのからだのつくり

●**シダの各部分の呼び方**（上：イワヒメワラビ 全形、下：キンモウワラビ 小羽片）

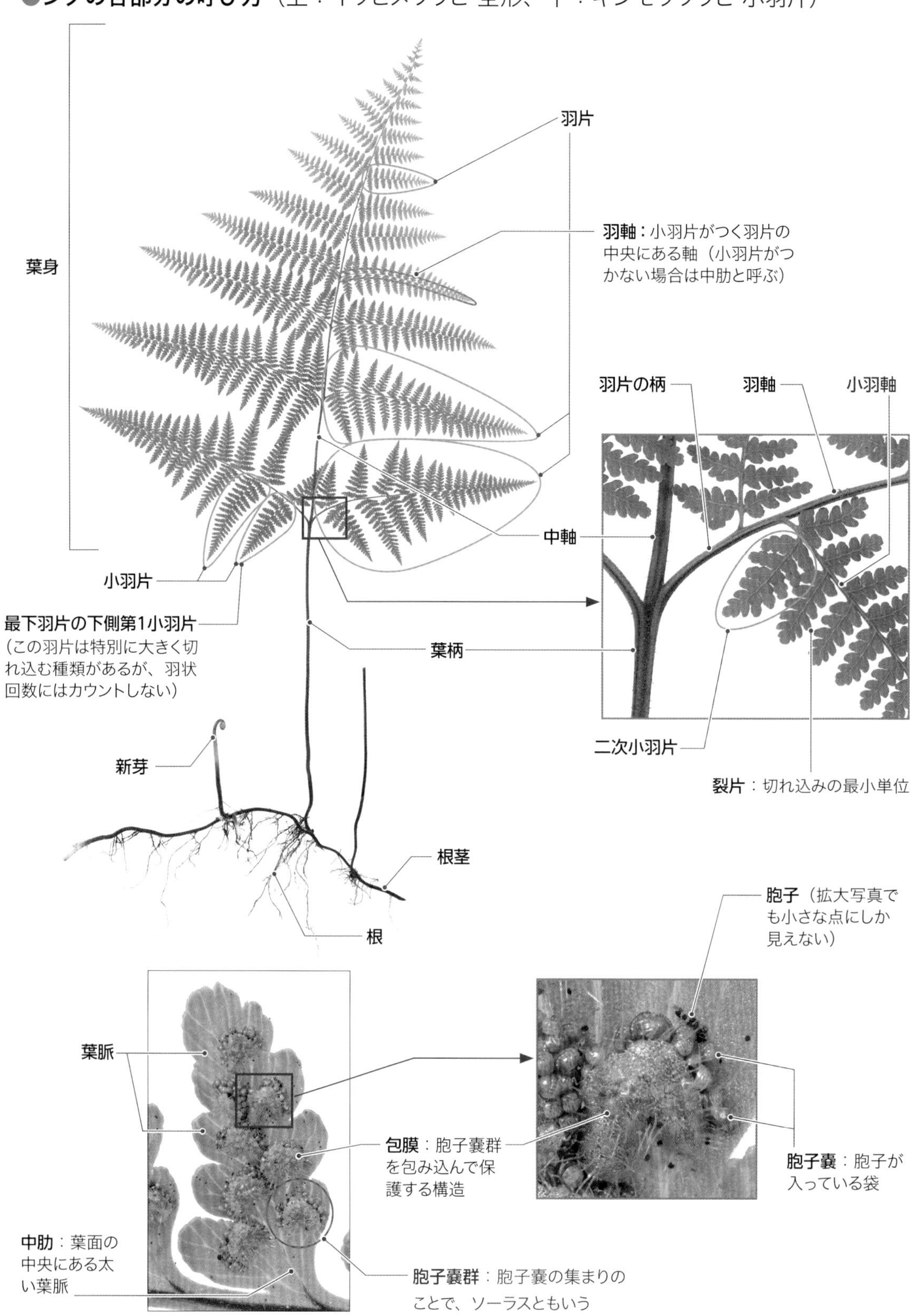
葉身
羽片
羽軸：小羽片がつく羽片の
中央にある軸（小羽片がつ
かない場合は中肋と呼ぶ）
羽片の柄
羽軸
小羽軸
中軸
小羽片
最下羽片の下側第1小羽片
（この羽片は特別に大きく切
れ込む種類があるが、羽状
回数にはカウントしない）
葉柄
二次小羽片
裂片：切れ込みの最小単位
新芽
根茎
根
胞子（拡大写真で
も小さな点にしか
見えない）
葉脈
包膜：胞子嚢群
を包み込んで保
護する構造
胞子嚢：胞子が
入っている袋
中肋：葉面の
中央にある太
い葉脈
胞子嚢群：胞子嚢の集まりの
ことで、ソーラスともいう

●基本的な形

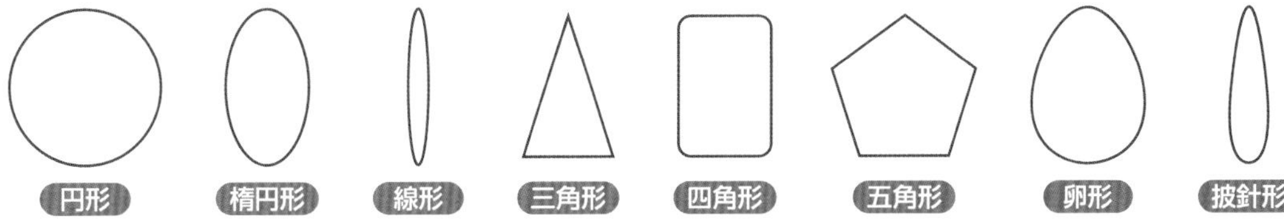

円形
楕円形
線形
三角形
四角形
五角形
卵形
披針形

●葉の縁の形状

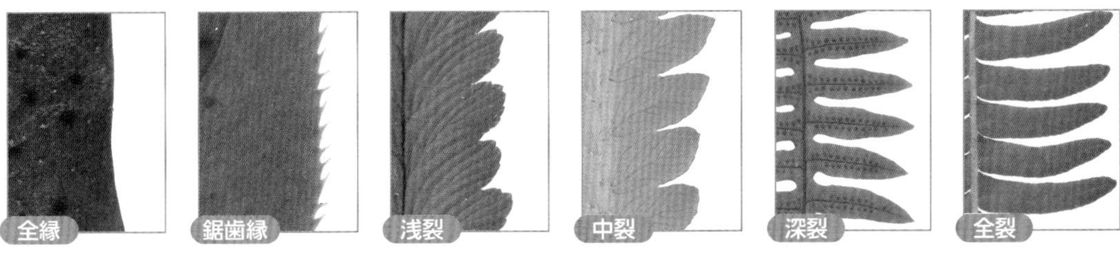

全縁
鋸歯縁
浅裂
中裂
深裂
全裂

●葉身の切れ込み

単葉 P46-62
1～2回羽状に切れ込む P63～117
単葉(全縁)
1回羽状深裂
1回羽状複生
2回羽状浅裂
2回羽状深裂
2回羽状全裂

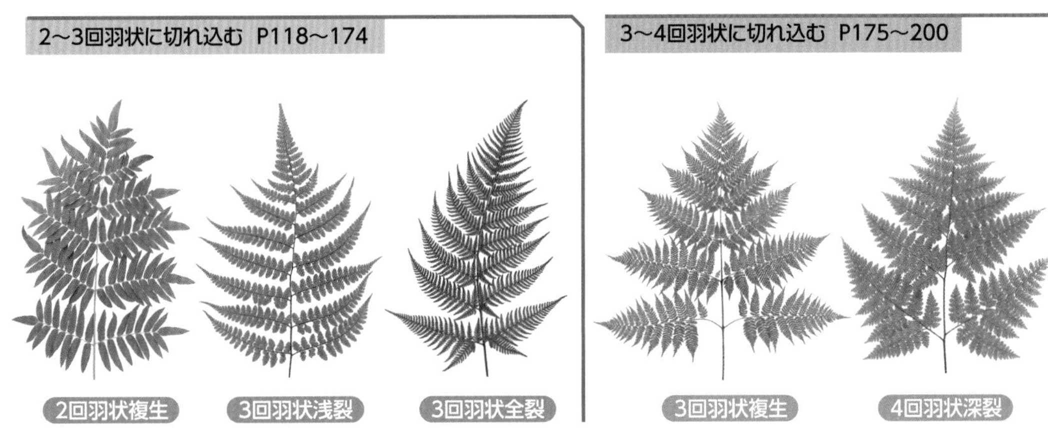

2～3回羽状に切れ込む P118～174
3～4回羽状に切れ込む P175～200
2回羽状複生
3回羽状浅裂
3回羽状全裂
3回羽状複生
4回羽状深裂

●根茎

長く匍匐(横走)
短く匍匐
斜上
直立

ホソバカナワラビ　コバノカナワラビ　ベニシダ　ジュウモンジシダ

胞子嚢のいろいろ

胞子嚢は胞子がつくられる場所であり、種子植物では花のおしべやめしべに相当する器官である。色々特徴的な形態があるので、ルーペなどを使ってよく観察してみよう。

●ヒカゲノカズラ科、イワヒバ科（小葉類）

比較的大きく、肉眼でも見えるような胞子嚢が、葉の向軸側（茎に向いている側、通常は表側）の基部に1個ずつつく。イワヒバ科とミズニラ科では大胞子嚢と小胞子嚢がある（異形胞子という）。

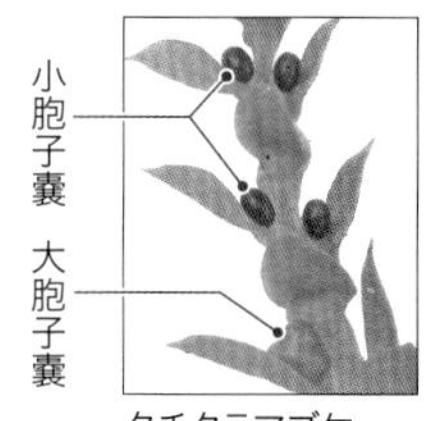
小胞子嚢
大胞子嚢
タチクラマゴケ

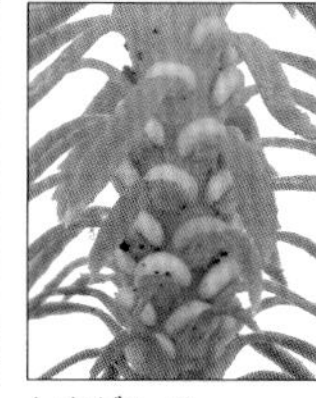
トウゲシバ

●トクサ科

茎の上部にできる胞子嚢穂を拡大してみると右の写真のようにキノコのようなものが見えるが、この茶色の部分が胞子嚢床で、それに胞子嚢がぶら下がるようにしてつく。写真の白い部分は裂開して胞子を放出した後の胞子嚢である。

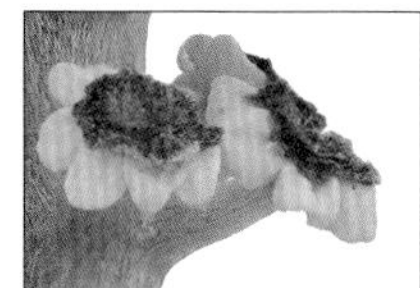
イヌスギナ

●ハナヤスリ科

葉は胞子葉と栄養葉の二形になり、胞子葉には多数の胞子嚢がつく。ハナヤスリ属では胞子嚢が互いに癒合して1本の棒のようになるが、ハナワラビ属では各胞子嚢は独立している。いずれも葉面はなく、胞子葉の軸に直接胞子嚢がついている。

オオハナワラビ

コヒロハハナヤスリ

●リュウビンタイ科

リュウビンタイの胞子嚢の壁は数層の細胞でできており厚い。このような胞子嚢を真嚢という。これに対して1層のみの細胞層でできている胞子嚢を薄嚢という。リュウビンタイは右の写真のように背軸側（葉の裏側）にいくつかの胞子嚢が集まって胞子嚢群を形成するが、各胞子嚢は独立している。同じ科のリュウビンタイモドキ属は各胞子嚢が癒合して単体胞子嚢群をつくる。

リュウビンタイ

●ゼンマイ科

薄嚢シダの中では最も原始的なグループである。薄嚢の胞子嚢では、通常環帯があり、そこから裂開するが、ゼンマイでは側面に硬膜細胞があるだけで通常の環帯（「オシダ科など」参照）はない。しかも薄嚢の胞子嚢では一つの胞子嚢中に64個または32個の胞子を含むものが多いが、ゼンマイでは256個またはそれ以上になる。

ヤシャゼンマイ

●カニクサ科

カニクサも薄嚢シダであるが、他の多くの薄嚢シダに見られる環帯とは異なり、写真の左の胞子嚢に見られるように楕円形の胞子嚢の先端近くに環帯がある（写真では白っぽく見える）。1胞子嚢当たりの胞子数は128〜256個と多い。

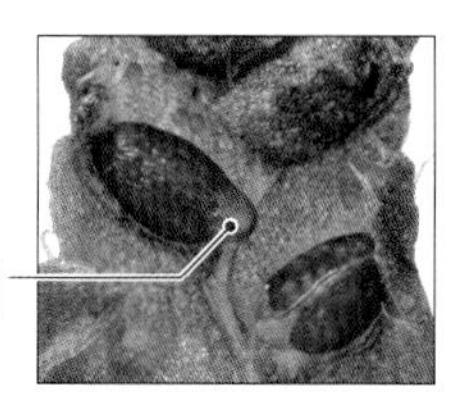
環帯
カニクサ

●オシダ科など

代表的な薄嚢の胞子嚢で、薄嚢シダのほとんどがこれに似た形である。胞子嚢壁は1細胞層と薄く、胞子嚢を取り巻くように細胞壁が厚くなった環帯があって、そこから裂開する。また、1胞子嚢中の胞子は64個または32個である。

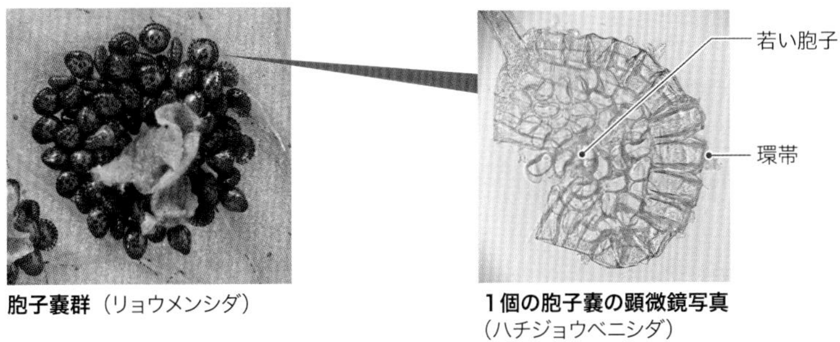
若い胞子
環帯

胞子嚢群（リョウメンシダ）　**1個の胞子嚢の顕微鏡写真**（ハチジョウベニシダ）

包膜のいろいろ

包膜は胞子嚢群を包み込み保護している構造である。胞子嚢群の形に合わせて様々な形のものがあり、各々の種の特徴となっているのでしっかり観察しよう。

●通常の包膜

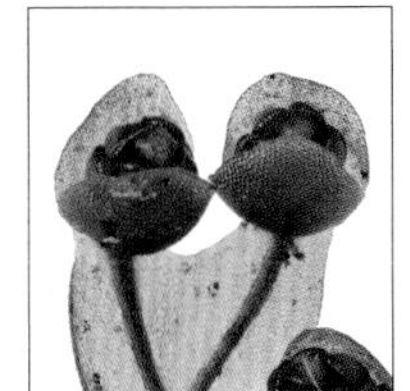

二枚貝状包膜（コケシノブ）

コップ状包膜（イズハイホラゴケ）

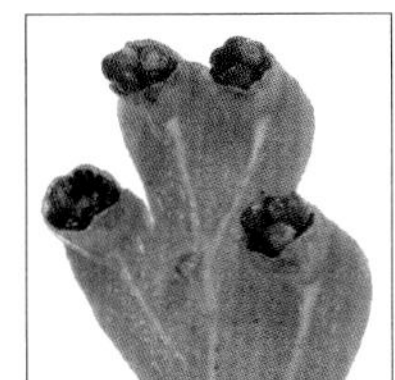

浅いコップ状包膜（コバノイシカグマ）

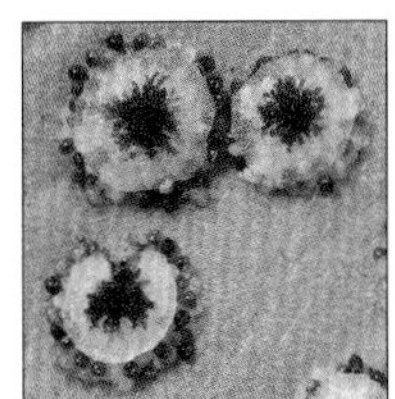

円形包膜（オニヤブソテツ）

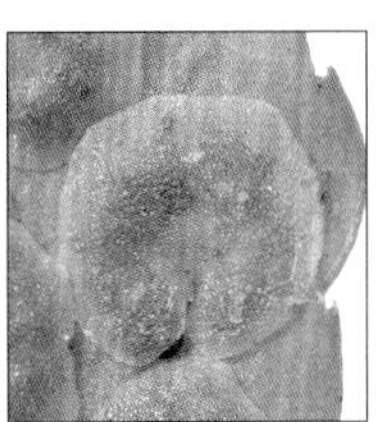

円腎形包膜（リョウメンシダ）

有毛の円腎形包膜（ハリガネワラビ）

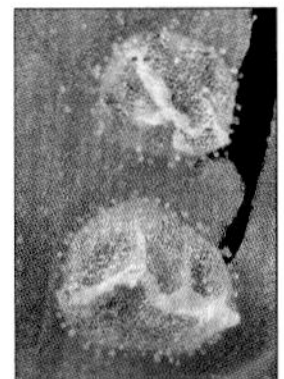

袋状包膜（フクロシダ）

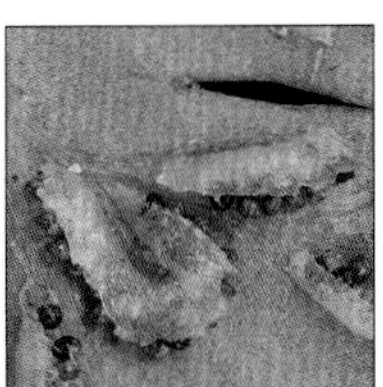

鉤形と三日月形の包膜（イヌワラビ）

線形の包膜（トキワシダ）

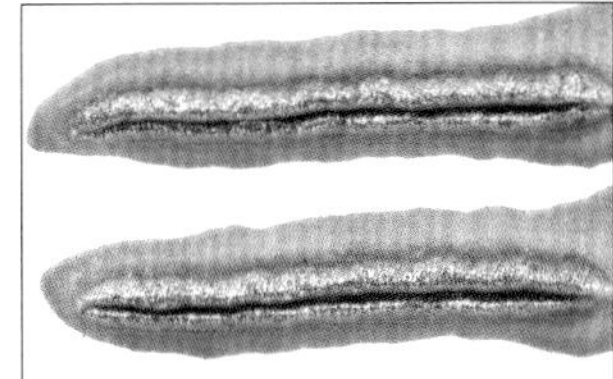

2枚の線形の包膜が向かい合って1つに見える（オサシダ）

●偽包膜

通常の包膜がなく、葉の縁が折れ曲がって胞子嚢群を保護しているもので、イノモトソウ科に多い。

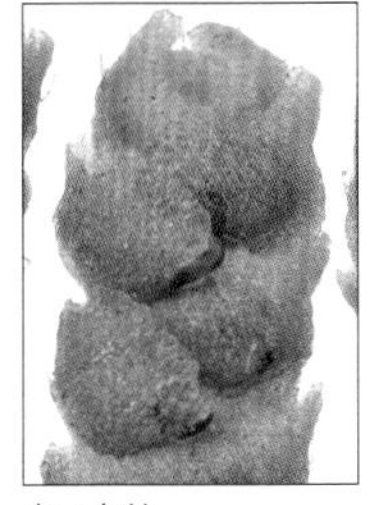

カニクサ

アマクサシダ

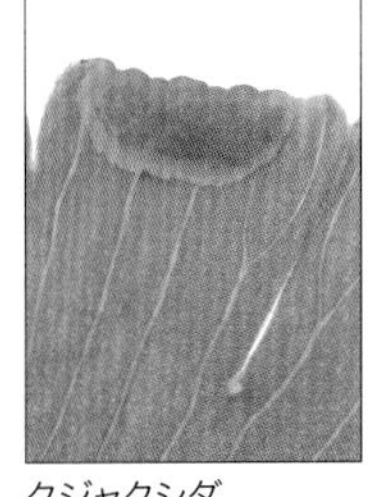

クジャクシダ

タチシノブ

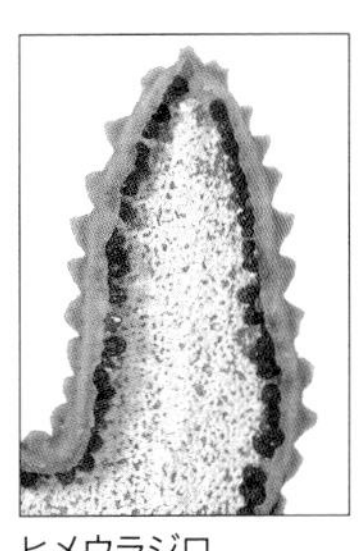

ヒメウラジロ

●包膜なし

包膜がないシダも結構多い。特にウラボシ科では全ての種類で包膜がないが、代わって楯状の鱗片が若い胞子嚢群を保護している種類がある（ノキシノブ属など）。

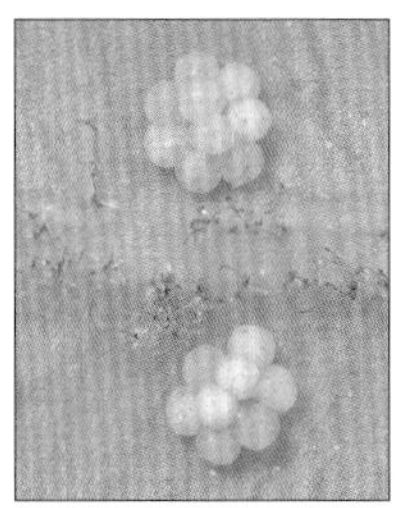
胞子嚢群が裸出している
（コシダ）

包膜がなく胞子嚢群が裸出している
（ミゾシダ）

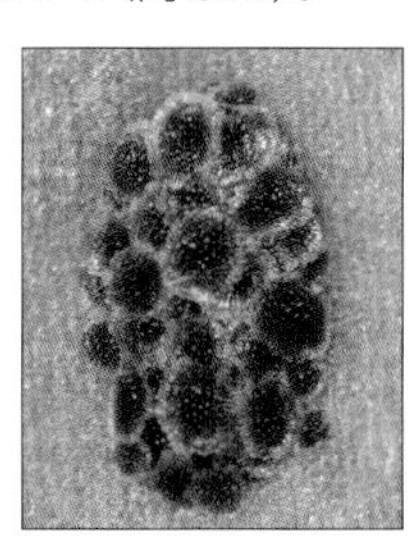
胞子嚢群が楯状鱗片に覆われている
（ナガオノキシノブ）

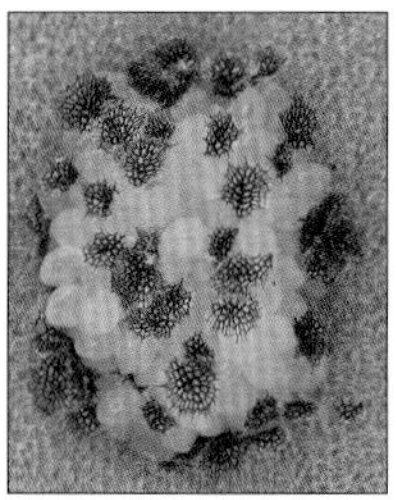
胞子嚢が大きくなり、楯状鱗片が脱落し始めた状態
（ノキシノブ）

栄養葉と胞子葉、二形と部分的二形

ゼンマイなどのように胞子嚢がつく葉とつかない葉で、全く違う形になることを「二形」であるという。この場合胞子嚢がつかない葉はもっぱら光合成をおこない、栄養分を供給しているので「栄養葉（裸葉ともいう）」と呼ばれる。一方で胞子をつける葉は「胞子葉（実葉ともいう）」と呼ばれる。

シダの中にはオニゼンマイなどのように葉の一部の羽片だけに胞子嚢がつき、その羽片は胞子嚢がつかない羽片と全く違う形になるものがある。このような場合を「部分的二形」であるという。

また胞子葉と栄養葉が違う形になり、区別はできるものの、その差があまり大きくないものがあり、このような場合を「やや二形」であるという。

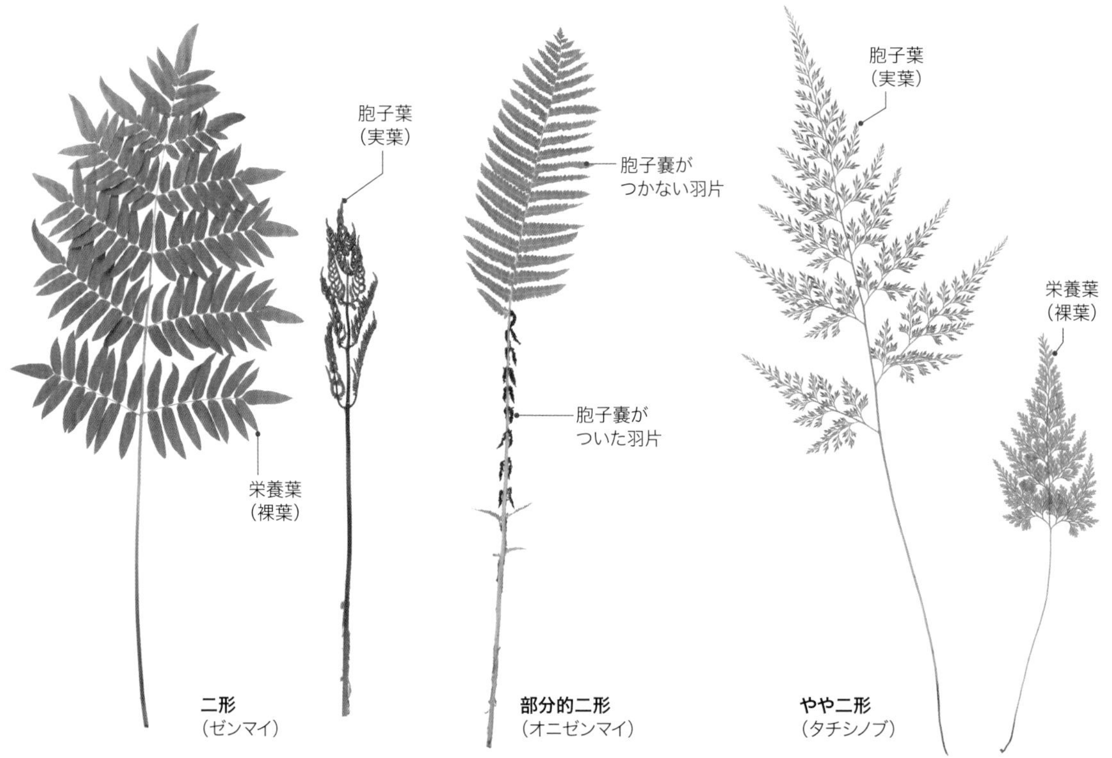
胞子葉
（実葉）
栄養葉
（裸葉）
胞子嚢が
つかない羽片
胞子嚢が
ついた羽片
胞子葉
（実葉）
栄養葉
（裸葉）
二形
（ゼンマイ）
部分的二形
（オニゼンマイ）
やや二形
（タチシノブ）

鱗片と毛

シダでは、特に葉柄や中軸には鱗片や毛が多く、その色や形が種類の同定の鍵になっているものが多いが、さて鱗片と毛はどう違うのだろうか。

●鱗片

鱗片を倍率の高いルーペや顕微鏡で見るとたくさんの細胞が並んでいるのが見える。この細胞の列が2列以上であるものが鱗片である。実際には幅の狭い線状のものから幅の広い円形のもの、周囲に突起のあるもの、細かく切れ込んだもの、楯状のもの、基部が袋状のものなど様々な形のものがある。

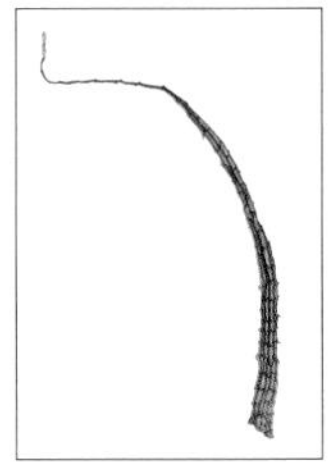

線形の鱗片
（シシラン 葉柄）

ねじれた黒色の鱗片
（ミヤマメシダ 葉柄）

辺縁が細裂した鱗片
（イノデモドキ 葉柄）

袋状鱗片
（ベニシダ 羽軸）

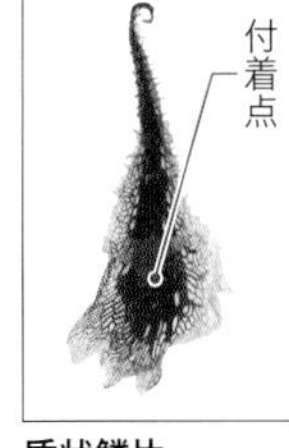
付着点

盾状鱗片
（ナガオノキシノブ 根茎）

盾状鱗片
（ノキシノブ 胞子嚢群）

●毛

毛は細胞が1列だけのもので、1細胞のものや多細胞毛（細い細胞が縦に連なる）、星状毛、腺毛などがある。

多細胞毛
（コバノイシカグマ）

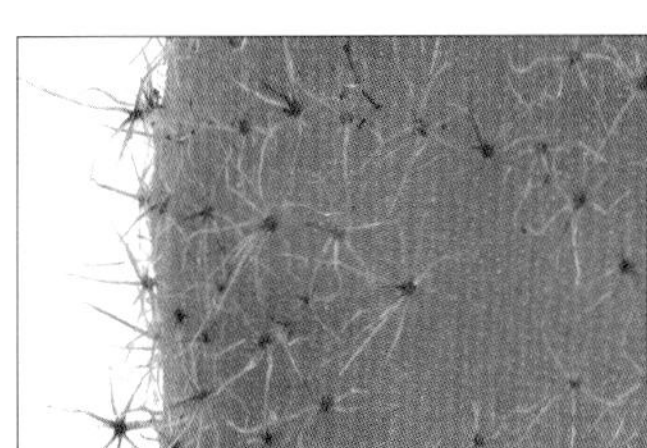

星状毛
（ビロードシダ）

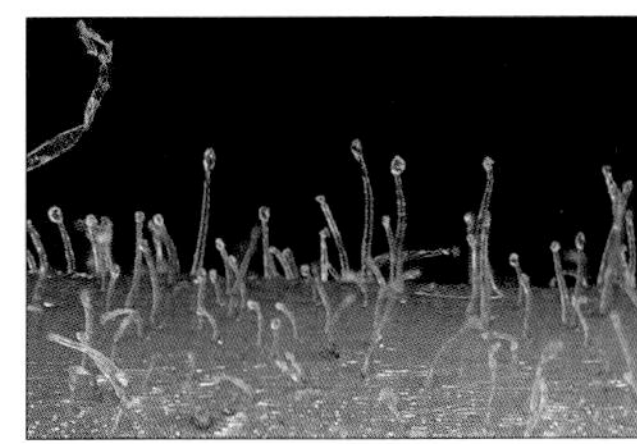

腺毛
（イワヒメワラビ）

シダ観察のポイント

シダを勉強するのに、ただ図鑑を眺めていてもなかなか覚えられるものではありません。ここでは、シダ観察の上達のコツを紹介します。

シダの生える場所

シダは湿った場所が好きな植物なので、谷筋の杉林や山地の渓流沿いのような湿り気のある場所に多くの種類が見られます。実際、シダの観察会などはそのような場所で行われることが多いです。なかには、岩壁や木の幹に着生しているシダも見られます。しかし、そのような場所にばかり行っていては出会えないものもあります。“所変われば品変わる”といわれるように、シダも環境に合わせて生育する種類が変わります。暖かい地方には亜熱帯性のシダがあります。観察できる種類の数は少なくなるかもしれませんが、高い山の上や、日当たりの良い草原、石灰岩の岩場、海岸など、それぞれに違う種類のシダが生育していますので、そのような場所でもシダを観察してみましょう。

シダが群生する杉林の林下

湿原に群生したヤマドリゼンマイ

観察の時期

一般的には胞子嚢群の様子（包膜など）や胞子を観察するには、胞子嚢群が成熟する夏から秋にかけてが観察の適期でしょう。しかし、胞子嚢群が成熟する時期は種類によって大きく異なるので注意が必要です。

一方、シダには常緑性の種類も多く、なかには冬緑性の種類もあります。春に伸びる新芽の様子がかなり特徴的な種類もあります。また、一部の種類には無性芽ができ、その時期は種類によって異なりますが、多くの種類では秋が観察しやすいでしょう。したがって多くのシダの様々な姿を観察しようと思ったら、やはり季節をかえて野外での観察の回数を増やすことが効果的です。逆に言えば、シダの観察は一年中いつでも楽しむことができると言えるでしょう。

ルーペを使って細部を観察しよう

シダでは、葉柄の基部や中軸にある鱗片や毛、胞子嚢群のつく位置や形、包膜の様子などの細かい特徴が識別の重要な手掛かりになることがよくあります。そのような細かい特徴などを確認するために、必ずルーペ（10倍〜20倍程度）を用意しましょう。

観察会に参加しよう

シダを勉強するために、最も手っ取り早い方法は観察会に参加することでしょう。そこにはシダに詳しい講師の方がいらっしゃるでしょうから、その方に教えていただきましょう。できれば名前だけでなく、その種類の特徴や似た種類との見分け方も教えていただき、忘れないようにメモをしておきましょう。観察会から帰ったら、できればその日のうちに、メモした内容を図鑑などで確認するとさらに理解が深まると思います。このようにして観察会に何回も参加していれば、だんだんと覚えたシダの種類も増えていき、一人で野外に出かけても名前の分かるシダが増えてきます。また、観察のポイントも分かってきて、観察の楽しさも増してくるというものです。一人で野外に行ったときにわからないシダがあれば、採集して押し葉標本にし、次の観察会に持っていって講師の方に教えていただくと、さらに上達のスピードも上がるでしょう。

標本の採り方

葉の一部だけを採ることはやめてください。必ず葉の全体、つまり葉柄の付け根から採るようにしましょう。できればハサミなどを使って葉柄の鱗片をできるだけ落とさないように注意して採集し、また土などの汚れはきれいに洗い流してから標本にしましょう。もう一つ重要なことは、必ず胞子嚢群がついている葉を採集することです。もし胞子葉と栄養葉が別々の形だったら、その両方を採るようにします。また、標本にしてしまうと分かりづらくなる葉の色や光沢の有無なども観察し、メモしておくと良いでしょう。それらの記録のために写真を撮っておくことも、手軽にできて有用です。標本は新聞紙などに挟んで乾燥させ、採集した場所と日付を書いておきます。また、1枚の新聞紙に違う種類のシダを挟むことは避け、1種類だけのシダを挟むようにしましょう。乾燥した標本には、採集日・採集地・採集者などを書いたラベルをつけましょう。標本のつくり方についての詳しいことは、他の本を参考にしてください。

採集したシダで種類が分からないものがあれば、詳しい方に教えていただきましょう。その際に、同定の手掛かりになるような部分、つまり胞子嚢群や鱗片などがそろっている標本を示すことが、教えていただく側の礼儀というものです。自分の観察記録用として保存する場合でも、同定の手掛かりになるような部分がそろっている標本であれば、後日また調べなおしたり、新たな採集品と比較したりすることもできます。そのためにもきれいな葉を選んで採集し、きれいな標本を作製したいものです。

シダの早見表 (以下から似た形のシダを探してください)

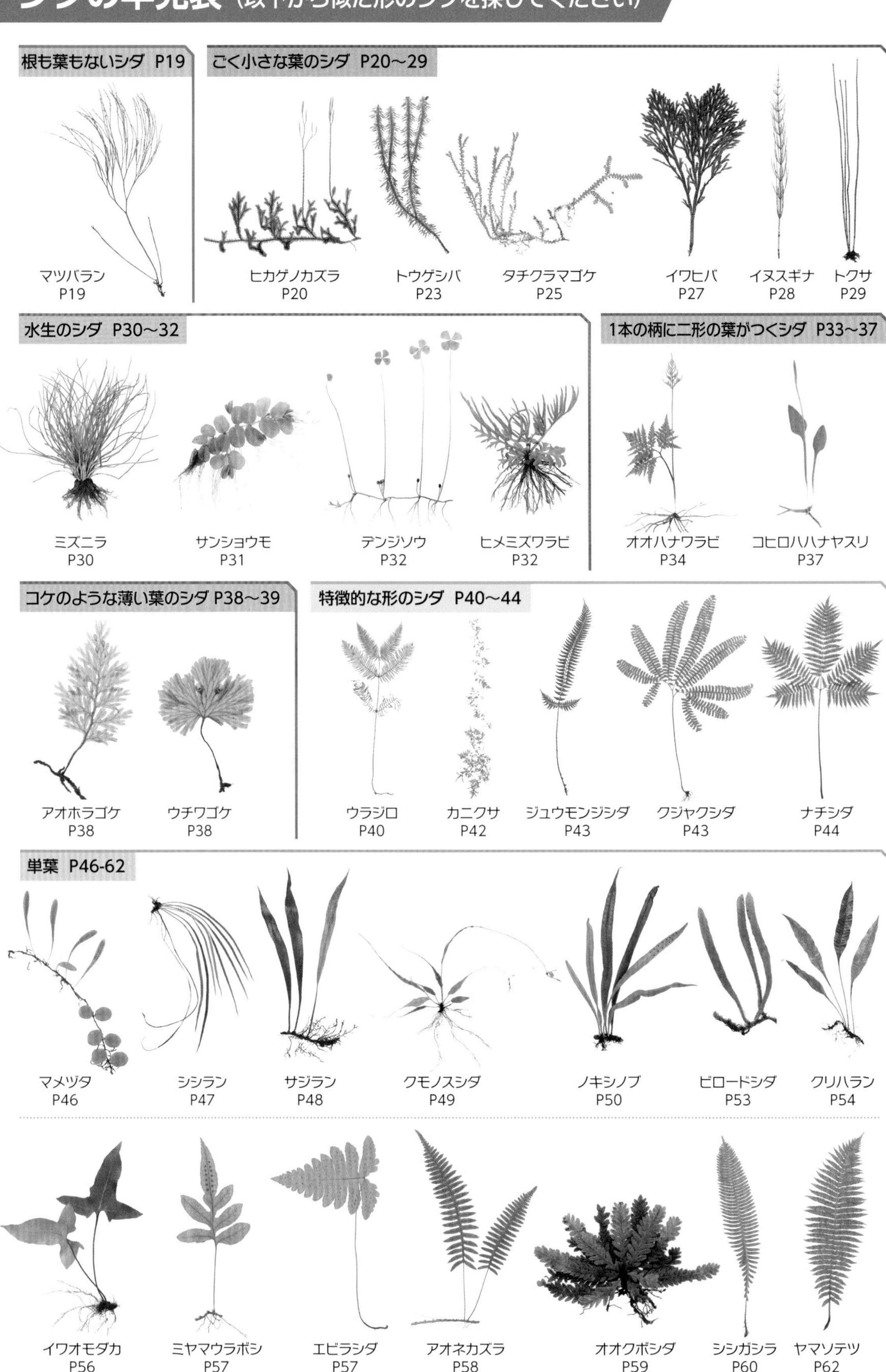

根も葉もないシダ P19
マツバラン
P19
ごく小さな葉のシダ P20〜29
ヒカゲノカズラ
P20
トウゲシバ
P23
タチクラマゴケ
P25
イワヒバ
P27
イヌスギナ
P28
トクサ
P29
水生のシダ P30〜32
ミズニラ
P30
サンショウモ
P31
デンジソウ
P32
ヒメミズワラビ
P32
1本の柄に二形の葉がつくシダ P33〜37
オオハナワラビ
P34
コヒロハハナヤスリ
P37
コケのような薄い葉のシダ P38〜39
アオホラゴケ
P38
ウチワゴケ
P38
特徴的な形のシダ P40〜44
ウラジロ
P40
カニクサ
P42
ジュウモンジシダ
P43
クジャクシダ
P43
ナチシダ
P44
単葉 P46-62
マメヅタ
P46
シシラン
P47
サジラン
P48
クモノスシダ
P49
ノキシノブ
P50
ビロードシダ
P53
クリハラン
P54
イワオモダカ
P56
ミヤマウラボシ
P57
エビラシダ
P57
アオネカズラ
P58
オオクボシダ
P59
シシガシラ
P60
ヤマソテツ
P62

1〜2回羽状に切れ込む P63〜117

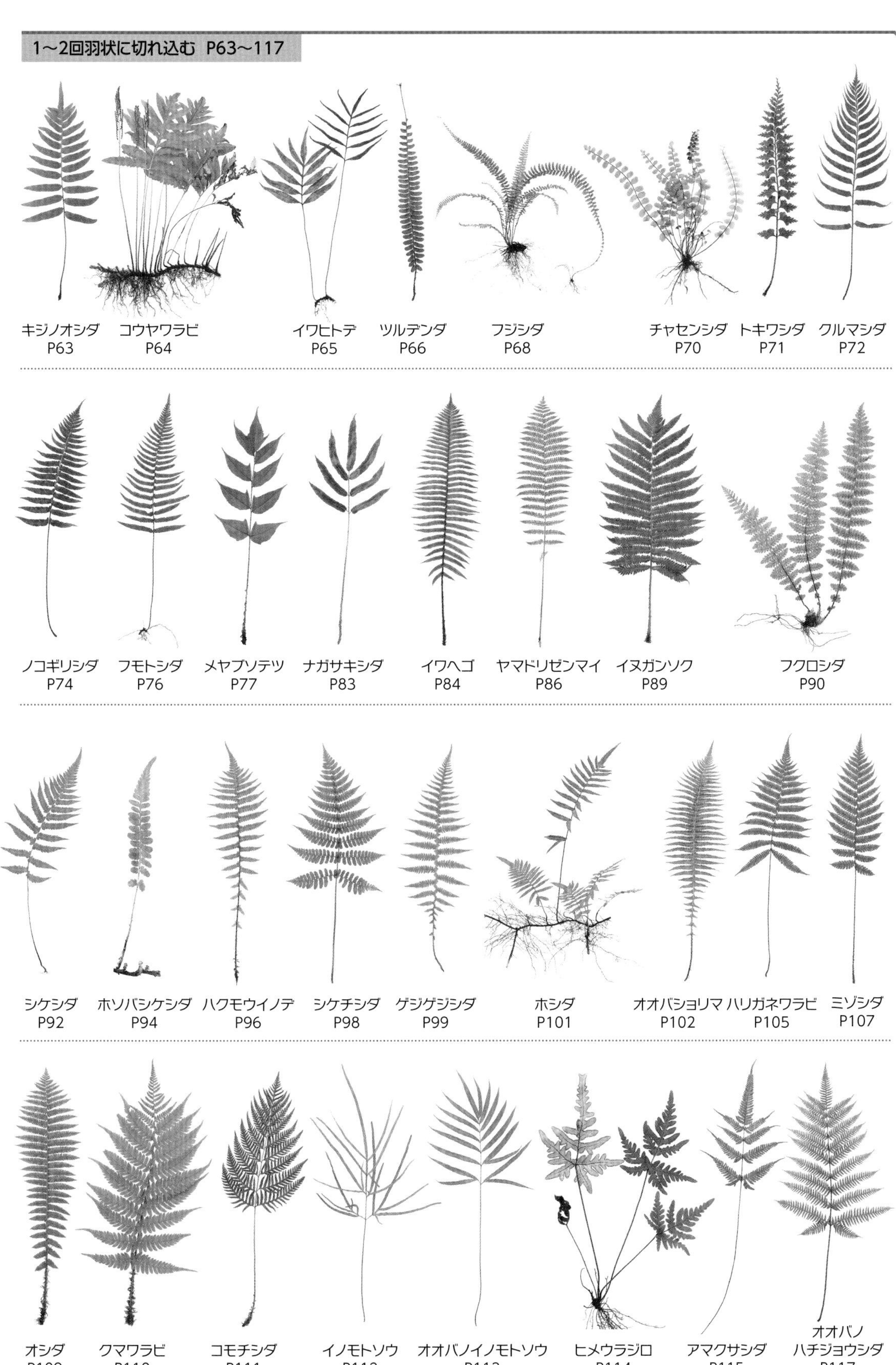

キジノオシダ P63　コウヤワラビ P64　イワヒトデ P65　ツルデンダ P66　フジシダ P68　チャセンシダ P70　トキワシダ P71　クルマシダ P72

ノコギリシダ P74　フモトシダ P76　メヤブソテツ P77　ナガサキシダ P83　イワヘゴ P84　ヤマドリゼンマイ P86　イヌガンソク P89　フクロシダ P90

シケシダ P92　ホソバシケシダ P94　ハクモウイノデ P96　シケチシダ P98　ゲジゲジシダ P99　ホシダ P101　オオバショリマ P102　ハリガネワラビ P105　ミゾシダ P107

オシダ P109　クマワラビ P110　コモチシダ P111　イノモトソウ P112　オオバノイノモトソウ P113　ヒメウラジロ P114　アマクサシダ P115　オオバノハチジョウシダ P117

2〜3回羽状に切れ込む P118〜174
イワガネゼンマイ
P118
ゼンマイ
P120
リュウビンタイ
P122
イチョウシダ
P124
カラクサシダ
P124
ヒノキシダ
P125
トキワ
トラノオ
P126
コバノ
ヒノキシダ
P127
トラノオシダ
P128
イヌシダ
P129
イワウサギシダ
P130
イノデ
P132
ツヤナシイノデ
P136
ヒメカナワラビ
P139
イシカグマ
P143
オオフジシダ
P144
ミヤマ
ウラジロ
P145
イヌワラビ
P146
ヤマイヌワラビ
P148
サトメシダ
P152
イッポンワラビ
P153
キヨタキシダ
P154
シロヤマシダ
P155
オオヒメワラビ
P156
オオメシダ
P158
ベニシダ
P160
トウゴクシダ
P162
オオイタチシダ
P168
ナガバノイタチシダ
P172
ホソバカナワラビ
P173

3～4回羽状に切れ込む P175～200

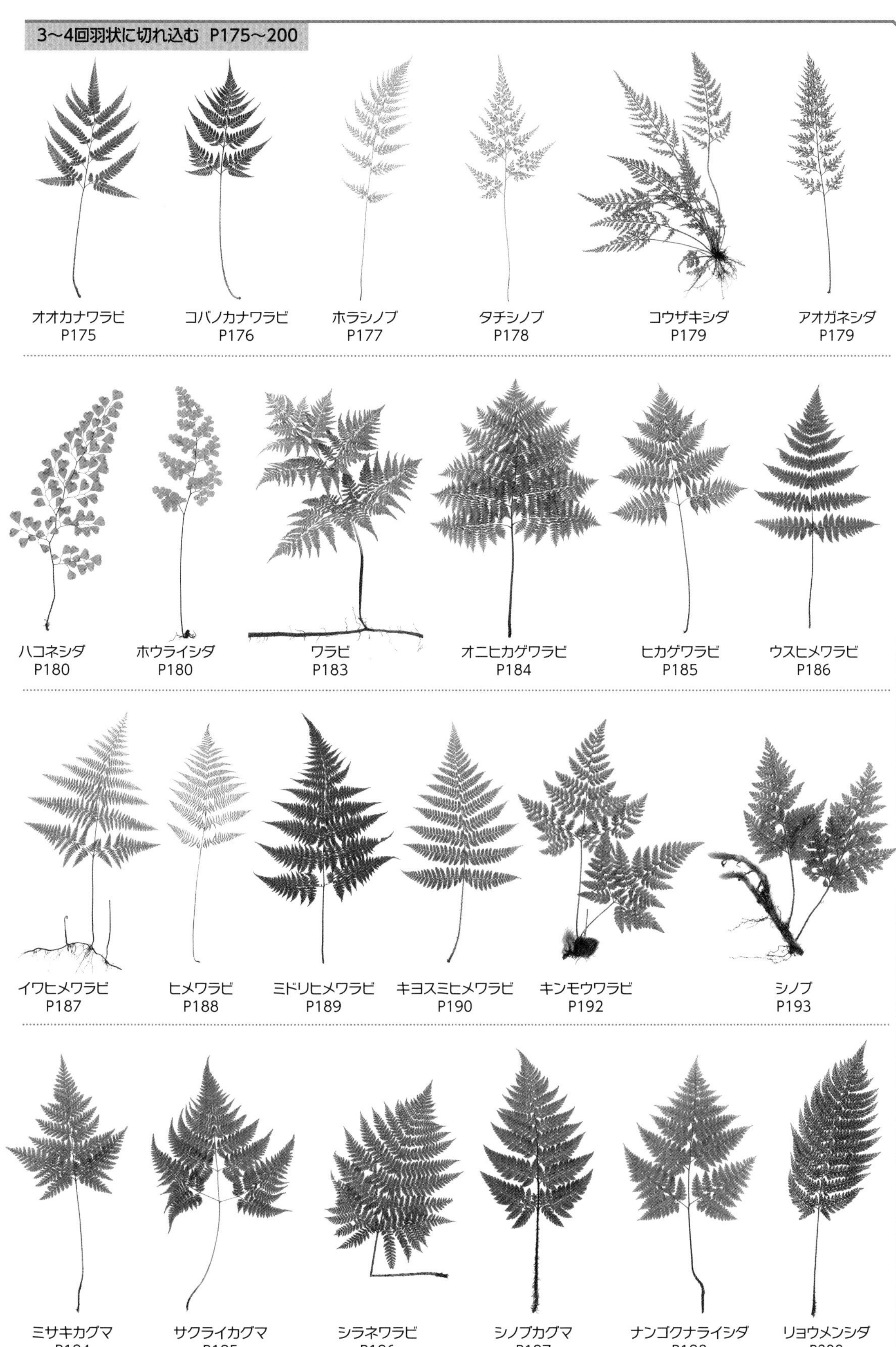
オオカナワラビ
P175
コバノカナワラビ
P176
ホラシノブ
P177
タチシノブ
P178
コウザキシダ
P179
アオガネシダ
P179
ハコネシダ
P180
ホウライシダ
P180
ワラビ
P183
オニヒカゲワラビ
P184
ヒカゲワラビ
P185
ウスヒメワラビ
P186
イワヒメワラビ
P187
ヒメワラビ
P188
ミドリヒメワラビ
P189
キヨスミヒメワラビ
P190
キンモウワラビ
P192
シノブ
P193
ミサキカグマ
P194
サクライカグマ
P195
シラネワラビ
P196
シノブカグマ
P197
ナンゴクナライシダ
P198
リョウメンシダ
P200

シダの世界へようこそ

ここでは約 260 種類のシダを形によって分けて解説しています。単葉から細かく切れ込んだものまである様々なシダをどうぞお楽しみください。

古木の根元に生えたサカゲイノデ（P137）とコタニワタリ（P49）

根も葉もないシダ

マツバランは地上茎と地下茎があり、根はないが、地下茎に仮根が生ずる。小さな突起状になってしまった葉は、一般的な葉といえるようなものではなく、小葉類のものに似ているが、これは大葉類の葉が退化したものだと言われている。

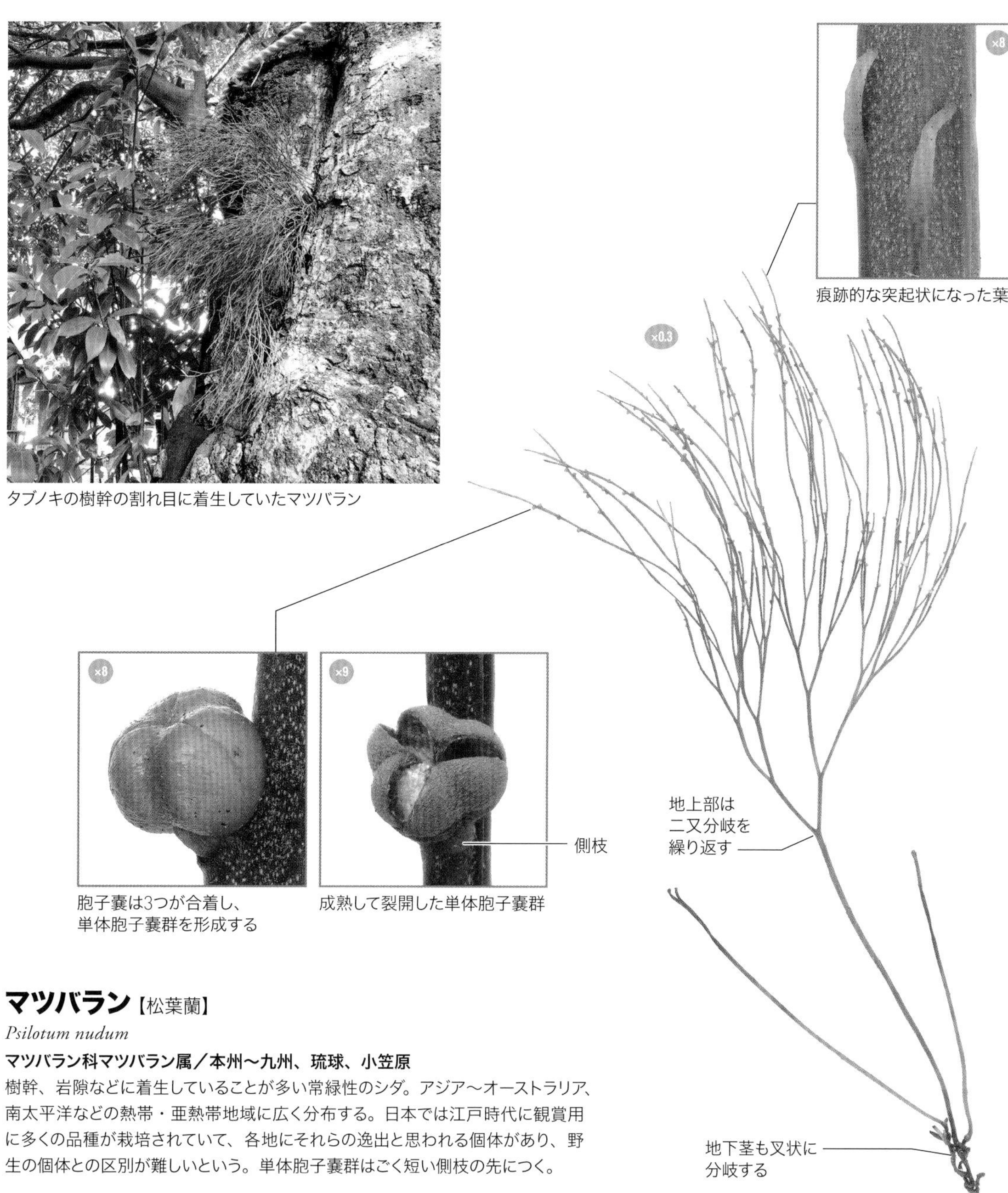
×8
×0.3
×8
×9
側枝
地上部は
二又分岐を
繰り返す
地下茎も叉状に
分岐する

タブノキの樹幹の割れ目に着生していたマツバラン

痕跡的な突起状になった葉

胞子嚢は3つが合着し、
単体胞子嚢群を形成する

成熟して裂開した単体胞子嚢群

マツバラン【松葉蘭】

Psilotum nudum

マツバラン科マツバラン属／本州〜九州、琉球、小笠原

樹幹、岩隙などに着生していることが多い常緑性のシダ。アジア〜オーストラリア、南太平洋などの熱帯・亜熱帯地域に広く分布する。日本では江戸時代に観賞用に多くの品種が栽培されていて、各地にそれらの逸出と思われる個体があり、野生の個体との区別が難しいという。単体胞子嚢群はごく短い側枝の先につく。

マツバランの仲間

マツバランの姿は、化石のみで知られる初期のシダ植物のリニア類に似ているため、以前はシダ植物の中で最も原始的な群と考えられていたが、分子系統解析の結果ハナヤスリ科に近いことが示唆された。地上茎は緑色をしており、光合成を行っている。配偶体は地中生で葉緑素を持たない。

ごく小さな葉のシダ

トクサ科や小葉類のヒカゲノカズラ科、イワヒバ科は非常に小さな葉をもち、普通のシダとはだいぶ印象が異なり、あまりシダらしくないシダ達である。ここでは、そのようなシダについて解説する。

秋の高原に群生していたヒカゲノカズラ

ヒカゲノカズラ【日陰の葛】

Lycopodium clavatum var. *nipponicum*

ヒカゲノカズラ科ヒカゲノカズラ属／北海道〜九州、琉球

日当たりの良い場所に生育する常緑性のシダ。地表を這う匍匐茎から側枝が立ち上がり、その先の長い柄（総梗）の先に胞子嚢穂をつける。種としては北半球の温帯〜熱帯の高山まで広く分布し、地域的な変異も大きい。変種のエゾヒカゲノカズラ（var. *asiaticum*）は小梗がほとんどない。

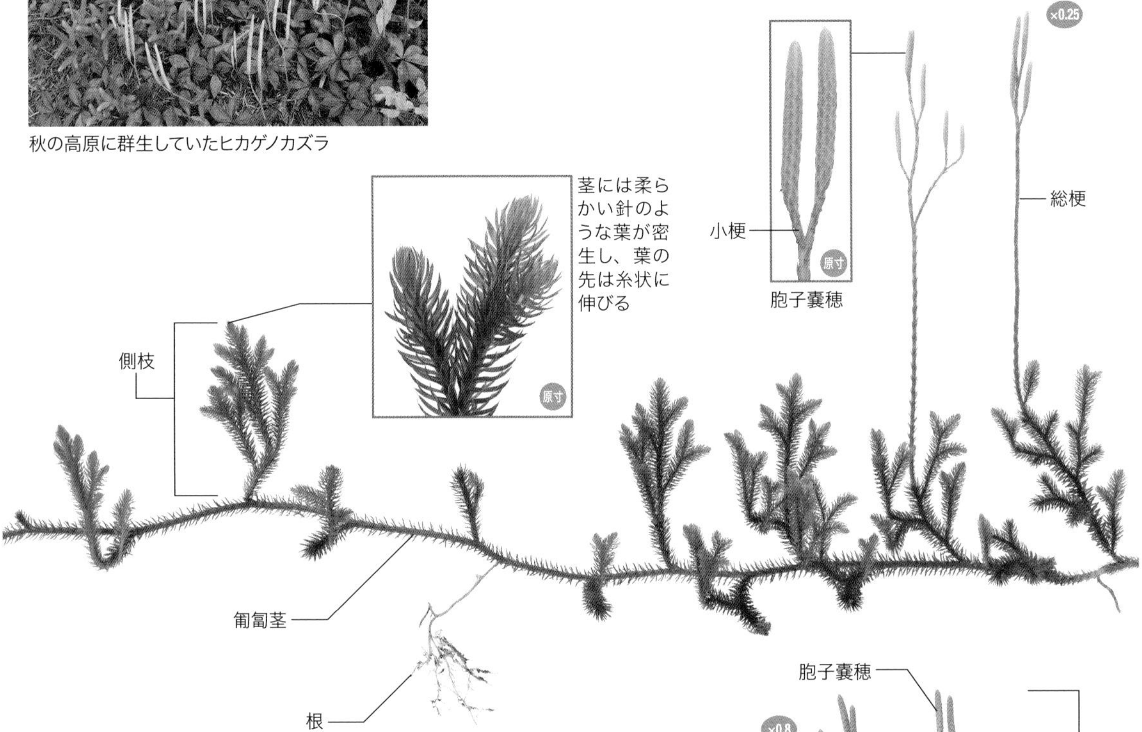

×0.25

茎には柔らかい針のような葉が密生し、葉の先は糸状に伸びる

原寸

小梗

原寸

胞子嚢穂

総梗

側枝

匍匐茎

根

アスヒカズラ【翌檜葛】

Lycopodium complanatum

ヒカゲノカズラ科ヒカゲノカズラ属／北海道、本州、四国

主に高山帯〜亜高山帯に生育する常緑性のシダ。ヒカゲノカズラに似て匍匐茎が地上を這い、側枝が立ち上がる。名前は枝の様子がアスナロに似ることに由来する。

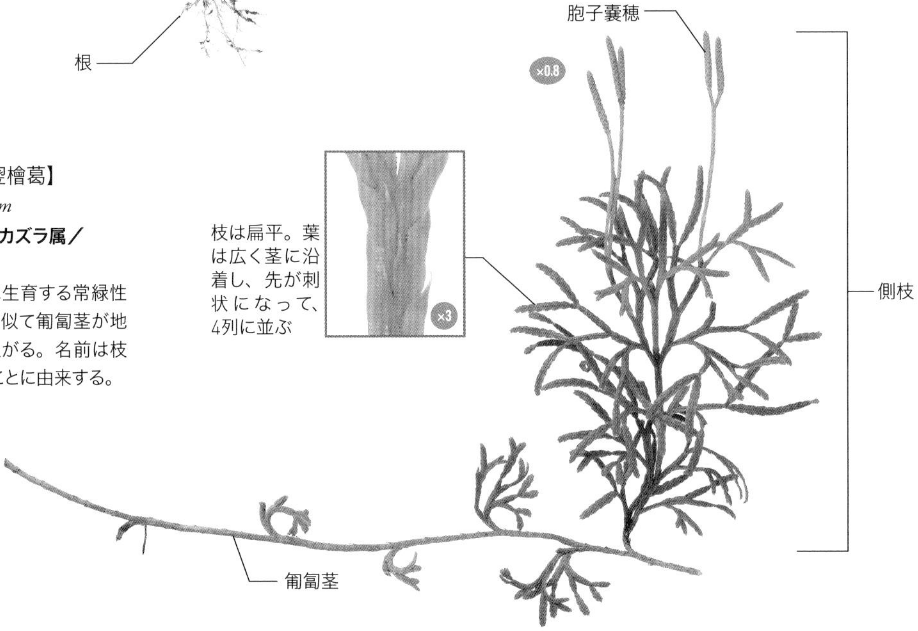

胞子嚢穂

×0.8

枝は扁平。葉は広く茎に沿着し、先が刺状になって、4列に並ぶ

×3

側枝

匍匐茎

スギカズラ【杉葛】

Lycopodium annotinum

ヒカゲノカズラ科ヒカゲノカズラ属／
北海道、本州(中部地方以北)

主に高山帯～亜高山帯に生育する常緑性のシダ。匍匐茎は地上を長く這う。側枝は立ち上がり、まばらに分岐し、先端に胞子嚢穂を1個つける。胞子嚢穂に柄はない。一見ホソバトウゲシバに似た感じはあるが、匍匐茎があり、側枝の先端に胞子嚢穂をつけ、葉は細く全縁または微鋸歯縁なので区別は容易である。

ゴゼンタチバナの間に側枝を立ち上げたスギカズラ

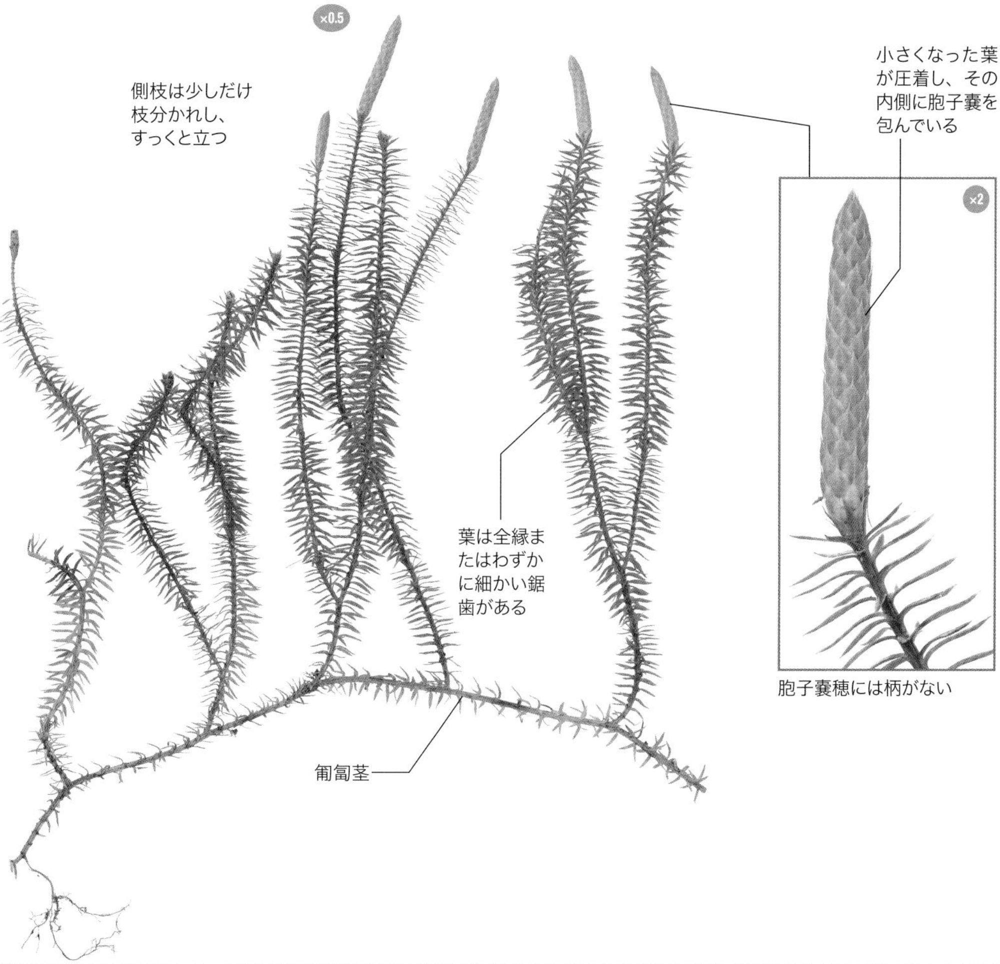

×0.5

側枝は少しだけ枝分かれし、すっくと立つ

小さくなった葉が圧着し、その内側に胞子嚢を包んでいる

×2

葉は全縁またはわずかに細かい鋸歯がある

匍匐茎

胞子嚢穂には柄がない

ヒカゲノカズラの仲間

ヒカゲノカズラ科は小葉類の代表的なグループ。胞子嚢は葉の上面に接してつくが、その部分の葉が縮小して胞子嚢穂になるものと、明確な胞子嚢穂をつくらないものがある。また、匍匐茎のあるものと明確な匍匐茎のないものとがある。

小葉類と大葉類

小葉類とは葉が一般に小さく、1本の枝分かれしない維管束しか入っていない植物のことで、現生の維管束植物ではヒカゲノカズラ科、イワヒバ科、ミズニラ科のみが該当する。その他のシダ類と種子植物はすべて大葉類であり、一見小葉類のように見えるマツバラン科やトクサ科も大葉類に分類される。小葉類と大葉類では葉の成り立ちが異なり、維管束植物の進化のごく初期の段階で分岐したと考えられている（P201）。

小さな杉の苗のような姿をしたマンネンスギ

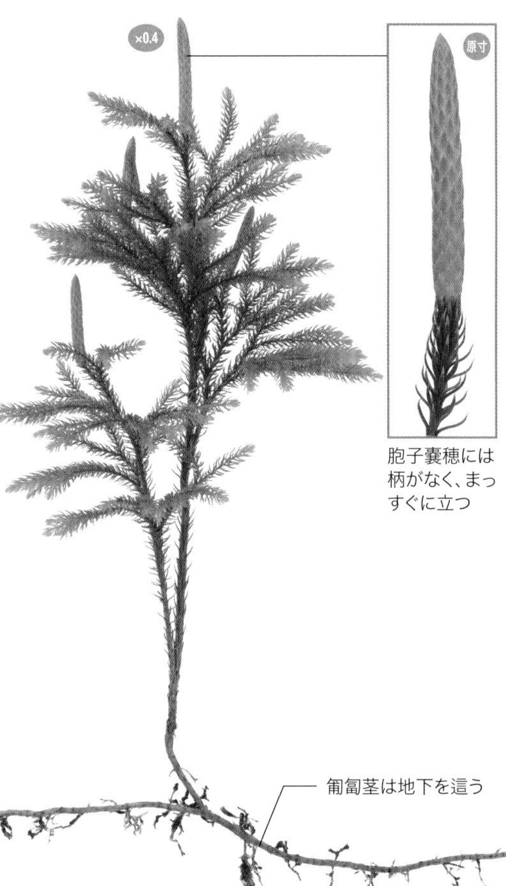
×0.4
原寸
胞子嚢穂には柄がなく、まっすぐに立つ
匍匐茎は地下を這う

マンネンスギ【万年杉】

Lycopodium obscurum

ヒカゲノカズラ科ヒカゲノカズラ属／北海道〜九州

比較的標高の高い地域に生育することが多い常緑性のシダ。地下を這う匍匐茎からまばらに地上茎が立ち上がり、明確な胞子嚢穂をつけるが、ヒカゲノカズラに見られるような柄（小梗）はない。外形は変異が大きく、ウチワマンネンスギやタチマンネンスギを品種レベルで区別することもある。マンネンスギの名は常緑性で杉の苗に似ることに由来するのであろう。

×0.4

原寸

胞子嚢穂は下向きにつく

ミズスギ【水杉】

Lycopodiella cernua

ヒカゲノカズラ科ヤチスギラン属／北海道〜九州、琉球、小笠原

暖帯〜熱帯に広く分布するが、北海道〜東北地方の地熱の高い場所にも稀に見られる常緑性のシダで、日当たりの良い湿った場所に生育する。地表を這う匍匐茎からまばらに地上茎が立ち上がり、多くの胞子嚢穂を垂れ下げるようにつける。

原寸
×6
茎の頂端近くにムカゴができ、
ふつうこれで繁殖する
×6
葉腋上面に黄白色、円腎形の
大きな胞子嚢が一つずつつく
葉の縁には細かい
鋸歯がある
頂端付近に
ムカゴをつける
原寸
葉腋上面に
胞子嚢を
つける
×2
×5
葉は小さくて鋸歯がなく、
基部から先に向かって次
第に細くなる

ホソバトウゲシバと呼ばれる型は涼しい地域の林下に多い

トウゲシバ【峠芝】

Huperzia serrata

ヒカゲノカズラ科コスギラン属／北海道〜九州、琉球

薄暗い林床に群生することが多い常緑性のシダ。明確な匍匐茎はない。明確な胞子嚢穂は作らず、茎の途中には古い胞子嚢がいつまでも残っているのが観察できる。暖地のものほど葉が広くなる傾向があり、ホソバトウゲシバ、ヒロハトウゲシバ、オニトウゲシバの3型に分けられるが、区別が困難なことも多い。

ヒメスギラン【姫杉蘭】

Huperzia miyoshiana

ヒカゲノカズラ科コスギラン属／北海道〜九州

常緑性の小型のシダで、深山の苔むした岩上に生育することが多い。長い匍匐茎はなく、茎は1〜数回分岐して直立する。上部の葉腋上面に胞子嚢をつけるが、明確な胞子嚢穂は作らない。よく似たコスギラン（*H. selago*）は高山に生育し、葉は下半分がほぼ同じ幅で、上部は次第に細くなる。

クラマゴケ【鞍馬苔】

Selaginella remotifolia

イワヒバ科イワヒバ属／
北海道(南部)〜九州、琉球

湿った山林下に茎を長く伸ばして群生する常緑性のシダ。小羽片のように見える小さな葉をもち、葉は背葉と腹葉の2形があって、規則正しく並ぶ。

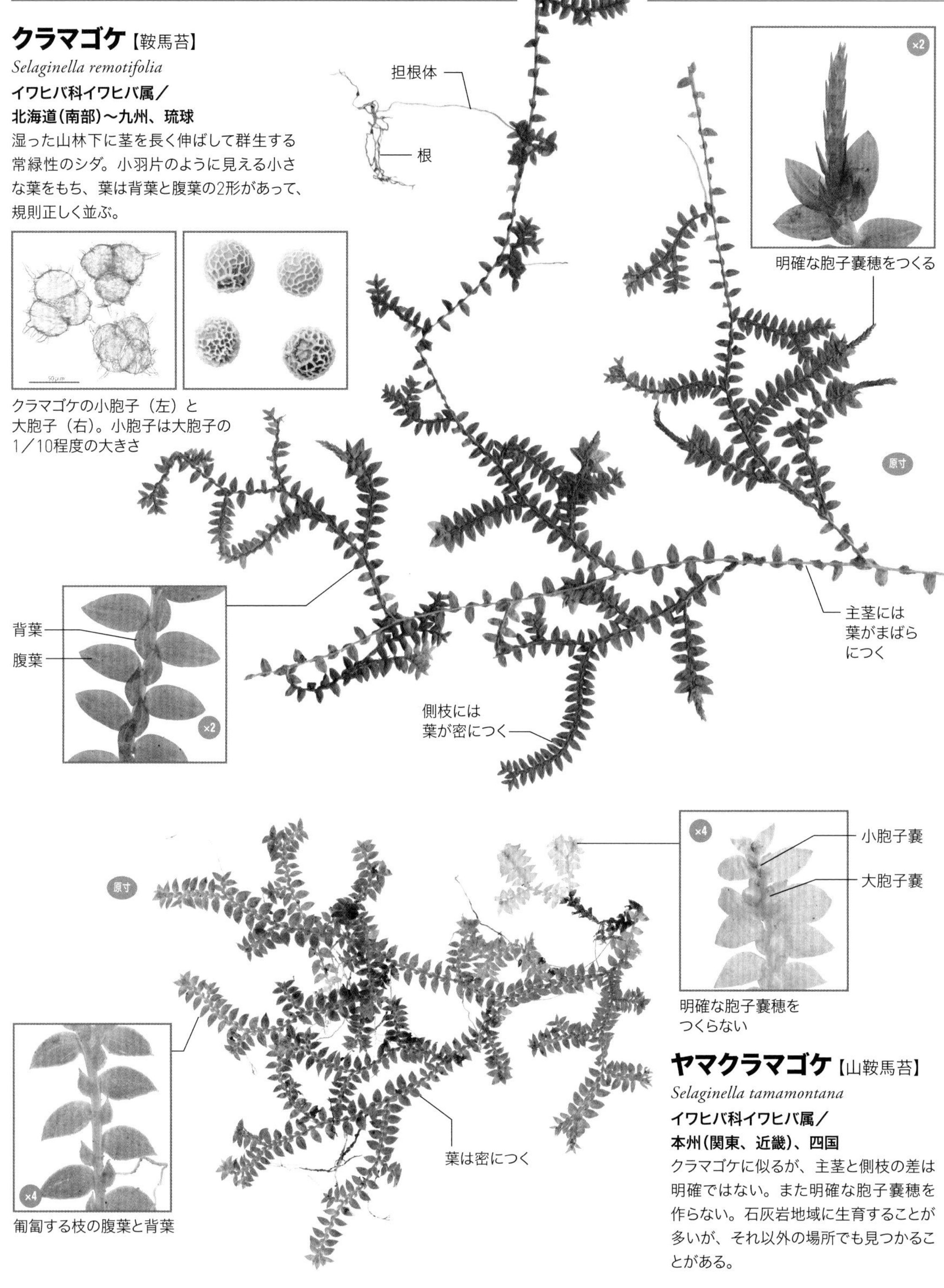

担根体
根
×2
明確な胞子嚢穂をつくる
50μm
原寸
背葉
腹葉
×2
主茎には
葉がまばら
につく
側枝には
葉が密につく
×4
小胞子嚢
大胞子嚢
原寸
葉は密につく
×4

クラマゴケの小胞子（左）と大胞子（右）。小胞子は大胞子の1／10程度の大きさ

明確な胞子嚢穂をつくらない

匍匐する枝の腹葉と背葉

ヤマクラマゴケ【山鞍馬苔】

Selaginella tamamontana

イワヒバ科イワヒバ属／
本州(関東、近畿)、四国

クラマゴケに似るが、主茎と側枝の差は明確ではない。また明確な胞子嚢穂を作らない。石灰岩地域に生育することが多いが、それ以外の場所でも見つかることがある。

イワヒバの仲間

イワヒバ科は小葉類シダ植物の1グループで、茎と根の中間的な器官である担根体がある。葉は背葉と腹葉の区別があって各2列に並ぶ種類と、全て同形の種類とがある。また、はっきりした胞子嚢穂をつくるものが多いが、ヤマクラマゴケなどのように胞子嚢穂がはっきりしないものもある。胞子は異形胞子性で、少数の大胞子だけが入っている大胞子嚢と、多数の小胞子が入っている小胞子嚢がある。

タチクラマゴケ【立鞍馬苔】

Selaginella nipponica

イワヒバ科イワヒバ属／本州(福島県以南)～九州、琉球

低地や山地の草地に生育する。常緑性だが、胞子嚢をつけた側枝は冬には枯れる。主茎上の葉はクラマゴケよりも密につく。

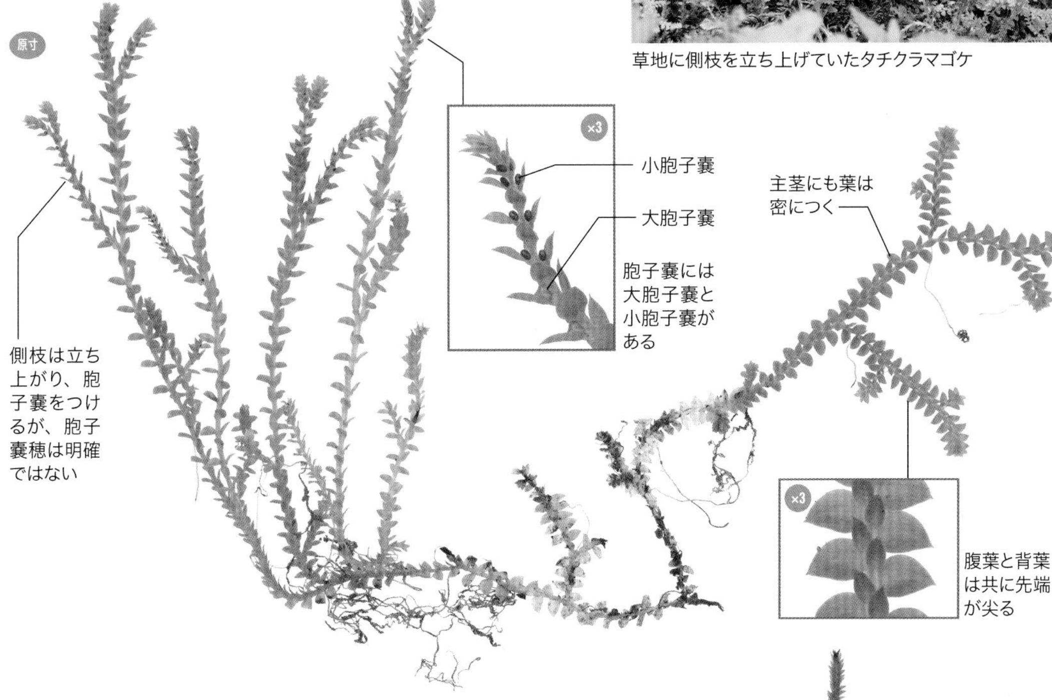
原寸
×3
小胞子嚢
大胞子嚢
胞子嚢には大胞子嚢と小胞子嚢がある
側枝は立ち上がり、胞子嚢をつけるが、胞子嚢穂は明確ではない
主茎にも葉は密につく
×3
腹葉と背葉は共に先端が尖る

草地に側枝を立ち上げていたタチクラマゴケ

ヒメクラマゴケ【姫鞍馬苔】

Selaginella heterostachys

イワヒバ科イワヒバ属／本州(千葉県以西)～九州、琉球

暖地の明るくて湿った土壁や石垣などに多い。主茎上の葉はクラマゴケよりも密につき、また背葉は先端が尾状にとがる。胞子嚢はやや立ち上がった側枝につく。別名をヒメタチクラマゴケという。

腹葉の先端は鋭頭～鈍頭で、細鋸歯縁。背葉の先が反り返る傾向がある

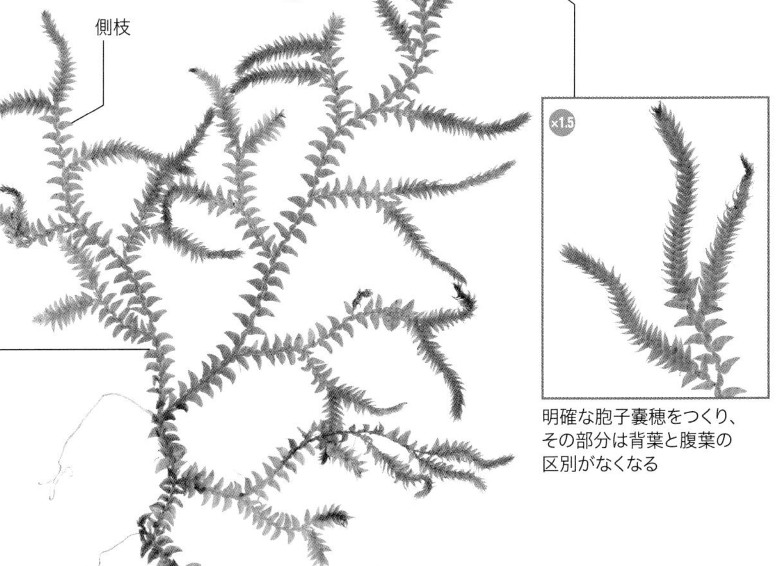
原寸
側枝
×1.5
主茎にも葉は密につく

明確な胞子嚢穂をつくり、その部分は背葉と腹葉の区別がなくなる

×0.6
×6
×5
側枝
主茎
×0.6
×9
×7

カタヒバは主茎を伸ばして群生することが多い

小枝の先につく胞子嚢穂は腹葉と背葉の区別がなくなる

腹葉と背葉の2形となり、背葉は長楕円形、鋭尖頭で、上面の中肋がはっきり見える

小枝の先についた無性芽

背葉には辺縁に膜があり、先端は芒状

胞子嚢穂の葉は全て同形

カタヒバ【片檜葉】

Selaginella involvens

イワヒバ科イワヒバ属／本州(関東以西)〜九州、琉球

苔むした岩から垂れ下がるようにして生えることが多い常緑性のシダで、イワヒバに似ているが、枝が片方にだけ伸びることから片檜葉の名がある。苔や泥の間を這う主茎からまばらに側枝が立ち上がり、側枝は平面的に細かく枝を分けて、一見大葉類のシダのように見える。枝の先に無性芽はつかない。

イヌカタヒバ【犬片檜葉】

Selaginella moellendorffii

イワヒバ科イワヒバ属／本来の自生は琉球のみ、各地に帰化

野生のイヌカタヒバの分布は八重山諸島以南であるが、最近栽培からの逸出と思われる個体を各地でよく見るようになった。秋に枝の先に無性芽がたくさんでき、これで繁殖しているので、この無性芽があればイヌカタヒバと判断できる。カタヒバより小枝が込み合っている感じがする。

イワヒバ【岩檜葉】

Selaginella tamariscina

イワヒバ科イワヒバ属／北海道(南部)〜九州、琉球、小笠原

イワヒバはやや乾燥した岩上に生えることが多いシダで、枝葉は檜に似る。庭で栽培されることも多い。葉のように見えるのは枝と葉の集合で、この枝が集まってロート状に開き、根元には担根体や根が絡まりあって仮幹をつくる。乾燥すると葉状の枝は内側に丸まって乾燥に耐える姿になる。枝には密に葉をつけ、葉は腹葉と背葉があるが、その区別はクラマゴケにくらべて明瞭ではない。

イワヒバは名前の通り岩に着生していることが多い

×1.4

枝は数回分岐すると伸長を止める

×10

葉は腹葉と背葉がある。葉の辺縁には細かい鋸歯があり、先端は毛状に尖る

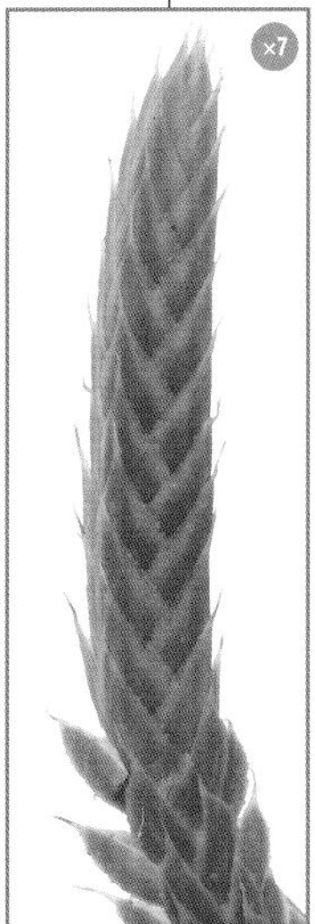

×7

小枝の先に胞子嚢穂がつく。その部分は腹葉と背葉の区別がなくなって同形となり、四角柱状になる

1本の葉状の枝。このような枝が数十本ロート状に集まっている

乾燥して丸まったイワヒバ

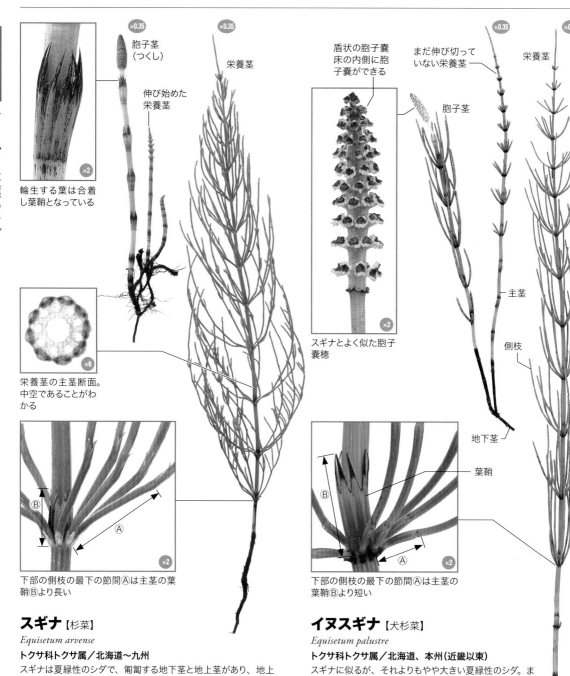

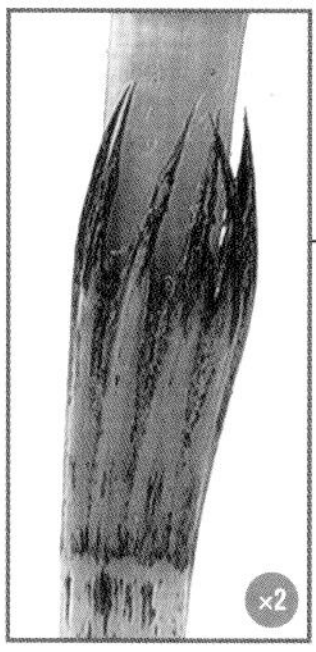

×0.35
胞子茎
(つくし)
伸び始めた
栄養茎
栄養茎
×2
盾状の胞子嚢
床の内側に胞
子嚢ができる
まだ伸び切って
いない栄養茎
栄養茎
胞子茎
主茎
側枝
地下茎
葉鞘
×6
Ⓑ
Ⓐ

輪生する葉は合着し葉鞘となっている

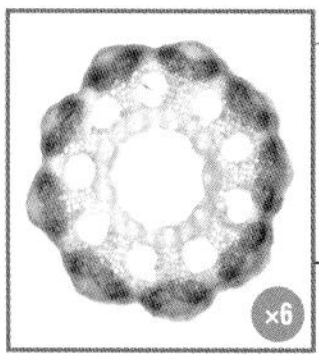

栄養茎の主茎断面。中空であることがわかる

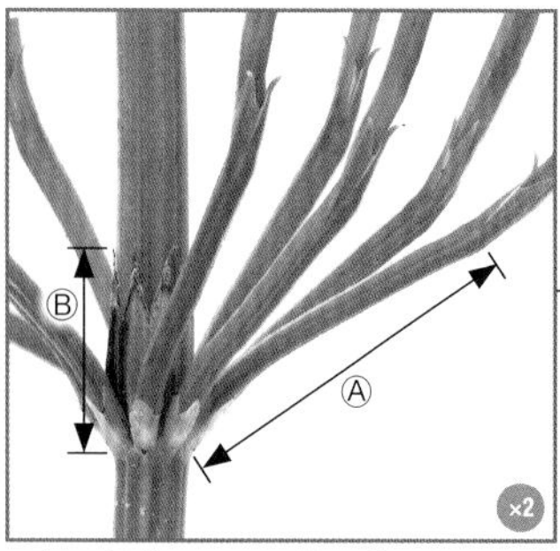

下部の側枝の最下の節間Ⓐは主茎の葉鞘Ⓑより長い

スギナとよく似た胞子嚢穂

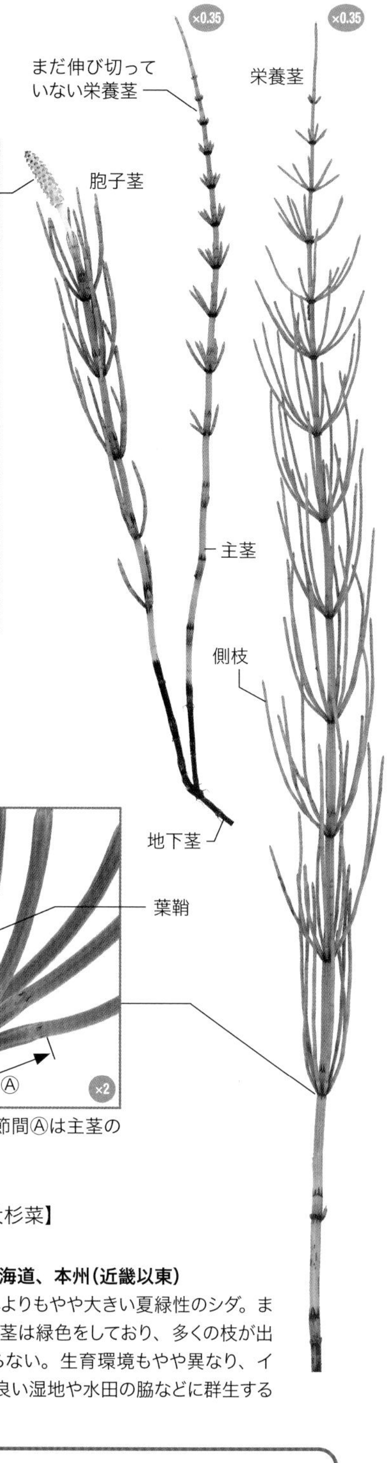

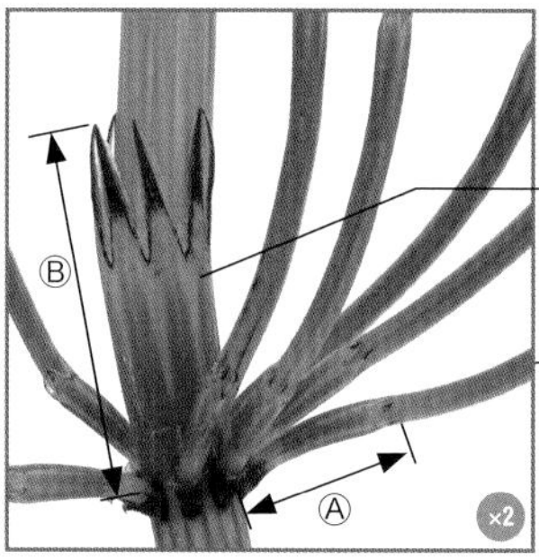

下部の側枝の最下の節間Ⓐは主茎の葉鞘Ⓑより短い

スギナ【杉菜】

Equisetum arvense

トクサ科トクサ属／北海道〜九州

スギナは夏緑性のシダで、匍匐する地下茎と地上茎があり、地上茎は葉緑素を持たない胞子茎（これが所謂つくし）と緑色の栄養茎に分かれ、地下茎でつながっている。日当たりの良い路傍や山野に多く、水田の脇などにも生育する。春につくしを摘んだ経験はどなたにもあるだろう。

イヌスギナ【犬杉菜】

Equisetum palustre

トクサ科トクサ属／北海道、本州（近畿以東）

スギナに似るが、それよりもやや大きい夏緑性のシダ。また、イヌスギナの胞子茎は緑色をしており、多くの枝が出て明確な二形とはならない。生育環境もやや異なり、イヌスギナは日当たりの良い湿地や水田の脇などに群生することが多い。

トクサの仲間

シダらしくない姿であるが、これも大葉類のシダである。トクサ科のシダは湿地性のものが多く、節と節間がはっきりしているのが特徴で、ほとんどの種で節間は中空である。枝と葉は節に輪生し、一般に「袴」と呼ばれる部分が葉であって、互いに合着し葉鞘となっている。一見小葉類のように見えるが、これは輪生する大葉類の葉が退化したものとされている。胞子嚢は六角形状の胞子嚢床につき、胞子嚢床は茎の先端に何段か集まって胞子嚢穂をつくる。この仲間のロボク（*Calamites*）は3億年以上前の石炭紀に既に現れており、その後、形を変えながら現在に生き延びているグループである。

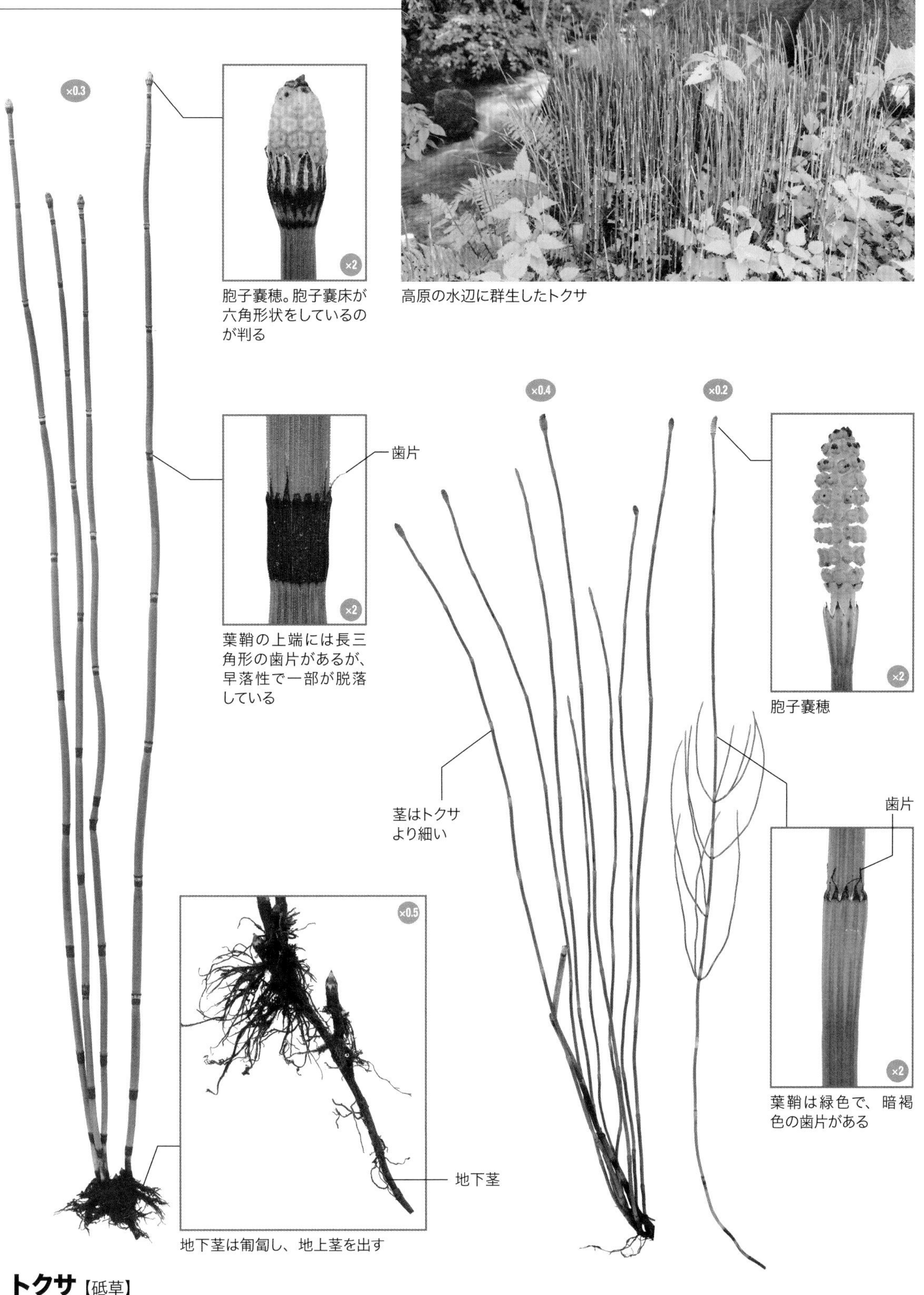
×0.3
×2
胞子嚢穂。胞子嚢床が六角形状をしているのが判る
高原の水辺に群生したトクサ
歯片
×2
葉鞘の上端には長三角形の歯片があるが、早落性で一部が脱落している
×0.5
地下茎
地下茎は匍匐し、地上茎を出す
×0.4
×0.2
×2
胞子嚢穂
茎はトクサより細い
歯片
×2
葉鞘は緑色で、暗褐色の歯片がある

トクサ【砥草】

Equisetum hyemale subsp. *hyemale*

トクサ科トクサ属／北海道〜九州

山地の沢筋など湿った所に群生することが多い常緑性のシダ。地上茎は分岐せず、二形とはならない。茎には珪酸が蓄積してざらつき、紙やすりのように物を磨くことができることから砥草の名がついた。庭などに植えられることも多く、近畿以西の分布は逸出かもしれない。

イヌドクサ【犬砥草】

Equisetum ramosissimum subsp. *ramosissimum*

トクサ科トクサ属／本州〜九州、琉球

やや乾いた路傍や河原などに生育する常緑性のシダ。胞子茎と栄養茎で形の差はない。茎は直立し、基部や中部で不規則に枝を出すことが多い。胞子嚢穂は主に主茎の先につく。

水生のシダ

田や沼の中にもシダは生える。しかし、それらはシダらしくない姿をしたものばかりで、見逃されることが多い。ミズニラは一見スゲのようだし、サンショウモはウキクサのようだ。デンジソウはクローバーに似ている。しかしこれらはいずれも立派なシダなのである。

×0.4
小舌がある
×3
胞子嚢
葉はスゲの仲間に
似るが、柔らかい

葉の基部は広がり、内側に胞子嚢がつく

水田に生えていたミズニラ

ミズニラ【水韮】

Isoetes japonica

ミズニラ科ミズニラ属／本州、四国

谷戸の奥の清水が少し潤しているような水田や沼地などに生えることが多い小型〜中型の夏緑性シダ。一見スゲ類などの単子葉植物と紛らわしいが、小葉類のシダ植物である。水韮の名もそのような姿と生育環境に由来している。葉は長さ20cmくらいになり、葉の付け根内側に胞子嚢がつく。胞子は異形胞子性で大胞子と小胞子がある。

ミズニラの話

古生代石炭紀の頃、水辺にはリンボクやロボク（トクサ類のシダ植物）、シダ種子類（初期の種子植物）等の大木が繁茂していたと言われる。このうちのリンボクはミズニラに近縁な小葉類シダ植物であった。ミズニラの塊茎がわずかに二次肥大成長することが、その頃の名残りではないかと言われているが、詳細は不明である。ミズニラ科にはミズニラ属だけがあり、日本では4種1変種が知られているが、形態的にはよく似ており、確実な同定には胞子の表面を顕微鏡で観察する必要がある。どの種も農薬などの影響による減少傾向が著しく、全種が国のレッドデータブックに記載されている。

水田の中に生育したサンショウモ（小さな葉はウキクサの仲間）

サンショウモ【山椒藻】

Salvinia natans

サンショウモ科サンショウモ属／本州〜九州（北部）

水田や池沼の水面に浮かぶ一年生または常緑性の小型のシダで、根はない。葉は浮葉と沈水葉の二形となる。浮葉は茎に対生し、楕円形でほぼ全縁、円頭、表面には先に数本の毛をもつ突起がたくさんあり、これで水をはじく。沈水葉は細かく分岐して、一見根のように見え、基部に胞子嚢果（胞子嚢群を包む球形の包膜）をつける。胞子には大胞子と小胞子がある。名前は浮葉が並んだ様子が山椒の葉に似ることによる。

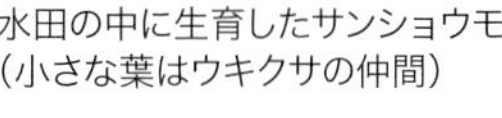

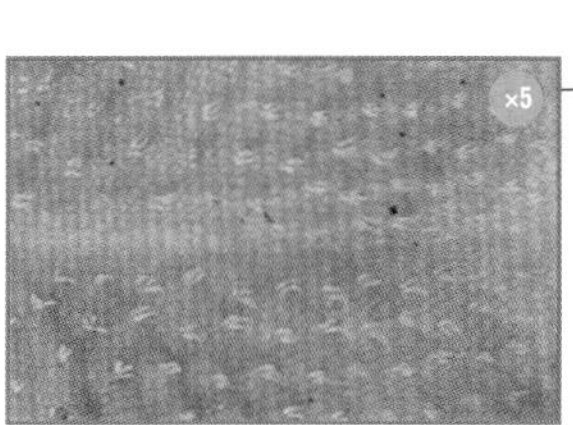
×5

浮葉の表面には撥水作用のある毛がある

原寸

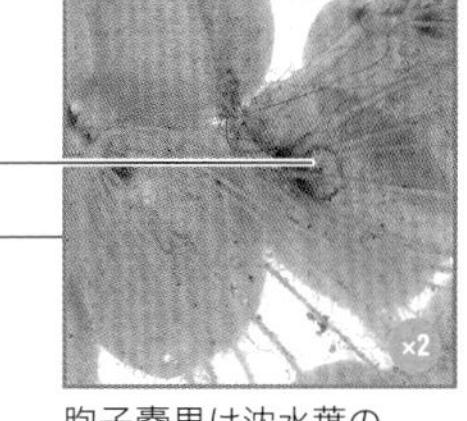
×2

胞子嚢果

胞子嚢果は沈水葉の基部につく

沈水葉は根のように見える

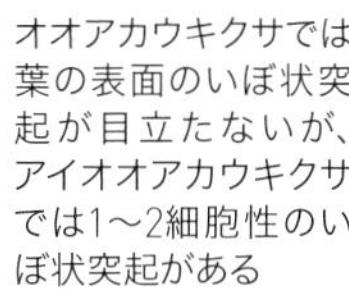

×14

オオアカウキクサでは葉の表面のいぼ状突起が目立たないが、アイオオアカウキクサでは1〜2細胞性のいぼ状突起がある

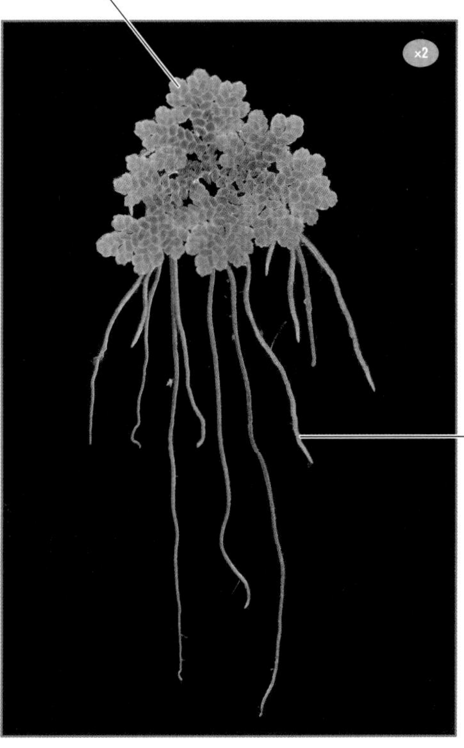
×2

オオアカウキクサでは、根に根毛がないが、アイオオアカウキクサにはわずかに根毛がある

アイオオアカウキクサ【合大赤浮草】

Azolla cristata × *A. filiculoides*

サンショウモ科アカウキクサ属

アカウキクサ属は、水田や池沼の水面に浮かんで生育する小型で夏緑性あるいは常緑性のシダのグループである。日本在来種としてアカウキクサ、オオアカウキクサ、ニシノオオアカウキクサがあり、外来種としてアメリカオオアカウキクサ、さらに雑種のアイオオアカウキクサがある。以前は関東地方にはオオアカウキクサが一般的であったが、現在は外来種に押され、ほとんど絶滅状態とのことである。各種の形態が非常に似ていることから、現状を正確に把握できていないこともあり、ここでは最も多く見られるアイオオアカウキクサを掲載する。

胞子嚢果には淡褐色の毛がある

胞子嚢果。柄は葉柄の付け根から少し離れたところから出る

×1.5

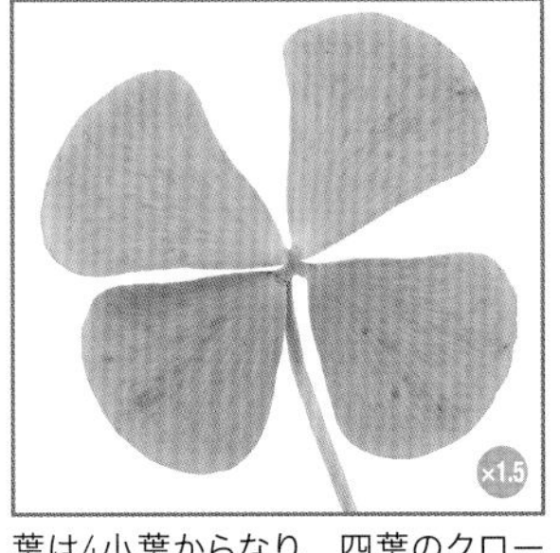
×1.5

葉は4小葉からなり、四葉のクローバーに似ている。脈はまばらに結合する網状脈

ヒメミズワラビは秋の刈り取りが終わった水田でよく見かける

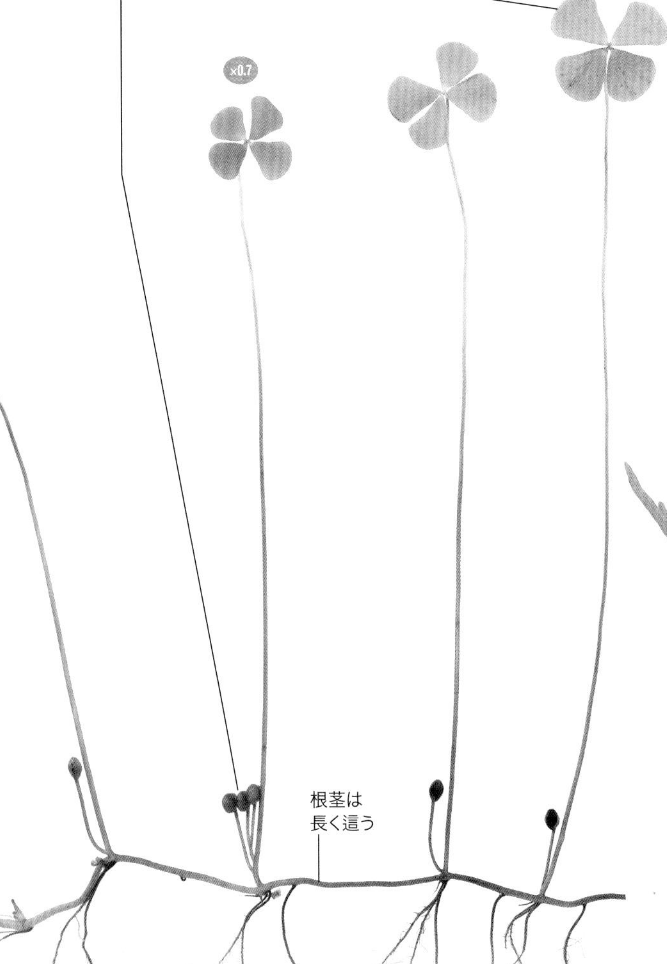
×0.7
根茎は
長く這う

胞子葉の一部。胞子嚢は反転した葉縁に覆われる

×1.5

胞子葉

×0.7

栄養葉

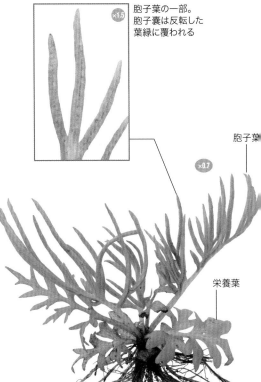

デンジソウ【田字草】

Marsilea quadrifolia

デンジソウ科デンジソウ属／北海道〜九州（北海道では稀）

水田や池沼の泥中に根茎を這わせている夏緑性のシダ。根茎はまばらに葉をつけ、葉は長い葉柄があり、4小葉からなる。この小葉が4枚つく様子を「田」の字に見立て田字草の名がある。胞子嚢果は1ヶ所に1〜3個つき、柄がある。胞子嚢果は成熟すると2裂し、包膜に包まれた胞子嚢群が出てくる。胞子は大胞子と小胞子がある異形胞子性。

ヒメミズワラビ【姫水蕨】

Ceratopteris gaudichaudii var. *vulgaris*

イノモトソウ科ミズワラビ属／本州（秋田県以南）〜九州、琉球

水田や沼に生育する柔らかい1年生のシダ。葉は二形性を示し、胞子葉は高く伸び、裂片は細い。栄養葉は裂片が広く、稀に無性芽をつける。従来ミズワラビ属は日本には1種だけが分布すると考えられていたが、分子系統解析の結果2種があり、奄美大島以北のものは基本的に全て本種であることが判明した。

1本の柄に二形の葉がつくシダ

ハナヤスリ科のシダは栄養葉と胞子葉の二形となり、それが1本の共通柄（担葉体）につくという特徴がある。主な属としてハナワラビ属とハナヤスリ属があり、ハナワラビ属の栄養葉は羽状に分裂して普通のシダのような姿になるが、ハナヤスリ属は単葉である。

ナツノハナワラビ【夏の花蕨】

Botrychium virginianum

ハナヤスリ科ハナワラビ属／北海道〜九州

山地の林中に生育する繊細な夏緑性のシダ。栄養葉の葉身は3〜4回羽状深裂。胞子葉は2〜3回羽状に分裂し、三角形状になる。胞子が熟すのはナガホノナツノハナワラビより早い。夏緑性であることから名付けられた。

ナガホノナツノハナワラビ【長穂の夏の花蕨】

Botrychium strictum

ハナヤスリ科ハナワラビ属／北海道〜九州

山地の林中に生育する夏緑性のシダ。ナツノハナワラビによく似ているが、栄養葉の切れ込みが浅く3回羽状深裂。胞子葉は2回羽状に分裂するが、小羽軸が非常に短いため、単羽状の長い穂状に見える。

×0.3
×5
胞子葉の一部。この胞子嚢は裂開して胞子を飛ばしたあと
栄養葉は無柄
下部小羽片は有柄で、基部は羽軸に流れない
共通柄（担葉体）
×0.6
栄養葉の羽片先端。ナガホノナツノハナワラビより切れ込みが深い
胞子葉の一部。胞子嚢の先端に突起がある
×0.3
×5
栄養葉は無柄
小羽片は無柄で基部は羽軸に流れ、狭い翼をつくる
×0.6
栄養葉の羽片先端

ハナワラビの仲間

ハナワラビ属のシダの胞子葉は葉面がなく軸上に胞子嚢をつけ、胞子嚢が互いに合着することはない。栄養葉は1〜4回切れ込んで複葉となり、普通のシダのような葉になるものが多い。夏緑性の種類と冬緑性の種類に分けられる。花蕨という名前は胞子葉を花に見立てたのだろう。

杉林の林下に生えたナガホノナツノハナワラビ

×0.45
胞子葉
×5
栄養葉の羽片は
平面的
×0.8
栄養葉にも
長い柄がある
共通柄
（担葉体）
根茎は小さい
根は太く、
根毛はない

胞子葉の一部。
胞子嚢は軸上に2列に並ぶ

林床に群生したオオハナワラビ

葉の縁には鋭い鋸歯がある

オオハナワラビ【大花蕨】

Botrychium japonicum

ハナヤスリ科ハナワラビ属／本州〜九州

やや湿った山地の林下などに生育する冬緑性のシダ。葉はこの仲間の中では大きい方である。秋に葉を1対出して冬を越すが、胞子葉は胞子を放出した後に栄養葉よりも早めに枯れる。栄養葉は3〜4回羽状深裂で、やや厚い草質、濃い緑色で、冬に葉が赤くなることがあるが、葉の裏は緑色のままである。

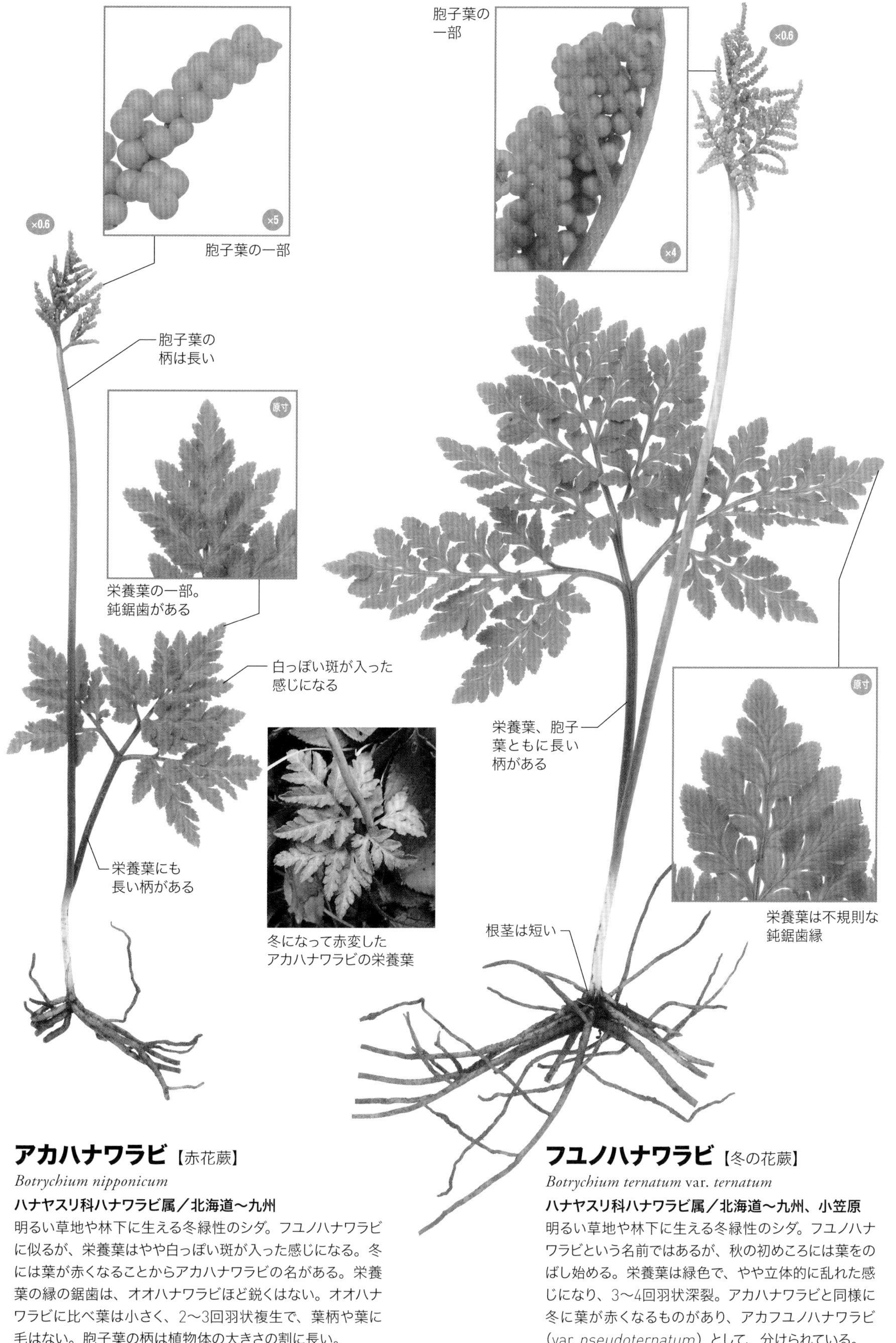
×0.6
×5
胞子葉の一部
胞子葉の
柄は長い
原寸
栄養葉の一部。
鈍鋸歯がある
白っぽい斑が入った
感じになる
栄養葉にも
長い柄がある
冬になって赤変した
アカハナワラビの栄養葉
胞子葉の
一部
×0.6
×4
栄養葉、胞子
葉ともに長い
柄がある
原寸
栄養葉は不規則な
鈍鋸歯縁
根茎は短い

アカハナワラビ【赤花蕨】

Botrychium nipponicum

ハナヤスリ科ハナワラビ属／北海道〜九州

明るい草地や林下に生える冬緑性のシダ。フユノハナワラビに似るが、栄養葉はやや白っぽい斑が入った感じになる。冬には葉が赤くなることからアカハナワラビの名がある。栄養葉の縁の鋸歯は、オオハナワラビほど鋭くはない。オオハナワラビに比べ葉は小さく、2〜3回羽状複生で、葉柄や葉に毛はない。胞子葉の柄は植物体の大きさの割に長い。

フユノハナワラビ【冬の花蕨】

Botrychium ternatum var. *ternatum*

ハナヤスリ科ハナワラビ属／北海道〜九州、小笠原

明るい草地や林下に生える冬緑性のシダ。フユノハナワラビという名前ではあるが、秋の初めころには葉をのばし始める。栄養葉は緑色で、やや立体的に乱れた感じになり、3〜4回羽状深裂。アカハナワラビと同様に冬に葉が赤くなるものがあり、アカフユノハナワラビ(var. *pseudoternatum*)として、分けられている。

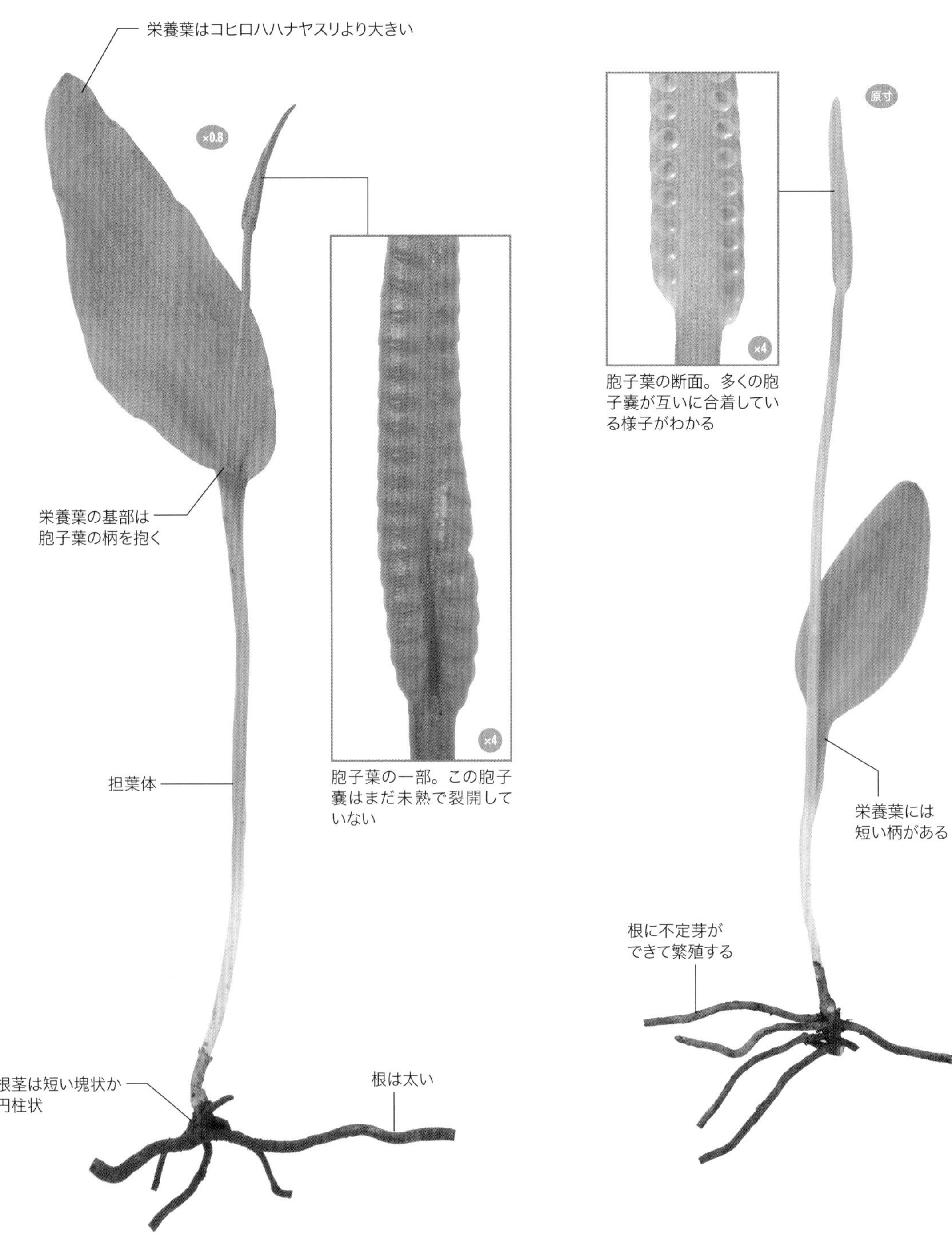
栄養葉はコヒロハハナヤスリより大きい
×0.8
×4
栄養葉の基部は
胞子葉の柄を抱く
担葉体
根茎は短い塊状か
円柱状
根は太い
胞子葉の一部。この胞子
嚢はまだ未熟で裂開して
いない
×4
原寸
胞子葉の断面。多くの胞
子嚢が互いに合着してい
る様子がわかる
栄養葉には
短い柄がある
根に不定芽が
できて繁殖する

ヒロハハナヤスリ【広葉花鑢】

Ophioglossum vulgatum

ハナヤスリ科ハナヤスリ属／北海道〜九州

コヒロハハナヤスリに似るが、栄養葉はそれより大きく、広披針形〜広卵形、基部は切形〜心形で、胞子葉の柄を抱く。胞子外膜には粗い網目模様がある。春4月頃に葉を出し、夏には枯れてしまう点もコヒロハハナヤスリとは異なる。コヒロハハナヤスリよりやや涼しい地方に多い。

トネハナヤスリ【利根花鑢】

Ophioglossum namegatae

ハナヤスリ科ハナヤスリ属／本州（東北〜近畿）

利根川、荒川、淀川水系などの河川敷の草地、葦原などに群生するシダ。4月頃に葉をのばし、4月末〜5月には胞子が熟し、6月頃には枯れてしまう。栄養葉は広披針形〜卵状三角形で、短い葉柄がある。胞子には細かい網目模様がある。

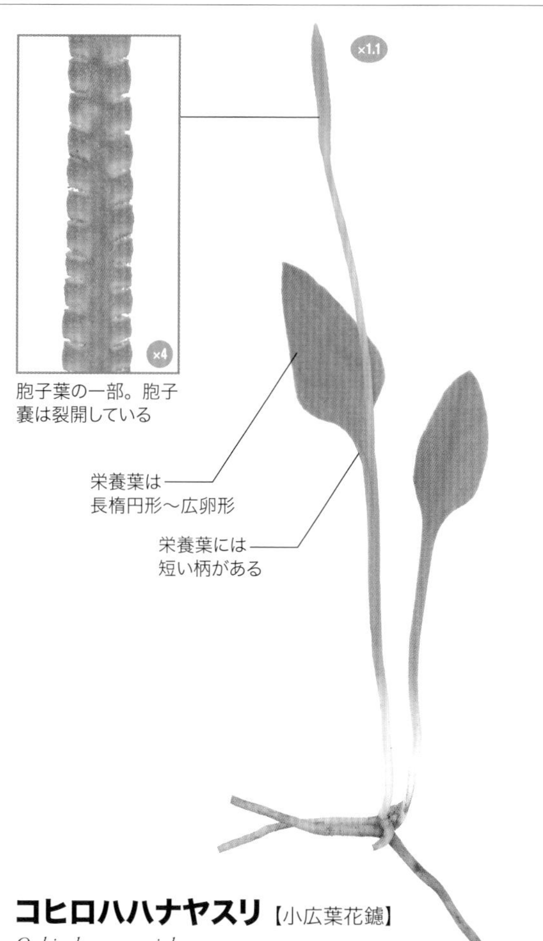
×1.1
×4
胞子葉の一部。胞子
嚢は裂開している
栄養葉は
長楕円形〜広卵形
栄養葉には
短い柄がある

コヒロハハナヤスリ【小広葉花鑢】

Ophioglossum petiolatum

ハナヤスリ科ハナヤスリ属／本州〜九州、琉球、小笠原

山麓や原野に生育する夏緑性の小型のシダ。栄養葉は草質で柔らかく、基部は広いくさび形で急に細くなり、短い柄がある。葉は夏にも枯れない。胞子嚢は軸の両側に並び、軸の外側で裂開する。胞子外膜はやや粗い隆起があり、連なって細かい網目模様をつくる。世界の暖地に広く分布する。

コヒロハハナヤスリ。ハナヤスリの仲間はどの種も小さく見つけにくい

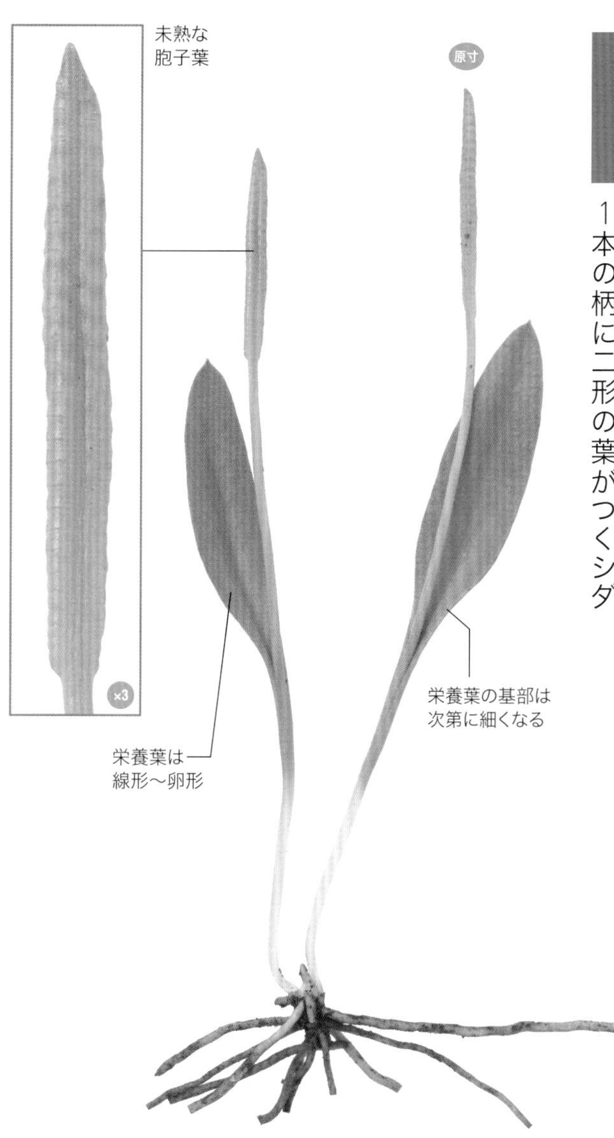
未熟な
胞子葉
原寸
×3
栄養葉の基部は
次第に細くなる
栄養葉は
線形〜卵形

ハマハナヤスリ【浜花鑢】

Ophioglossum thermale

ハナヤスリ科ハナヤスリ属／北海道（西部）〜九州、琉球

日当たりの良い海岸の砂地や草地などに生育することが多い夏緑性のシダで、内陸でも見ることがある。栄養葉は小さくて細く、線形〜卵形まで変異が大きい。葉の基部は次第に細くなり、短い柄があるかまたはない。胞子表面の模様は非常に細かい。

ハナヤスリの仲間

ハナワラビ属と同様、葉には栄養葉と胞子葉がある。地下には短い根茎があり、担葉体の基部は鞘状になって次の年の芽を包み込んでいる。根茎は塊状で、太い根を出し、根から不定芽を出して繁殖することが多い。胞子葉は葉面がなく、軸に胞子嚢が並び、互いに合着している。ハナヤスリの名はこの胞子葉の形を棒やすりに見立てて名付けられたという。

コケのように葉が薄いシダ

コケシノブ科は苔のように小さな葉のシダが多く、日本産のすべての種は葉面が非常に薄く、ただ一層の細胞からなり、気孔がないことが特徴。湿った岩上や苔むした樹幹に長く根茎を這わせていることが多い。包膜の形状、根茎の毛の量、葉縁の鋸歯の有無、偽脈の有無などが種の同定の参考になる。

イズハイホラゴケ【伊豆這洞苔】

Vandenboschia orientalis

コケシノブ科ハイホラゴケ属／本州(関東以西)、九州、琉球

ハイホラゴケの仲間は従来、分類の難しい仲間であった。最近の研究結果により、オオハイホラゴケ、ハイホラゴケ、ヒメハイホラゴケの3種を基本とする雑種または雑種起源の種が多く存在し、フィールドでは基本の3種は個体数が比較的少なく、雑種の個体が多いことが判明した。本書では例として、雑種起源の種であるイズハイホラゴケを示すこととした。本種はハイホラゴケとオオハイホラゴケの交雑に起源する有性生殖種で、ハイホラゴケ属の中では比較的大型になる常緑性の種である。

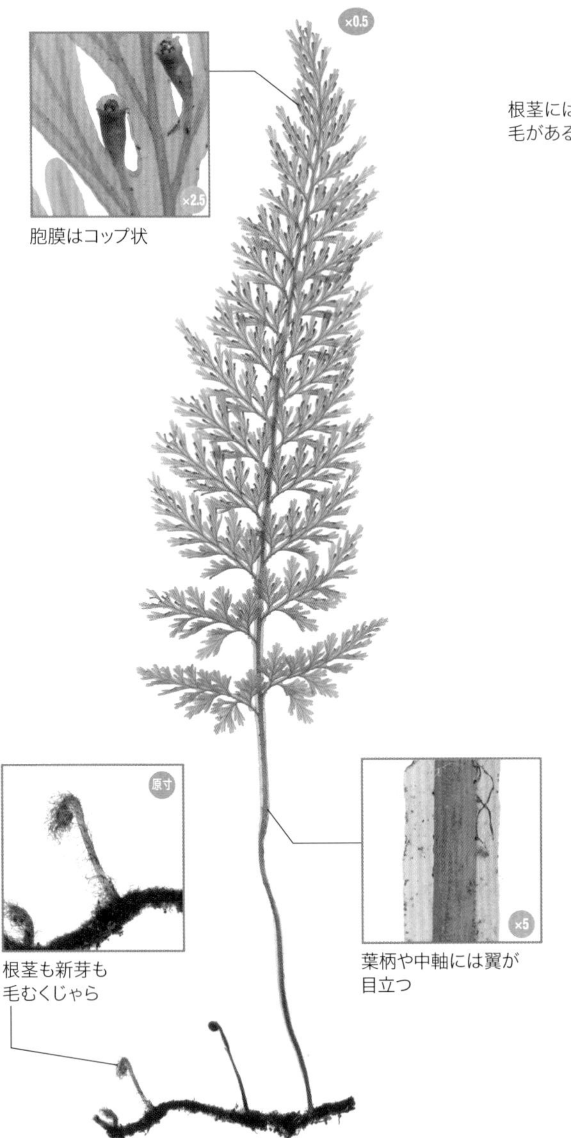
×0.5
×2.5
原寸
×5

胞膜はコップ状

根茎も新芽も毛むくじゃら

葉柄や中軸には翼が目立つ

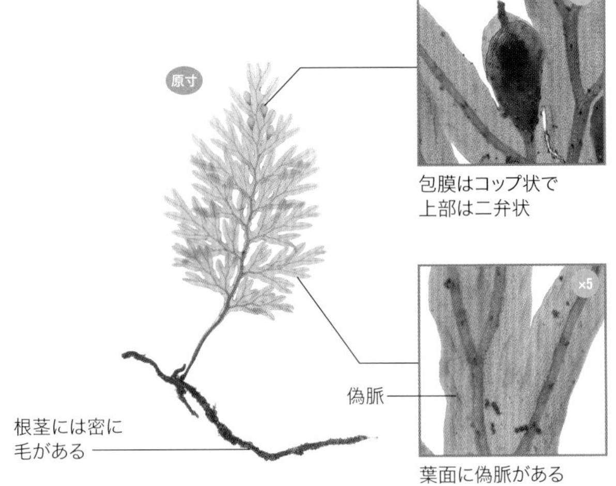
原寸
×5
×5
偽脈

包膜はコップ状で上部は二弁状

根茎には密に毛がある

葉面に偽脈がある

アオホラゴケ【青洞苔】

Crepidomanes latealatum

コケシノブ科アオホラゴケ属／本州〜九州、琉球、小笠原

暖地の湿り気のある岩上に生育することが多い常緑性の小さなシダ。葉面の偽脈は肉眼では見えにくいが、ルーペを使えば見ることができる。チチブホラゴケ(*C. schmidtianum*)は、本種に似るが偽脈がなく、関東〜九州にかけて流れのそばなどのごく陰湿な岩上に見られる。

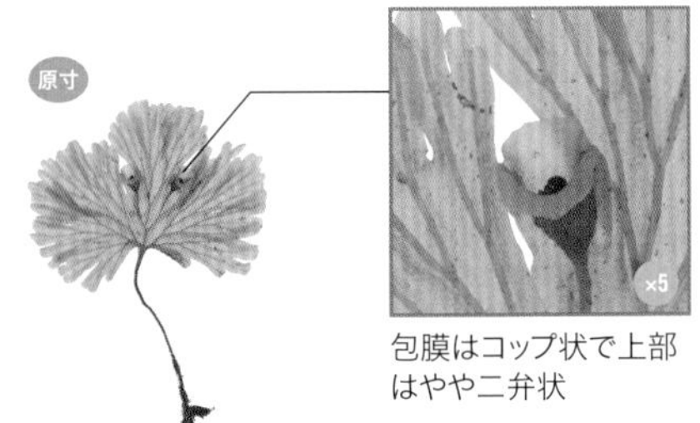
原寸
×5

包膜はコップ状で上部はやや二弁状

ウチワゴケ【団扇苔】

Crepidomanes minutum

コケシノブ科アオホラゴケ属／北海道〜九州、琉球

低山地の湿り気のある樹幹や岩上に根茎を長く伸ばして、マット状に群生することが多い常緑性のシダで、コケと見間違えるほど小さい。独特なうちわ状の形なので他種との区別はしやすい。

コケシノブ【苔忍】

Hymenophyllum wrightii

コケシノブ科コケシノブ属／北海道～九州

深山の湿り気のある樹幹や岩上に生育する小さな常緑性のシダで、比較的少ない。ホソバコケシノブに似るがより小さく、羽片のつく角度が狭いことが特徴。

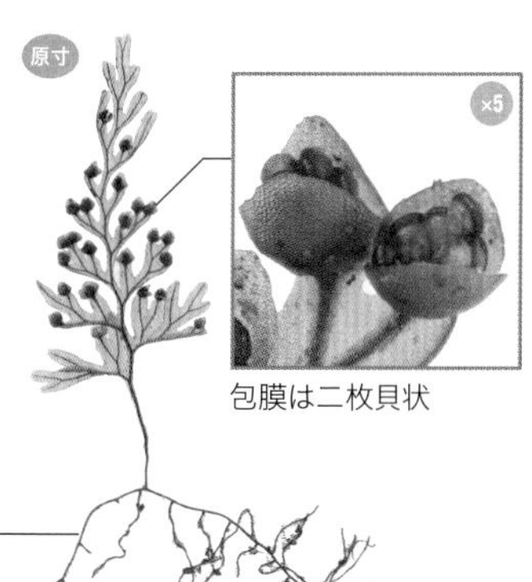
原寸
×5

包膜は二枚貝状

コケシノブ属の根茎は針金のように細い

岩壁にマット状に広がったコウヤコケシノブ

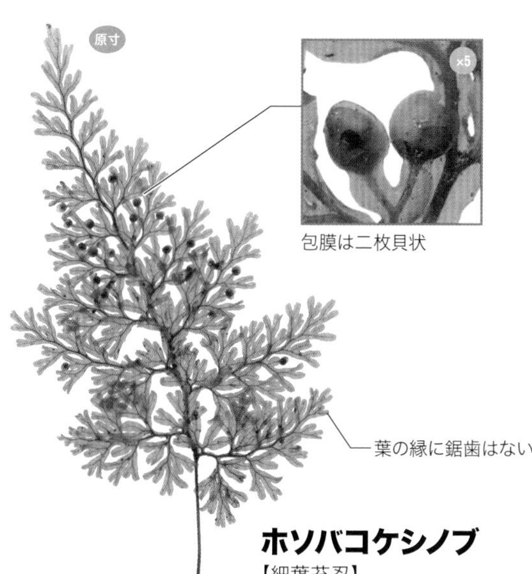
原寸
×5

包膜は二枚貝状

葉の縁に鋸歯はない

ホソバコケシノブ【細葉苔忍】

Hymenophyllum polyanthos

コケシノブ科コケシノブ属／本州～九州、琉球

山地の湿り気のある岩上に生育することが多い常緑性のシダで、個体数は比較的多い。葉縁に鋸歯はなく、裏面には毛がない。根茎は針金のように細く、長く匍匐する。

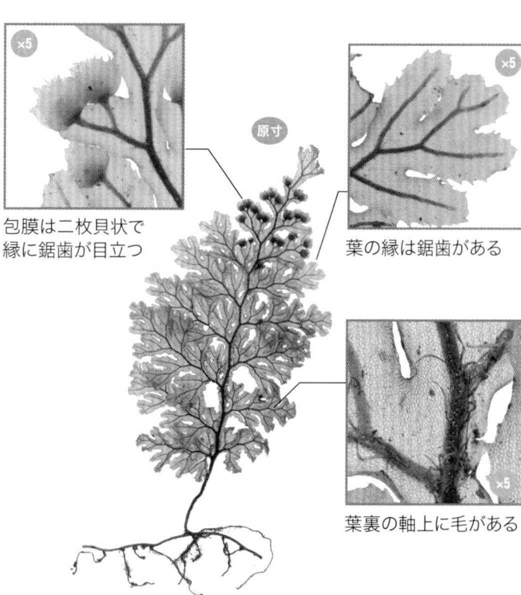
×5
原寸
×5
×5

包膜は二枚貝状で縁に鋸歯が目立つ

葉の縁は鋸歯がある

葉裏の軸上に毛がある

コウヤコケシノブ【高野苔忍】

Hymenophyllum barbatum

コケシノブ科コケシノブ属／本州～九州、琉球

低山地の湿り気のある樹幹や岩上に群生する常緑性のシダで、コケシノブ属の中では最もよく見かける。包膜と葉縁に鋸歯があることが特徴で、葉の裂片が重なり合うことがある。

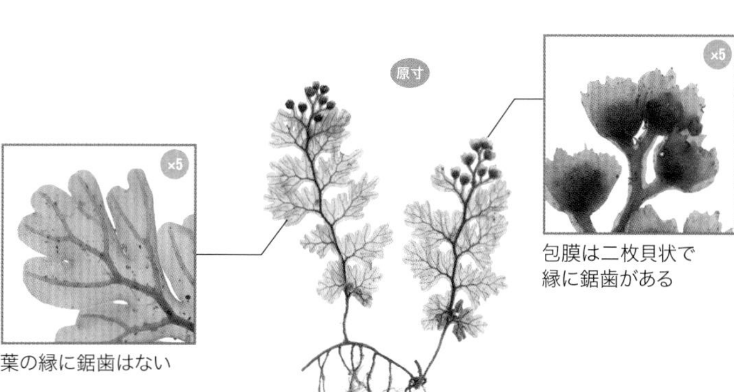
×5
原寸
×5

葉の縁に鋸歯はない

包膜は二枚貝状で縁に鋸歯がある

キヨスミコケシノブ【清澄苔忍】

Hymenophyllum oligosorum

コケシノブ科コケシノブ属／本州（関東以西）～九州

コウヤコケシノブに似ている常緑性のシダで、葉の裏に多細胞性の毛があるが、葉の縁に鋸歯はない。杉などの大木の樹幹に着生していることが多く、コウヤコケシノブよりはずっと少ない。

特徴的な形のシダ

シダには一見してそれとわかる独特な形態をした種類がいくつかあるので、それらをピックアップした。二叉に分かれるもの、つる状になるもの、十文字状の葉になるもの、鳥足状に分岐するものなどである。

今年の羽片
昨年の羽片
一昨年の羽片
×0.1
×0.7
×5
×3
葉柄は硬い
根茎は
長く這う

ウラジロは群生することが多い

小羽片は深裂し、裏面は帯白色

胞子嚢群には胞子嚢が3〜4個あり、包膜はない

羽片の付け根にできる休止芽は鱗片に覆われる。鱗片は辺縁が細かく切れ込む

ウラジロ【裏白】

Diplopterygium glaucum

ウラジロ科ウラジロ属／本州(宮城県、山形県以南)〜九州、琉球

暖地のやや乾いた林縁、林下に群生する常緑性のシダ。中軸は分岐せず、1対の羽片を出し、その間に休止芽をつくる。休止芽は苞葉と鱗片に包まれ、翌年に伸長する。したがって1年に1段ずつの羽片を展開し、無限成長して大きな羽状複葉となるが、下の方の羽片は2年ほどで枯れていく。羽片は大きなものでは1mくらいになる。正月飾りに用いられる。

ウラジロの仲間

ウラジロ科は比較的大型になる常緑性のシダのグループ。大葉類シダ植物の中では比較的初期の頃に分岐した原始的なグループである。根茎は長く匍匐し、疎らに葉を出して群生することが多い。葉は無限成長して独特な葉形となる。日本には2属3種があり、本書ではそのうちのウラジロとコシダの2種を掲載する。

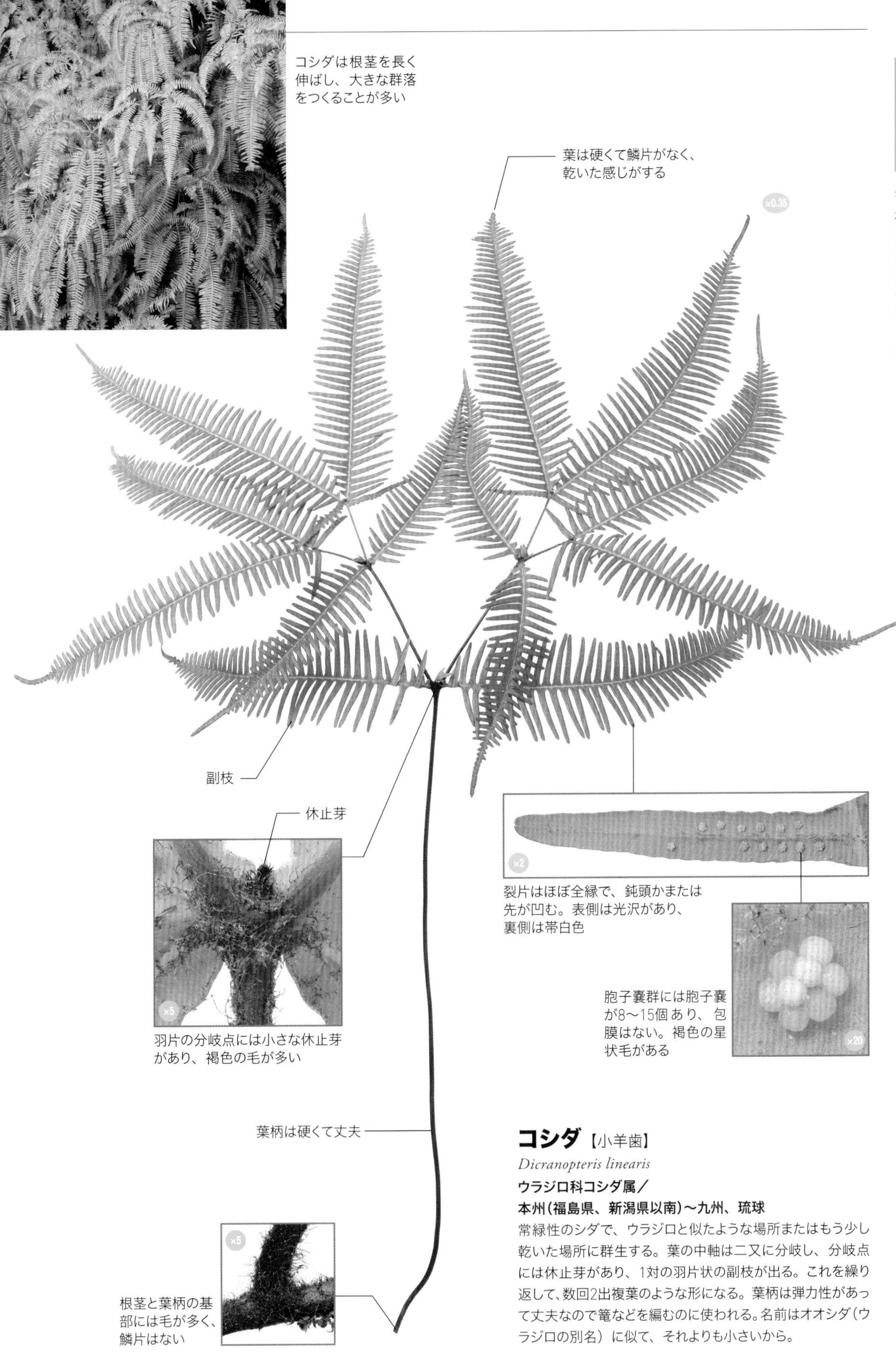
コシダは根茎を長く伸ばし、大きな群落をつくることが多い
葉は硬くて鱗片がなく、乾いた感じがする
×0.35
副枝
休止芽
×5
羽片の分岐点には小さな休止芽があり、褐色の毛が多い
×2
裂片はほぼ全縁で、鈍頭かまたは先が凹む。表側は光沢があり、裏側は帯白色
胞子嚢群には胞子嚢が8〜15個あり、包膜はない。褐色の星状毛がある
×20
葉柄は硬くて丈夫
×5
根茎と葉柄の基部には毛が多く、鱗片はない

コシダ【小羊歯】

Dicranopteris linearis

ウラジロ科コシダ属／

本州(福島県、新潟県以南)〜九州、琉球

常緑性のシダで、ウラジロと似たような場所またはもう少し乾いた場所に群生する。葉の中軸は二又に分岐し、分岐点には休止芽があり、1対の羽片状の副枝が出る。これを繰り返して、数回2出複葉のような形になる。葉柄は弾力性があって丈夫なので篭などを編むのに使われる。名前はオオシダ(ウラジロの別名)に似て、それよりも小さいから。

カニクサ【蟹草】

Lygodium japonicum

カニクサ科カニクサ属／

本州（福島県、新潟県以南）〜九州、琉球

暖地の山麓や人里に多いつる状のシダ。夏緑性だが暖地では常緑になる。根茎は匍匐し、葉は中軸が長く伸び、2m以上になることもある。胞子嚢をつける羽片とつけない羽片があり、部分的二形になる。名前は子供がこの蔓でカニを釣ったことに由来する。別名ツルシノブ。

×0.15
×0.3

葉の上部には、縁に胞子嚢群がついた羽片がつく

カニクサの中軸はつるになって、他のものにからみつく

中軸は長く伸びる

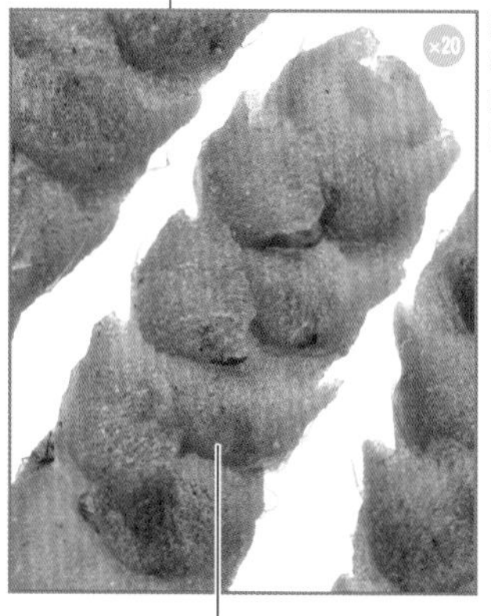
×20

胞子嚢は羽片の縁が折れ曲がった偽包膜に覆われる

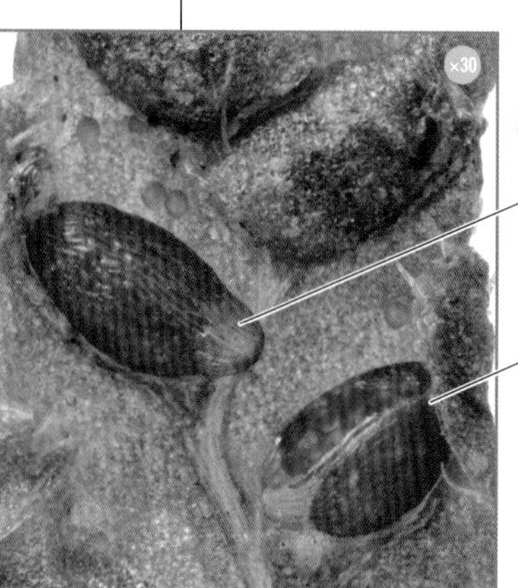
×30
胞子嚢

偽包膜の一部をはがしたところ。右側の胞子嚢は裂開して中の胞子が見えている

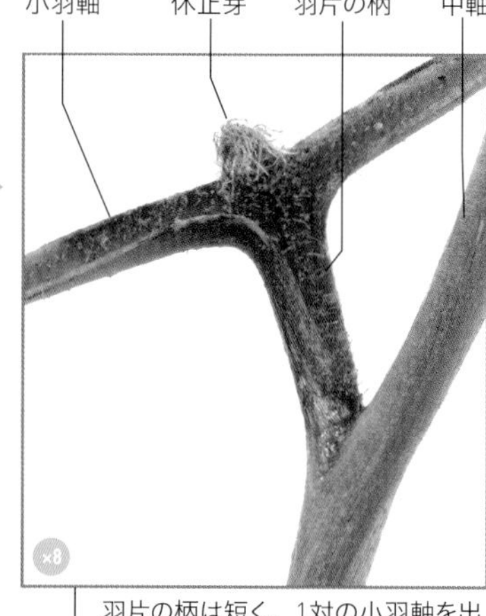
小羽軸
休止芽
羽片の柄
中軸
×8

羽片の柄は短く、1対の小羽軸を出し、先端に休止芽をつける

×0.2

下部の胞子嚢群のつかない羽片は裂片が長くなる

ジュウモンジシダ【十文字羊歯】

Polystichum tripteron

オシダ科イノデ属／北海道〜九州

山地の林下に多いシダで、夏緑性であるが暖地では常緑になる。根茎は短く斜上または直立し、葉を叢生する。葉は最下羽片が他の羽片より著しく大きく、またさらに羽状に切れ込んで独特な十文字型になるので、他種との区別は容易であるし、名前の由来にもなっている。イノデ属の一員らしく、全体に鱗片が多い。

クジャクシダ【孔雀羊歯】

Adiantum japonicum

イノモトソウ科ホウライシダ属／北海道、本州、四国

山地の林下、岩礫地などに生育する夏緑性のシダ。根茎は短く匍匐し、葉を叢生する。葉柄は紫褐色で光沢がある。葉身は偽叉状に分岐（側羽片の下側第1小羽片が著しく発達することを繰り返す）して、独特な孔雀の尾羽のような形になり、このことから孔雀シダの名がある。鱗片は葉柄下部にあるだけで、葉身には毛も鱗片もない。

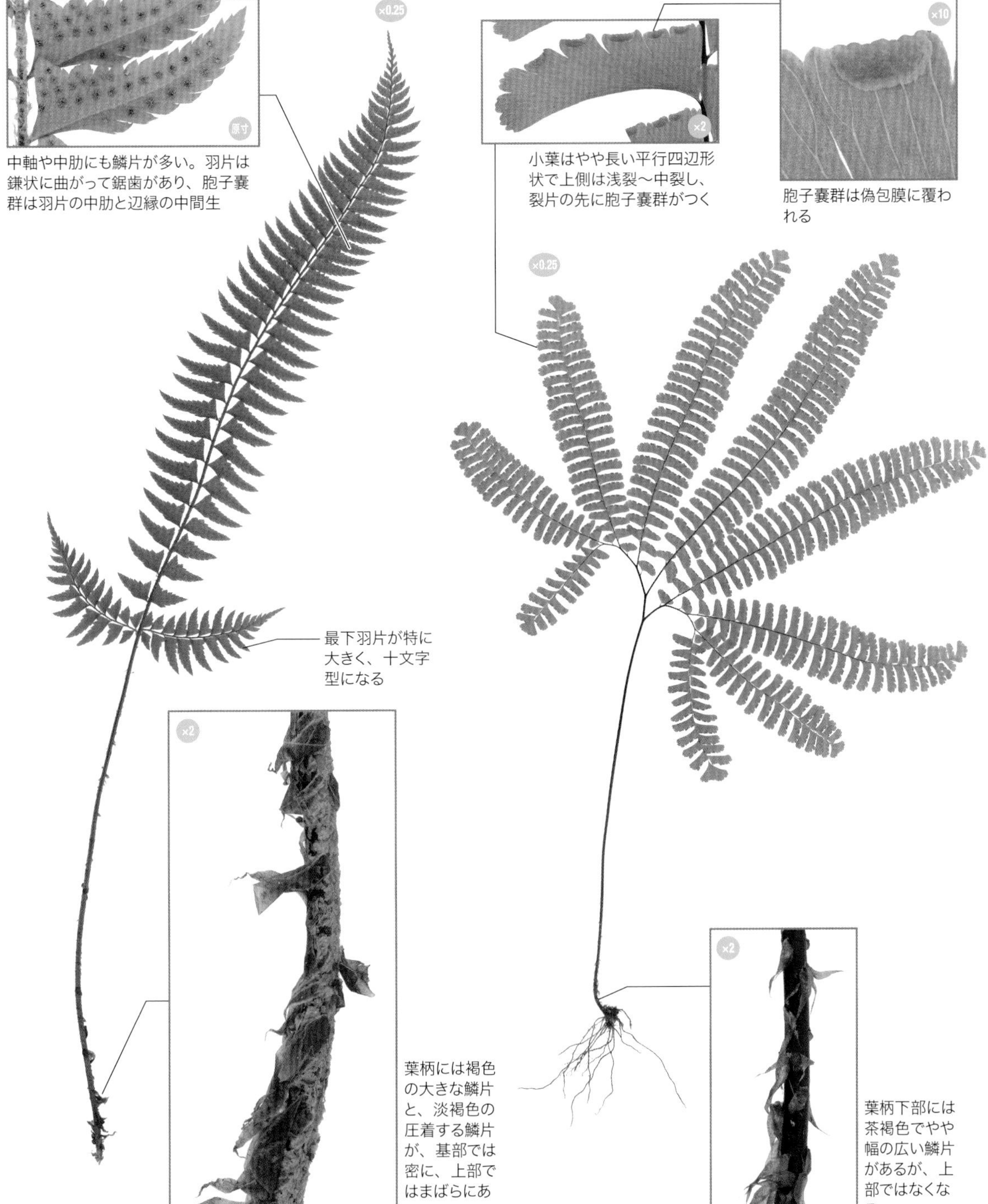
×0.25
原寸
×2
×2
×10
×0.25
×2

中軸や中肋にも鱗片が多い。羽片は鎌状に曲がって鋸歯があり、胞子嚢群は羽片の中肋と辺縁の中間生

最下羽片が特に大きく、十文字型になる

葉柄には褐色の大きな鱗片と、淡褐色の圧着する鱗片が、基部では密に、上部ではまばらにある

小葉はやや長い平行四辺形状で上側は浅裂〜中裂し、裂片の先に胞子嚢群がつく

胞子嚢群は偽包膜に覆われる

葉柄下部には茶褐色でやや幅の広い鱗片があるが、上部ではなくなる

ナチシダ【那智羊歯】

Pteris wallichiana

イノモトソウ科イノモトソウ属／本州（関東南部以西）〜九州、琉球

暖地の湿った山地林下に生育する常緑性の大きなシダで、大きな葉では葉身が長さ1mを超える。根茎は斜上し、葉を接近してつける。葉は鳥足状に分岐して、広五角形となり、他にこのような形のシダは日本にないので、他種との区別は容易であろう。鹿が食べないので、食害のひどい地域でも繁茂している。名前は最初に見出された和歌山県那智山にちなんでいる。

ナチシダは大きく独特な形なので見分けやすい

胞子嚢群をつけない部分には鋸歯がある

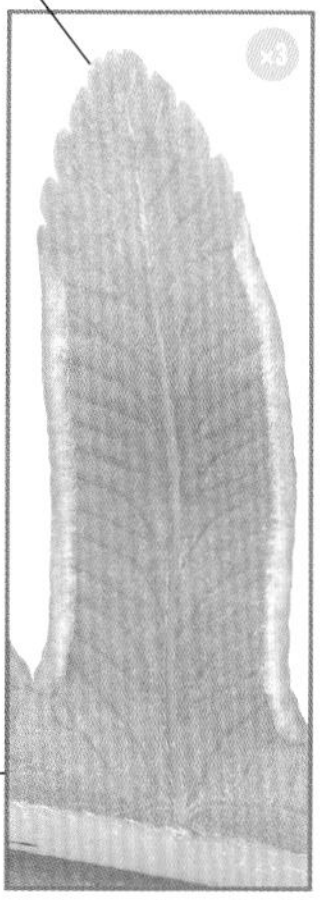

軸上には白い毛がある。胞子嚢群は偽包膜に覆われる

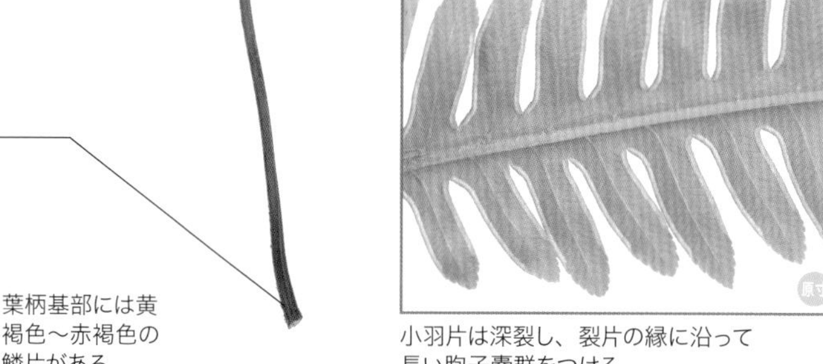

葉柄基部には黄褐色〜赤褐色の鱗片がある

小羽片は深裂し、裂片の縁に沿って長い胞子嚢群をつける

鹿が食べるシダ、食べないシダ

鹿（ニホンジカ）の食害による自然荒廃が問題にされるようになって久しい。関東周辺でも伊豆半島や丹沢山地、奥多摩地域、南アルプス、日光周辺などで被害がひどい。鹿は草食動物で、その食欲は素晴らしく、1頭当たり1日3kg以上の植物を食べるという。好きな植物はウバユリ、ギボウシ類、シシウド、ツリガネニンジンなどの草本や、アオキ、笹、カシ類、リョウブなどの新芽なので、これらの食べ跡を見たら鹿の侵入を疑った方がよい。シダ植物でもイノデ属（ジュウモンジシダを除く）、オシダ属、メシダ属、ゼンマイなどが好きなようで、よく食べ跡を見かけるし、なかにはほとんど絶滅に追い込まれている種類もある。

一方で、鹿が好まない植物も多い。種子植物ではマツカゼソウやマルバダケブキ、バイケイソウ、アセビなどがよく知られているが、シダ植物でもヒカゲノカズラ科、イワヒバ科、キジノオシダ、ウラジロ科、イワヒメワラビ、コバノイシカグマ、ユノミネシダ、ワラビ、オオバノイノモトソウ、ナチシダなどはほとんど食べられず、フモトシダ、ホラシノブ、オニヒカゲワラビ、ジュウモンジシダ、タマシダなどもあまり食べないという。例えば、伊豆の天城山周辺は、かつてはシダの種類も豊富でよい観察地であったが、最近はナチシダばかりが増えて魅力が半減してしまった。屋久島なども似たような状況と聞く。奥多摩などでオオバノイノモトソウばかりが繁茂している場所があるが、これも鹿の影響であろう。

コシダ（ウラジロ科）

コバノイシカグマ（コバノイシカグマ科）

キジノオシダ（キジノオシダ科）

ユノミネシダ（コバノイシカグマ科）

オオバノイノモトソウ（イノモトソウ科）

単葉

シダには羽状複葉になる種類が多いが、ウラボシ科などでは単葉の種類も少なくない。ただし、一口に単葉と言っても全縁のものから羽状に全裂するものまでさまざまなものがある。ここではそれらの単葉で全縁のものから羽状に全裂するものまでを取り上げた。

マメヅタの独特な円い葉は、日本では他に似たものがない

マメヅタ【豆蔦】

Lemmaphyllum microphyllum

ウラボシ科マメヅタ属／本州(宮城県以南)〜九州、琉球

湿り気のある樹上や岩上に、針金のように細い根茎を長く這わせ、群生することが多い常緑性のシダ。葉は二形となり、栄養葉は円形〜楕円形、胞子葉は狭披針形で立ち上がる。葉縁に鋸歯はなく、毛がない。名前は栄養葉の丸い葉の様子に由来する。

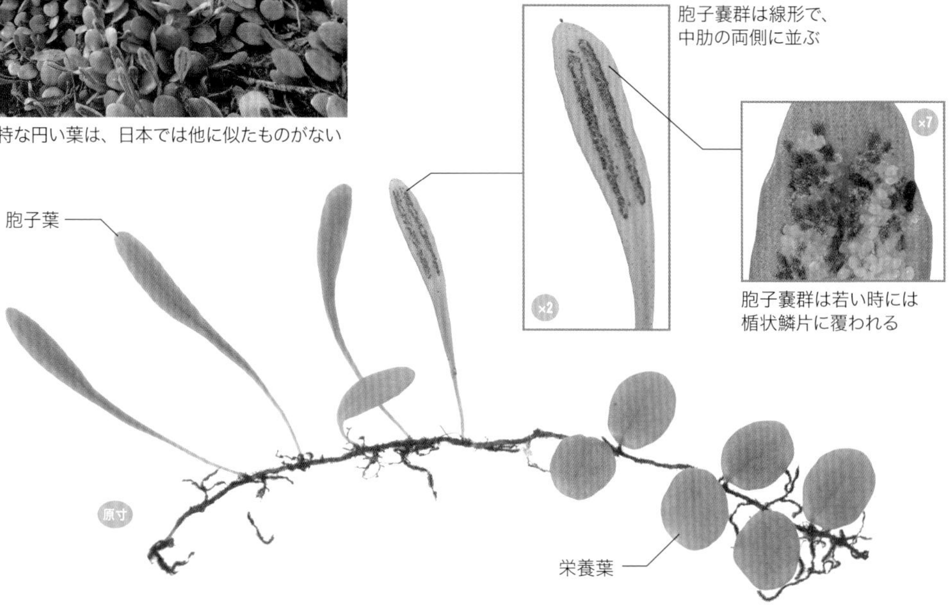

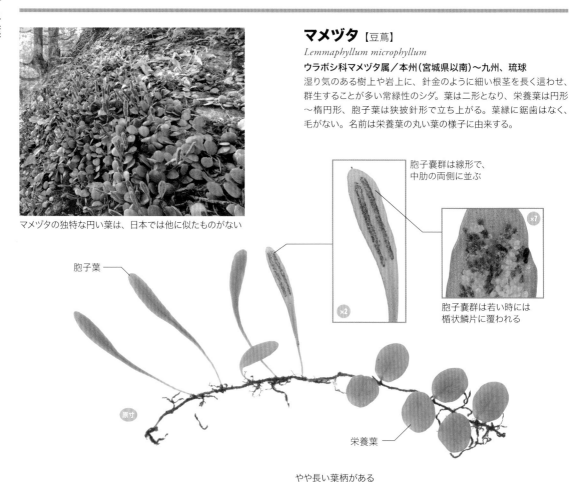

胞子嚢群は線形で、中肋の両側に並ぶ

×2

×7

胞子嚢群は若い時には楯状鱗片に覆われる

胞子葉

原寸

栄養葉

タキミシダ【滝見羊歯】

Antrophyum obovatum

イノモトソウ科タキミシダ属／本州(関東南部以西)〜九州

短い根茎から小さな葉を叢生させる常緑性のシダ。暖地の陰湿な林中の渓流近くの岩上に稀に生じる。葉身は倒卵形で、下部は次第に細くなり、葉柄に流れる。胞子嚢群は脈に沿った浅い溝につき、包膜はない。名前は牧野富太郎が高知県須崎市の滝を訪れたときに見つけたことから名付けられた。

やや長い葉柄がある

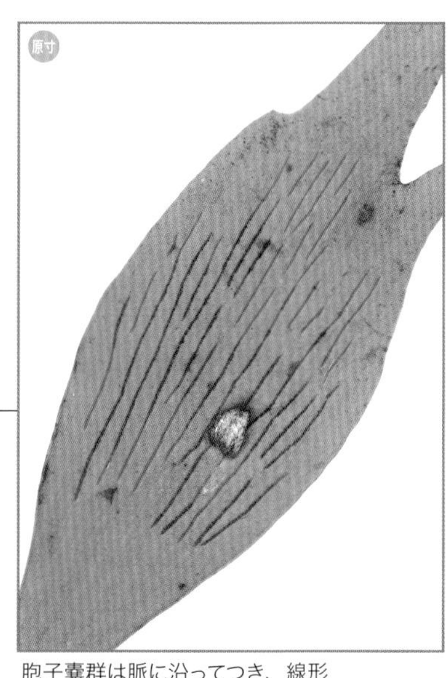
原寸

胞子嚢群は脈に沿ってつき、線形

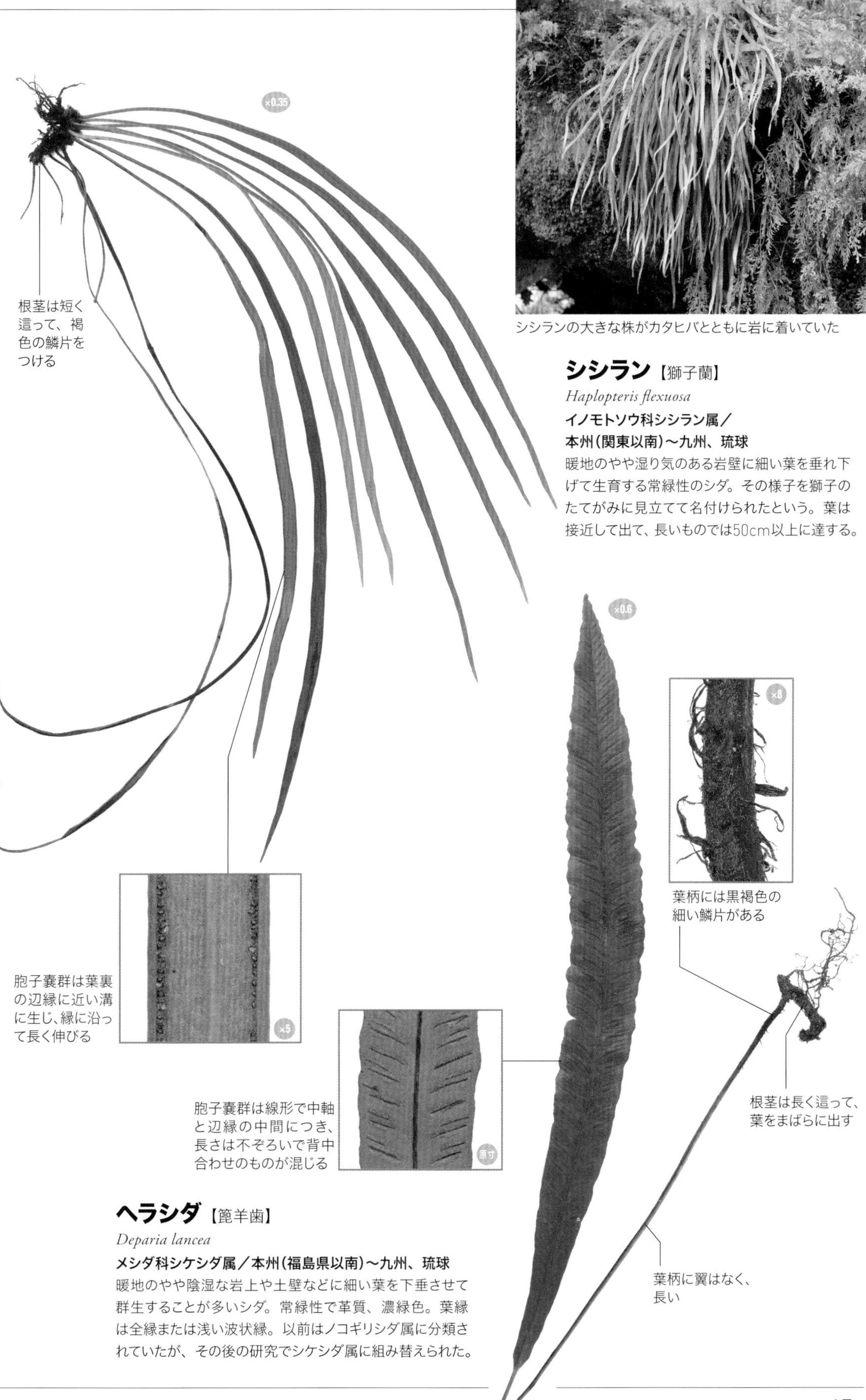
×0.35
根茎は短く這って、褐色の鱗片をつける
胞子嚢群は葉裏の辺縁に近い溝に生じ、縁に沿って長く伸びる
×5
×0.6
×8
葉柄には黒褐色の細い鱗片がある
根茎は長く這って、葉をまばらに出す
胞子嚢群は線形で中軸と辺縁の中間につき、長さは不ぞろいで背中合わせのものが混じる
原寸
葉柄に翼はなく、長い

シシランの大きな株がカタヒバとともに岩に着いていた

シシラン【獅子蘭】

Haplopteris flexuosa

イノモトソウ科シシラン属／本州(関東以南)〜九州、琉球

暖地のやや湿り気のある岩壁に細い葉を垂れ下げて生育する常緑性のシダ。その様子を獅子のたてがみに見立てて名付けられたという。葉は接近して出て、長いものでは50cm以上に達する。

ヘラシダ【箆羊歯】

Deparia lancea

メシダ科シケシダ属／本州(福島県以南)〜九州、琉球

暖地のやや陰湿な岩上や土壁などに細い葉を下垂させて群生することが多いシダ。常緑性で革質、濃緑色。葉縁は全縁または浅い波状縁。以前はノコギリシダ属に分類されていたが、その後の研究でシケシダ属に組み替えられた。

サジラン【匙蘭】

Loxogramme duclouxii

ウラボシ科サジラン属／本州（福島県以南）〜九州

深山の湿り気のある樹上や岩上に着生する常緑性のシダ。根茎は長く横走して群生し、倒披針形の葉を下垂させる。葉は二形にはならず、長さ15〜40cm位のものが多い。ヒメサジラン（*L. grammitoides*）は本種よりもずっと小さく、葉身は倒披針形で長さは3〜8cmくらいのことが多い。北海道〜九州までの深山の湿った岩上に生育する。

イワヤナギシダ【岩柳羊歯】

Loxogramme salicifolia

ウラボシ科サジラン属／本州（関東南部以西）〜九州、琉球

サジランによく似た常緑性のシダ。サジランよりやや小さく、胞子葉が少し細くなり、胞子嚢群の付いた部分の表側が少し隆起する。葉柄の下部は黒褐色にならず淡緑色。名は柳の葉に似て岩場に生えることに由来する。

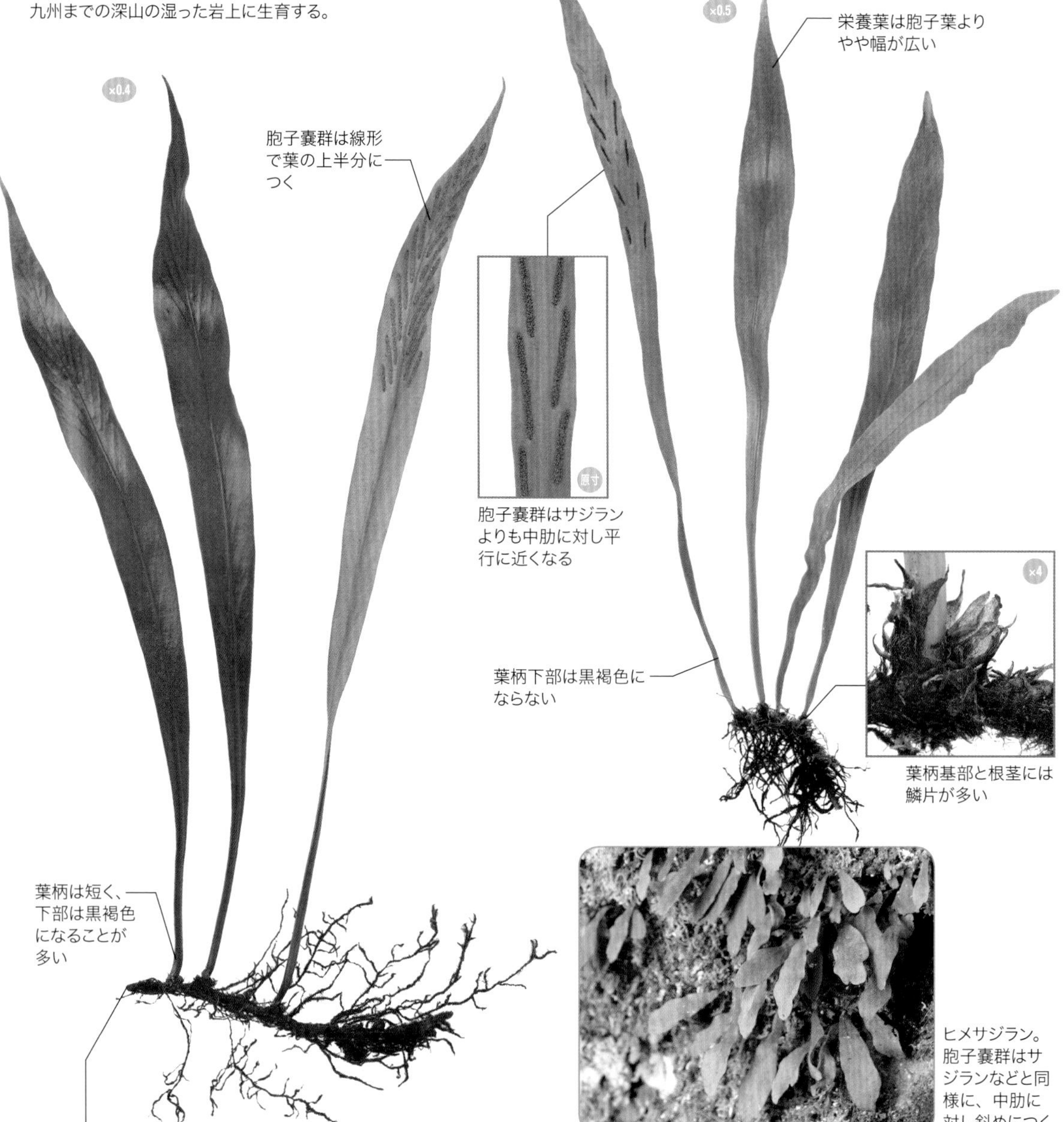
×0.4
胞子嚢群は線形で葉の上半分につく
葉柄は短く、下部は黒褐色になることが多い
×0.5
栄養葉は胞子葉よりやや幅が広い
原寸
胞子嚢群はサジランよりも中肋に対し平行に近くなる
葉柄下部は黒褐色にならない
×4
葉柄基部と根茎には鱗片が多い
ヒメサジラン。胞子嚢群はサジランなどと同様に、中肋に対し斜めにつく
×4

根茎は密に鱗片で覆われる

ウラボシ科

比較的新しい時代になってから進化してきたグループで、樹幹や岩上に着生する種類が多い。根茎は匍匐し、小型から中型の葉をつける。葉は単葉の種類が多いが、複葉になるものもある。胞子嚢群には包膜がない。

コタニワタリは常緑性のシダで、下方に倒れているのが前年の葉

コタニワタリ【小谷渡】

Asplenium scolopendrium

チャセンシダ科チャセンシダ属／北海道〜九州

湿った山地林床に生育する常緑性のシダで、やや日本海寄りに分布する。葉身は長さ10〜50cm位の単葉で、ほぼ全縁、基部は心形で耳状になる。オオタニワタリに比べて小さいため、コタニワタリとなった。

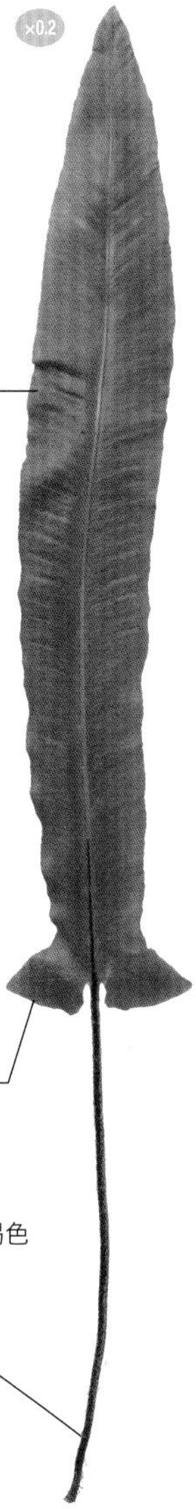

×0.2

葉の裏面には線形の胞子嚢群が並ぶ

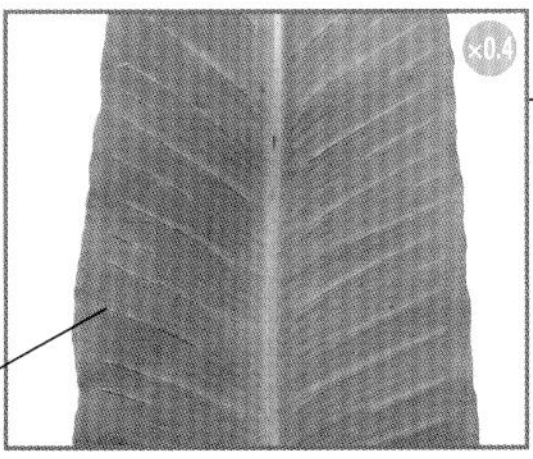

×0.4

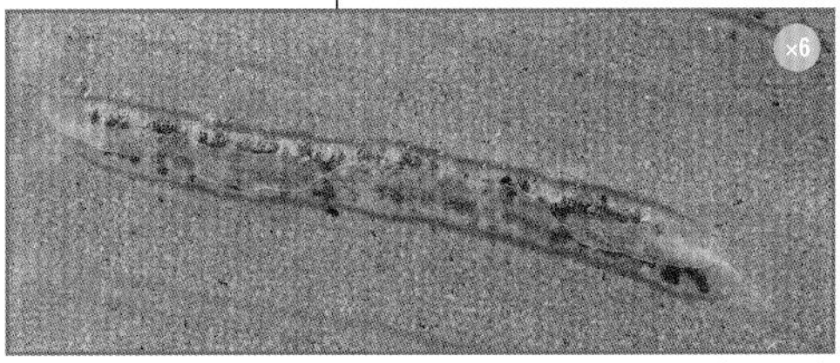

×6

胞子嚢群は、隣り合う2本の小脈に並行してつき、向かい合う2枚の包膜に覆われて1本の胞子嚢群のように見える

小さな葉では基部の耳状突起が明確でないことが多い

葉柄基部には褐色の鱗片が多い

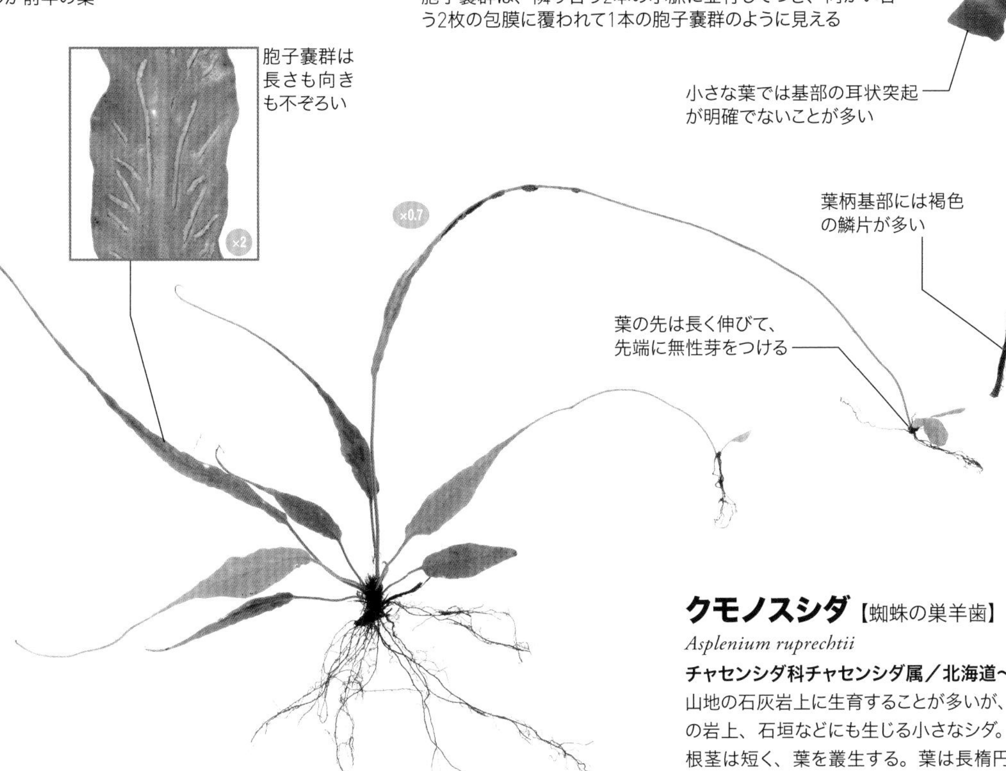

胞子嚢群は長さも向きも不ぞろい
×2
×0.7
葉の先は長く伸びて、先端に無性芽をつける

クモノスシダ【蜘蛛の巣羊歯】

Asplenium ruprechtii

チャセンシダ科チャセンシダ属／北海道〜九州

山地の石灰岩上に生育することが多いが、それ以外の岩上、石垣などにも生じる小さなシダ。常緑性で根茎は短く、葉を叢生する。葉は長楕円形〜狭披針形、葉身上部は糸状に長く伸び、先端に無性芽をつける。この性質からクモノスシダの名がある。

チャセンシダ科

チャセンシダ科のシダの葉は単葉〜3回羽状複葉まで非常に変化に富んでいる。胞子嚢群は脈に沿って長く伸び、長い包膜がある。このページではそのうちの単葉の2種類を記載した。

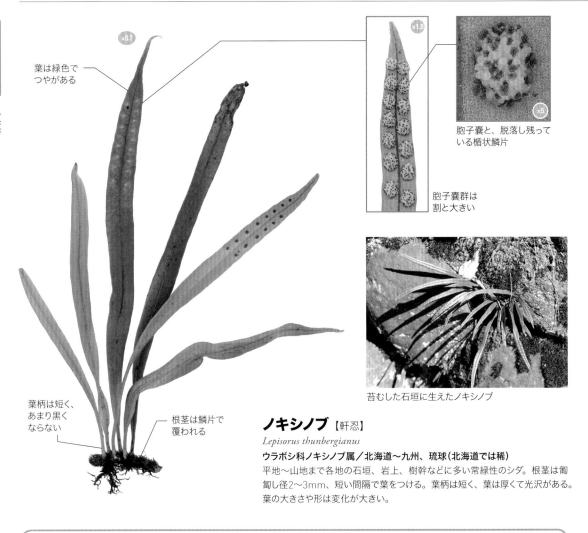

葉は緑色でつやがある

×0.7

×1.5

×5

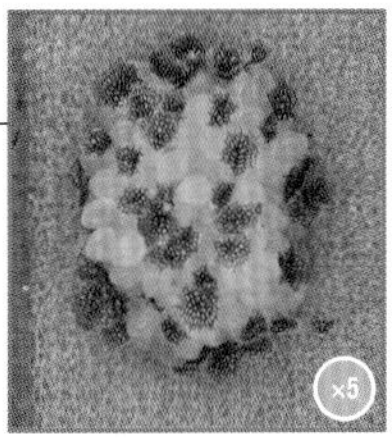

胞子嚢と、脱落し残っている楯状鱗片

胞子嚢群は割と大きい

葉柄は短く、あまり黒くならない

根茎は鱗片で覆われる

苔むした石垣に生えたノキシノブ

ノキシノブ【軒忍】

Lepisorus thunbergianus

ウラボシ科ノキシノブ属／北海道〜九州、琉球（北海道では稀）

平地〜山地まで各地の石垣、岩上、樹幹などに多い常緑性のシダ。根茎は匍匐し径2〜3mm、短い間隔で葉をつける。葉柄は短く、葉は厚くて光沢がある。葉の大きさや形は変化が大きい。

ノキシノブ属（*Lepisorus*）の新種

ノキシノブは2倍体から6倍体まであり、形態も変化に富んでいることから、以前からいくつかの種の複合体ではないかといわれていた。2018年ノキシノブ属の分子系統解析の結果が論文化され※、実態が明らかにされた。それによるとノキシノブ（A）、ナガオノキシノブ（B）、ツクシノキシノブ（C）の3種を基本とし、AとBの交雑起源による4倍体種がクロノキシノブ（*L. nigripes*、新種記載）、AとCの交雑起源による4倍体種がフジノキシノブ（*L. kuratae*）、A・B・Cの3種のゲノムをもつ6倍体種がミカワノキシノブ（*L. mikawanus*）であるとされた。

クロノキシノブ

クロノキシノブは根茎がやや長く這い、葉柄もやや長くて黒くなることが特徴で、北海道〜九州にかけて分布する。フジノキシノブは根茎が短くて葉質が薄く幅広いことが特徴で、本州（岩手県〜和歌山県）と四国に分布し、人里に多いとされている。クロノキシノブもフジノキシノブもそれほど希少なシダではないようなので、今後はこれらに気を付けて観察することが必要である。

※藤原泰央、芹沢俊介、綿野泰行；系統解析により明らかにされたノキシノブ倍数性複合体における4倍体と6倍体の起源、J. Plant Res. 131:945-959 (2018)

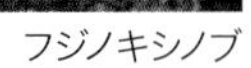

フジノキシノブ

クロノキシノブの葉柄

ミヤマノキシノブ【深山軒忍】

Lepisorus ussuriensis var. *distans*

ウラボシ科ノキシノブ属／北海道〜九州

深山の樹上や岩上に生育する常緑性のシダ。根茎は細く、長く匍匐する。葉はノキシノブに比べてやや薄く、ノキシノブのような光沢はない。母変種のvar. *ussuriensis*は朝鮮、中国、ロシアに分布する。

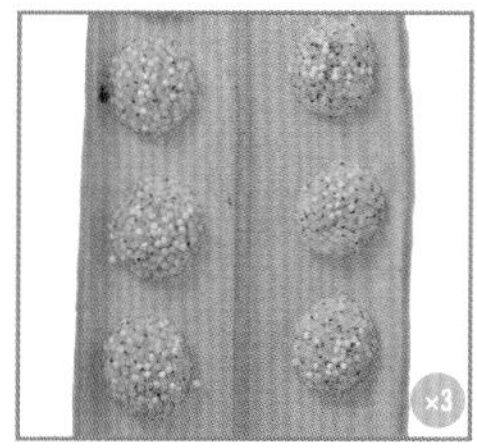

胞子嚢群は葉身上部の中肋と辺縁の中間に並ぶ

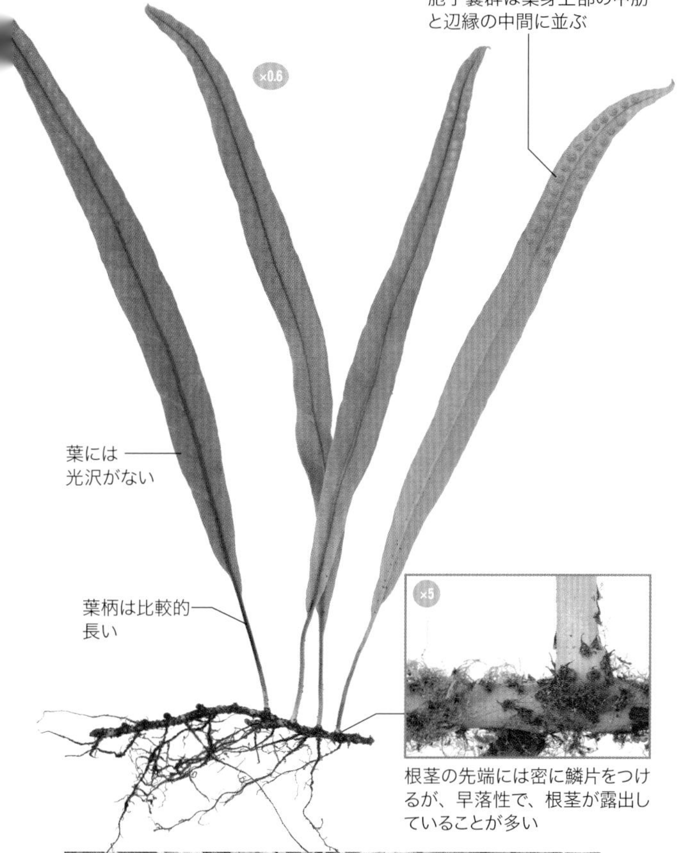

葉には光沢がない

葉柄は比較的長い

根茎の先端には密に鱗片をつけるが、早落性で、根茎が露出していることが多い

木の幹を覆いつくすように生育したミヤマノキシノブの群落

ナガオノキシノブ【長尾軒忍】

Lepisorus rufofuscus

ウラボシ科ノキシノブ属／
北海道、本州、九州（北海道と九州では稀、中国地方では未発見）

深山の樹上や岩上に生育する常緑性のシダ。ミヤマノキシノブとノキシノブの両者に似たところがある。根茎は細く、黒褐色の鱗片で覆われる。葉身は細く線形で、先は尾状に尖り、胞子嚢群は小さい。名前は葉の先端が尾状に伸びることによる。

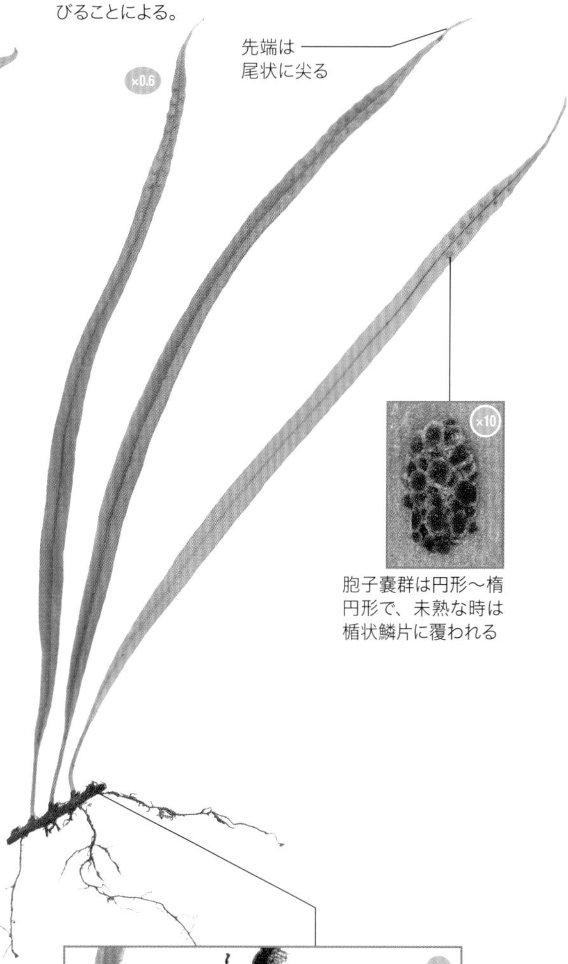

先端は尾状に尖る

胞子嚢群は円形〜楕円形で、未熟な時は楯状鱗片に覆われる

根茎は黒褐色（辺縁は淡色）の鱗片に覆われる

ノキシノブの仲間

ノキシノブ属は比較的小さな葉の種類が多く、岩上や樹幹に根茎を這わせ、短い間隔で葉をつける。葉は披針形〜線形の単葉で全縁、胞子嚢群は円形〜楕円形、中肋の両側に並ぶものが多い。包膜はなく、若い胞子嚢群は楯状の鱗片で覆われるが、胞子嚢が成熟すると楯状鱗片は脱落する。

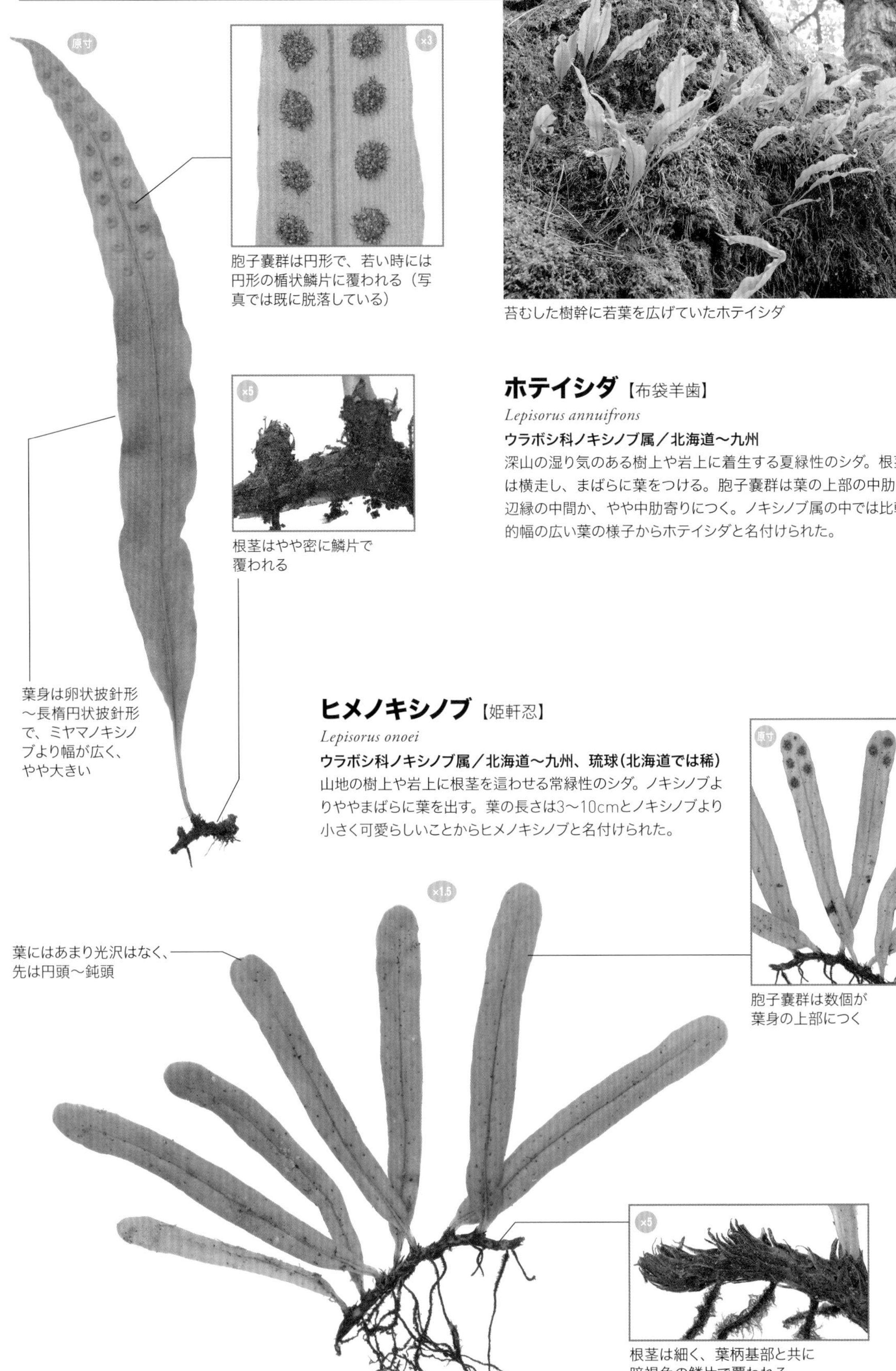
原寸
×3
×5
原寸
×1.5
×5

胞子嚢群は円形で、若い時には円形の楯状鱗片に覆われる（写真では既に脱落している）

苔むした樹幹に若葉を広げていたホテイシダ

根茎はやや密に鱗片で覆われる

葉身は卵状披針形〜長楕円状披針形で、ミヤマノキシノブより幅が広く、やや大きい

ホテイシダ【布袋羊歯】

Lepisorus annuifrons

ウラボシ科ノキシノブ属／北海道〜九州

深山の湿り気のある樹上や岩上に着生する夏緑性のシダ。根茎は横走し、まばらに葉をつける。胞子嚢群は葉の上部の中肋と辺縁の中間か、やや中肋寄りにつく。ノキシノブ属の中では比較的幅の広い葉の様子からホテイシダと名付けられた。

ヒメノキシノブ【姫軒忍】

Lepisorus onoei

ウラボシ科ノキシノブ属／北海道〜九州、琉球（北海道では稀）

山地の樹上や岩上に根茎を這わせる常緑性のシダ。ノキシノブよりややまばらに葉を出す。葉の長さは3〜10cmとノキシノブより小さく可愛らしいことからヒメノキシノブと名付けられた。

葉にはあまり光沢はなく、先は円頭〜鈍頭

胞子嚢群は数個が葉身の上部につく

根茎は細く、葉柄基部と共に暗褐色の鱗片で覆われる

ビロードシダ【ビロード羊歯】

Pyrrosia linearifolia

ウラボシ科ヒトツバ属／北海道～九州、琉球（北海道と琉球では稀）

山地の樹上や岩上に根茎を這わせ、群生することが多い常緑性のシダ。葉身は線形で長さは2～15cmくらい、二形とはならない。葉の表裏ともに星状毛が多く、手触りがビロードのようなのでこの名がついた。

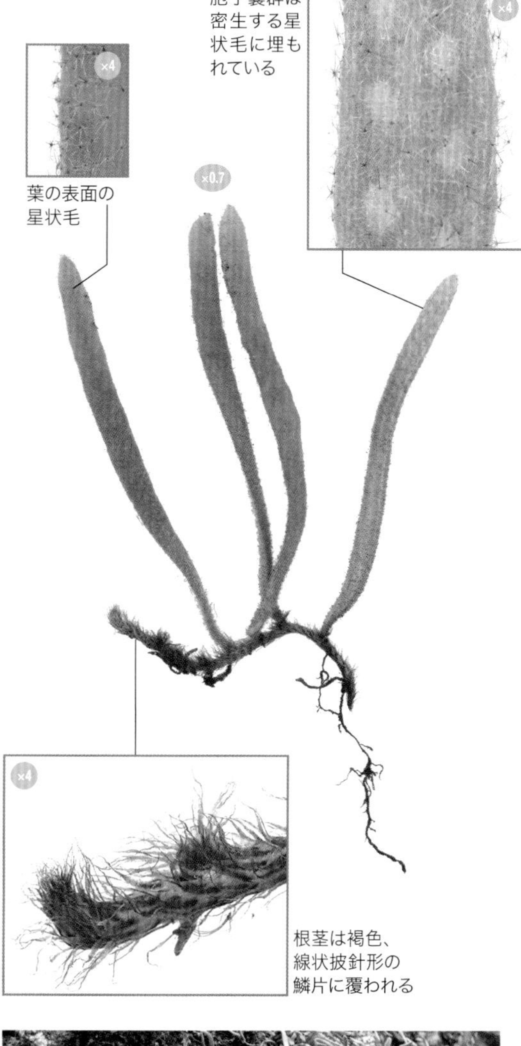
胞子嚢群は密生する星状毛に埋もれている
×4
×4
葉の表面の星状毛
×0.7
×4
根茎は褐色、線状披針形の鱗片に覆われる

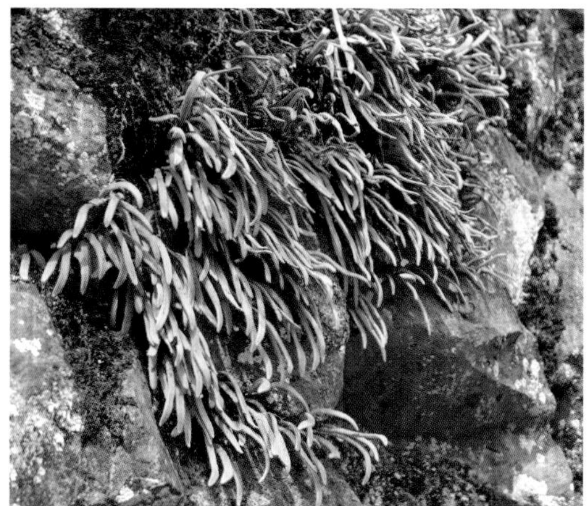

石垣に群生したビロードシダ

ヒトツバ【一つ葉】

Pyrrosia lingua

ウラボシ科ヒトツバ属／本州（関東以西）～九州、琉球

やや乾燥した岩上や樹幹に生育する常緑性のシダ。根茎は硬く、鱗片に覆われ、長く匍匐して葉をまばらに出す。葉の表は濃緑色、裏は淡褐色、胞子葉は栄養葉よりも細くなり、やや二形となる。

葉の裏には密に褐色の星状毛が生えるため褐色に見える

胞子葉は葉の裏一面に胞子嚢群をつける

栄養葉

×0.5

×0.5

×3

根茎には褐色で縁に白毛がある鱗片が圧着してつく

単葉

クリハラン【栗葉蘭】

Neolepisorus ensatus

ウラボシ科クリハラン属／本州(関東以西)〜九州、琉球

暖地の湿った地上、岩上に常緑の葉を立ち上げるシダで、流れのそばに多い。根茎は長く匍匐して葉をまばらに出す。葉身は長さ50cm近くになるものもある。主側脈が両面ともはっきり見え、その感じが栗の葉に似ていることからクリハランの名がある。

胞子嚢群は円形〜楕円形で、若い時には楯状鱗片で覆われる
×10
葉は濃い緑色で大きく目立ちやすい
×0.3
胞子嚢群は中軸の両側に1〜4列に並ぶ
葉柄は長い
原寸
根茎は長く匍匐し、褐色の鱗片で覆われる

クリハランは流れのそばが好きらしい

ヌカボシクリハラン【糠星栗葉蘭】

Lepidomicrosorium superficiale

ウラボシ科ヤノネシダ属／

本州(関東南部以南)〜九州、琉球、小笠原

暖地に生育する常緑性のシダ。根茎は長く這い、地上〜岩上、樹上に這いあがって葉をまばらに出す。クリハランに似た葉の裏一面に小さな胞子嚢群が散在する様子からヌカボシクリハランと名付けられた。

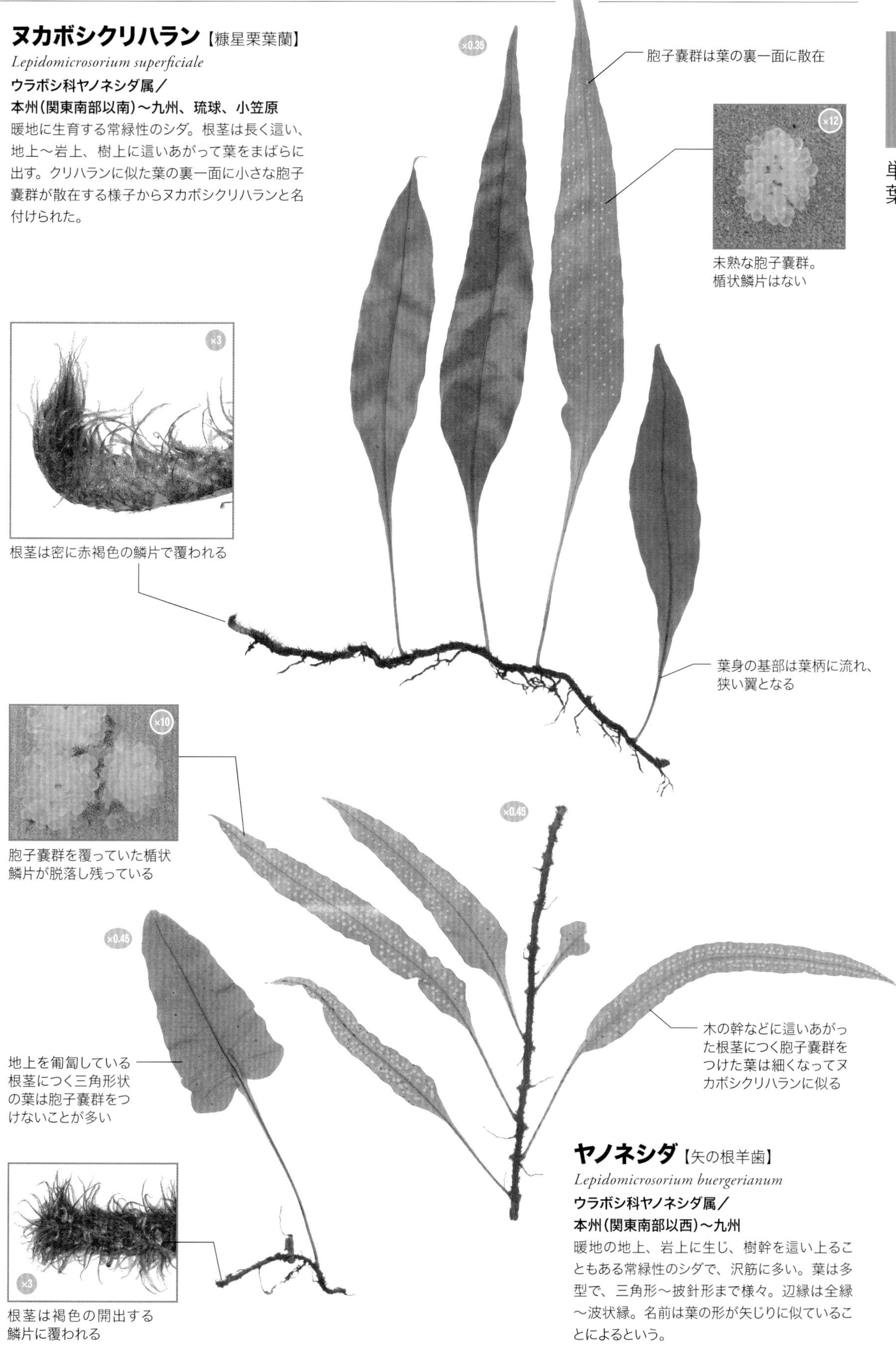

×0.35
×12
×3
×10
×0.45
×0.45
×3

胞子嚢群は葉の裏一面に散在

未熟な胞子嚢群。楯状鱗片はない

根茎は密に赤褐色の鱗片で覆われる

葉身の基部は葉柄に流れ、狭い翼となる

胞子嚢群を覆っていた楯状鱗片が脱落し残っている

木の幹などに這いあがった根茎につく胞子嚢群をつけた葉は細くなってヌカボシクリハランに似る

地上を匍匐している根茎につく三角形状の葉は胞子嚢群をつけないことが多い

根茎は褐色の開出する鱗片に覆われる

ヤノネシダ【矢の根羊歯】

Lepidomicrosorium buergerianum

ウラボシ科ヤノネシダ属／

本州(関東南部以西)〜九州

暖地の地上、岩上に生じ、樹幹を這い上ることもある常緑性のシダで、沢筋に多い。葉は多型で、三角形〜披針形まで様々。辺縁は全縁〜波状縁。名前は葉の形が矢じりに似ていることによるという。

胞子嚢群は葉の裏の
全面に散在する
×3
胞子嚢群が星状毛
に埋もれている
×0.3
×0.4
葉の裏は星状毛
が密生する
×30
根茎は短く這って、
葉をやや密につける
葉の表側にも星
状毛が散在する
×20
×0.4
葉は三又のもの、二又の
もの、切れ込みのないも
の等、変化が大きい
葉身は基部付近が
最も幅が広い
胞子嚢群は円形で、
中肋の両側に並ぶ
×2

落葉樹の樹幹に着生したイワオモダカ

イワオモダカ【岩沢瀉】

Pyrrosia hastata

ウラボシ科ヒトツバ属／北海道〜九州

山地の樹上や岩上、石垣などに着生し、庭に栽培されることもある常緑性のシダ。葉身は単葉で浅く掌状に3〜5裂し、葉柄は長い。葉の表側は星状毛が少なく緑色。裏面は星状毛を密につけ、最初は白っぽく、のちには褐色に見える。名は葉がオモダカに似ることによる。

ミツデウラボシ【三つ手裏星】

Selliguea hastata

ウラボシ科ミツデウラボシ属／北海道〜九州、琉球

山地や路傍のやや乾いた岩上や土壁に生える常緑性のシダ。根茎は横走し、ややまばらに葉を出す。大きな葉は三裂または二裂あるいは切れ込みがなく、裂片は披針形、鋭尖頭だが、小さな葉は卵形、先端は円頭で、別の種のように見える。主側脈は、葉の表側では暗色ではっきり見える。

小さな葉は卵形でかわいい

根茎は褐色鱗片を密につける

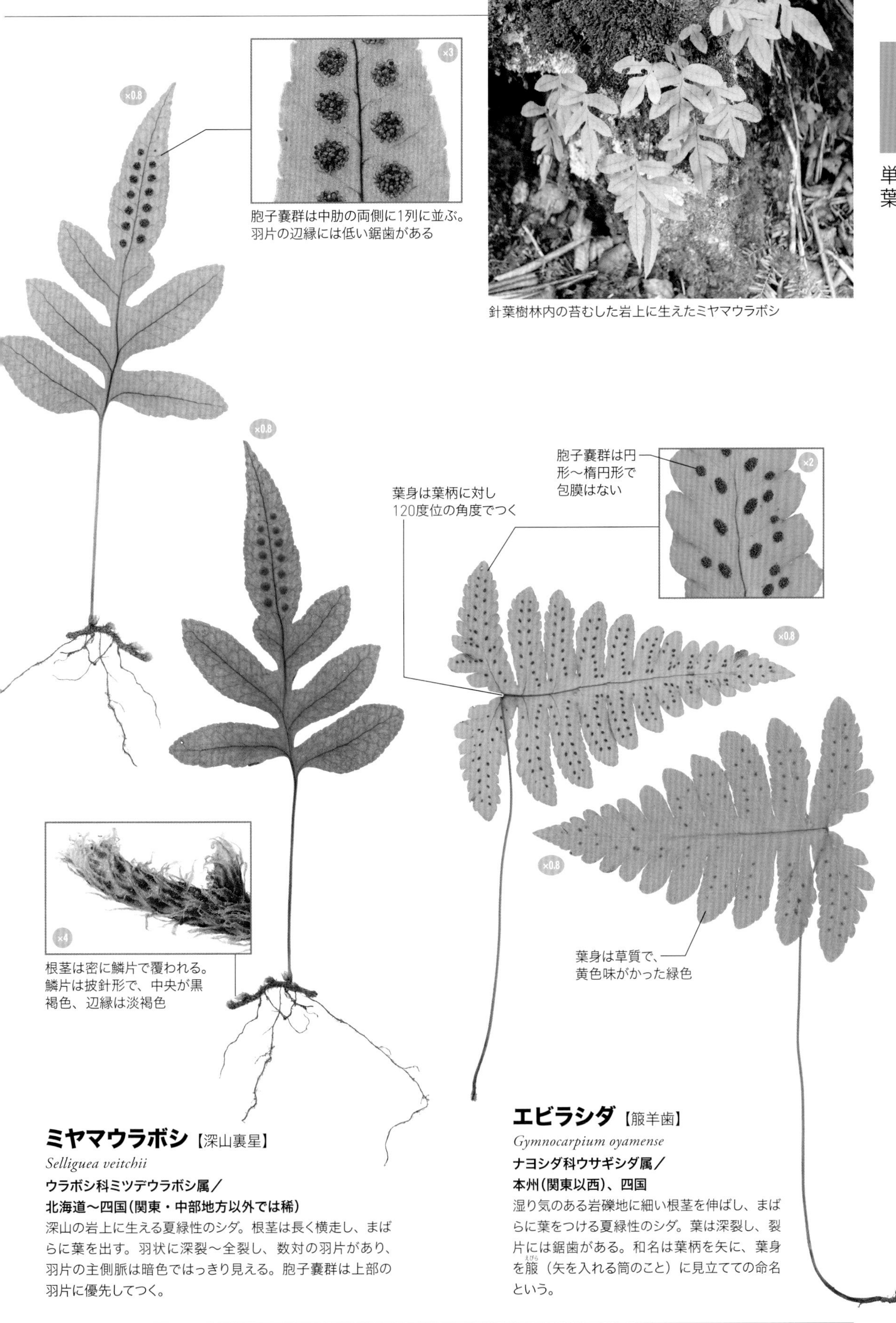
×0.8
×3
胞子嚢群は中肋の両側に1列に並ぶ。
羽片の辺縁には低い鋸歯がある
×0.8
胞子嚢群は円形〜楕円形で包膜はない
×2
葉身は葉柄に対し120度位の角度でつく
×0.8
×0.8
×4
根茎は密に鱗片で覆われる。鱗片は披針形で、中央が黒褐色、辺縁は淡褐色
葉身は草質で、黄色味がかった緑色

針葉樹林内の苔むした岩上に生えたミヤマウラボシ

ミヤマウラボシ【深山裏星】

Selliguea veitchii

ウラボシ科ミツデウラボシ属／
北海道〜四国(関東・中部地方以外では稀)

深山の岩上に生える夏緑性のシダ。根茎は長く横走し、まばらに葉を出す。羽状に深裂〜全裂し、数対の羽片があり、羽片の主側脈は暗色ではっきり見える。胞子嚢群は上部の羽片に優先してつく。

エビラシダ【箙羊歯】

Gymnocarpium oyamense

ナヨシダ科ウサギシダ属／
本州(関東以西)、四国

湿り気のある岩礫地に細い根茎を伸ばし、まばらに葉をつける夏緑性のシダ。葉は深裂し、裂片には鋸歯がある。和名は葉柄を矢に、葉身を箙(えびら)（矢を入れる筒のこと）に見立てての命名という。

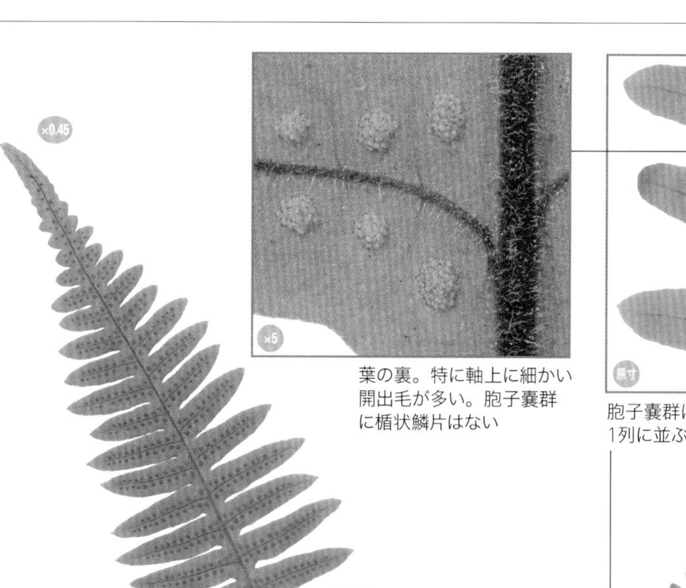

葉の裏。特に軸上に細かい開出毛が多い。胞子嚢群に楯状鱗片はない

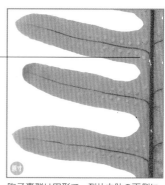

胞子嚢群は円形で、裂片中肋の両側に1列に並ぶ

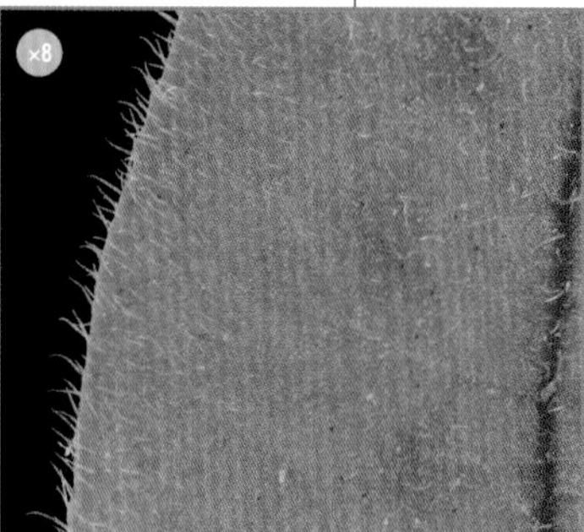

葉の表にも微細な毛が生え、ビロードのような手触りである

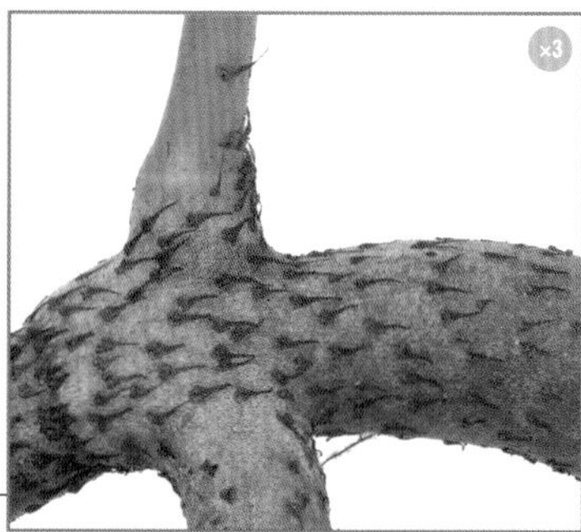

根茎は帯青白色で、オタマジャクシのような鱗片がつくが、表面はほとんど裸出している

アオネカズラ【青根葛】

Goniophlebium niponicum

ウラボシ科アオネカズラ属／本州(関東以西)〜九州

暖地の低山地の岩上や樹幹に、青白くて太い根茎を這わせ、疎らに葉を出すシダ。冬緑性で夏には葉を落とす。葉身は羽状に深裂し、裂片は15〜25対くらいで全縁。名前は根茎を「青い根」に見立てたことによる。

マメヅタに覆われた岩上に根茎を伸ばして群生したアオネカズラ

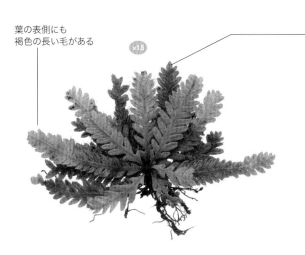

オシャグジデンダ【御社貢寺連朶】

Polypodium fauriei

ウラボシ科エゾデンダ属／北海道〜九州

深山の樹幹や岩上に着生する冬緑性のシダ。根茎はやや太く、長く横走し、先端や葉柄の付け根には密に淡褐色の鱗片がある。葉身は羽状に深裂〜全裂し、裂片は15〜25対で、ごく浅い鋸歯がある。乾燥すると中軸が丸く曲がる性質がある。名前は長野県木曽地方の社貢寺に由来する。

×0.7
葉の表は無毛
×0.7

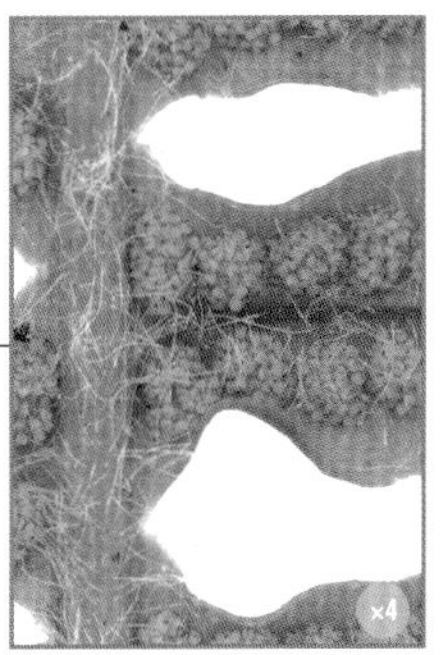

×4

葉の裏面は毛が多い。胞子嚢群は裂片中肋の両側に1列に並び、楯状鱗片はない

×0.3

中軸が丸くなってしまったオシャグジデンダの標本

×3

×8

胞子嚢群は葉の大きさの割に大きく、包膜はない。葉には赤褐色の長い毛が散生する

葉の表側にも褐色の長い毛がある

×1.5

胞子嚢群は円形〜楕円形で、羽片の基部近くに1個ずつ並ぶ

オオクボシダ【大久保羊歯】

Micropolypodium okuboi

ウラボシ科オオクボシダ属／本州〜九州（中国地方では見つかっていない）

深山の湿り気のある岩上や樹幹に生育する常緑性のシダ。根茎は短く斜上し、葉を叢生する。前二者と比べるとずっと小さなシダで、葉身の長さが10cmを超えるものは少ない。名前は、明治時代の植物学者大久保三郎にちなむ。

シシガシラ【獅子頭】

Blechnum niponicum

シシガシラ科シシガシラ属／北海道〜九州

山地林下に多い常緑性のシダ。根茎は短くやや斜上し、葉を叢生する。葉身は1回羽状に全裂し、羽片は30対以上になる。葉は二形となり、栄養葉は地表近くに広がり、胞子葉は立ち上がる。名前は、葉がロゼット状に広がる様子を獅子のたてがみに例えたことによる。

シシガシラの胞子葉は上に伸びあがる

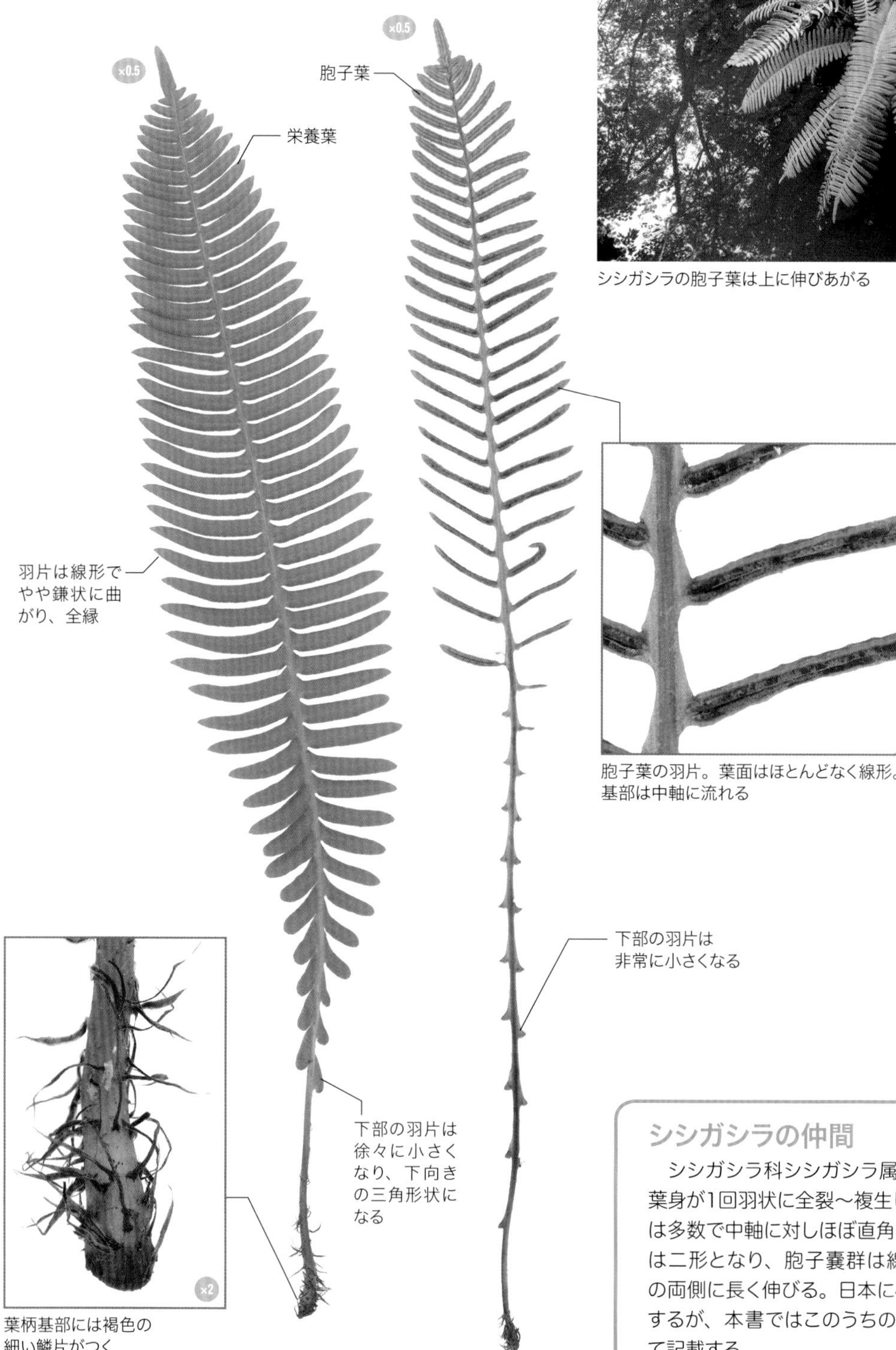
×0.5
×0.5
胞子葉
栄養葉
羽片は線形でやや鎌状に曲がり、全縁
×2
下部の羽片は非常に小さくなる
下部の羽片は徐々に小さくなり、下向きの三角形状になる
×2

胞子葉の羽片。葉面はほとんどなく線形。基部は中軸に流れる

葉柄基部には褐色の細い鱗片がつく

シシガシラの仲間

シシガシラ科シシガシラ属のシダは、葉身が1回羽状に全裂〜複生し、側羽片は多数で中軸に対しほぼ直角につく。葉は二形となり、胞子嚢群は線形で中肋の両側に長く伸びる。日本に4種が分布するが、本書ではこのうちの2種について記載する。

オサシダ【筬羊歯】

Blechnum amabile

シシガシラ科シシガシラ属／本州〜九州(四国では稀)

シシガシラによく似た常緑性のシダで、シシガシラよりやや小さい。山地林下の岩の斜面に生育することが多く、根茎は短く匍匐し葉を叢生する。葉はシシガシラ同様に二形になるが、胞子葉の羽片はシシガシラより少し幅広い。名前は葉全体の形が機織り機のおさに似ることによる。

崖から垂れ下がったオサシダ

×0.7
栄養葉

栄養葉はシシガシラによく似るが少し細長い

×3

葉柄基部の鱗片は淡褐色で幅広い

原寸

胞子葉

×3

胞子葉の羽片。胞子嚢群は2枚の包膜が向かい合ってつき、1本の胞子嚢群のように見える

下部羽片は徐々に小さくなる

ヤマソテツ【山蘇鉄】

Plagiogyria matsumureana

キジノオシダ科キジノオシダ属／
北海道、本州、四国、九州(屋久島)

温帯〜亜寒帯の林下に生育するシダで、日本海側の多雪地に多い。ふつう夏緑性だが、多雪地では翌春まで葉が残ることがある。栄養葉は地面近くに広がり、その中央から胞子葉が立ち上がる。葉身は1回羽状全裂で、羽片基部は中軸に広くつく。

タカサゴキジノオ【高砂雉の尾】

Plagiogyria adnata var. *adnata*

キジノオシダ科キジノオシダ属／
本州(伊豆半島以西)〜九州、琉球

暖地の林下に生育する常緑性のシダで、太平洋側に多い。栄養葉は1回羽状全裂。葉柄は角張り、基部以外では断面が台形状になる。名前の「高砂」は台湾のこと。

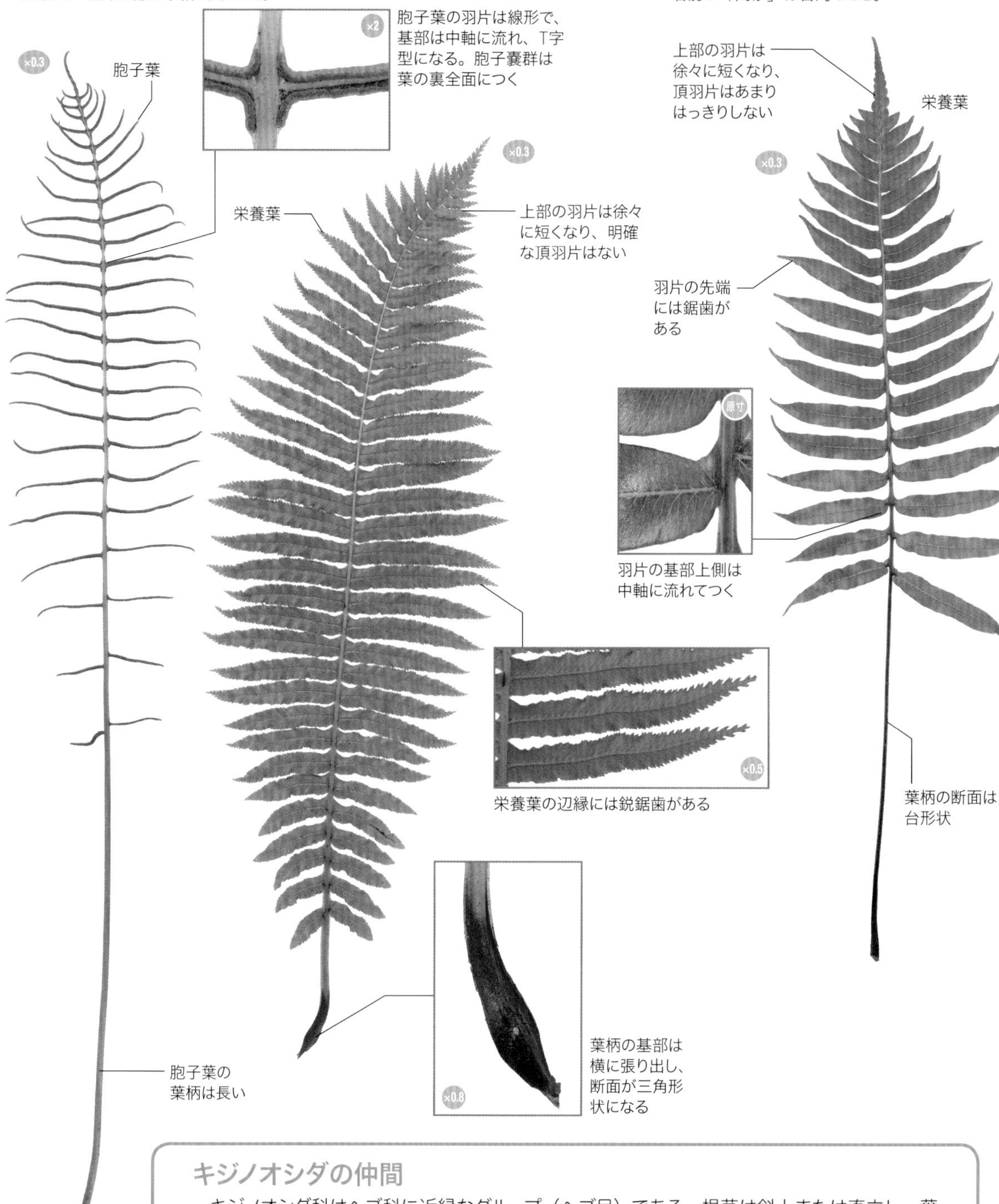
×0.3
胞子葉
×2
胞子葉の羽片は線形で、基部は中軸に流れ、T字型になる。胞子嚢群は葉の裏全面につく
×0.3
栄養葉
上部の羽片は徐々に短くなり、明確な頂羽片はない
×0.5
栄養葉の辺縁には鋭鋸歯がある
×0.8
葉柄の基部は横に張り出し、断面が三角形状になる
胞子葉の葉柄は長い
上部の羽片は徐々に短くなり、頂羽片はあまりはっきりしない
栄養葉
×0.3
羽片の先端には鋸歯がある
原寸
羽片の基部上側は中軸に流れてつく
葉柄の断面は台形状

キジノオシダの仲間

キジノオシダ科はヘゴ科に近縁なグループ（ヘゴ目）である。根茎は斜上または直立し、葉は一回羽状中裂〜復生で叢生する。葉に毛や鱗片はなく、胞子葉の羽片は非常に細くなって、明確な二形となる。葉柄の基部は広がり、断面は三角形状になる。

1～2回羽状に切れ込む

1回羽状複生～2回羽状全裂までのシダをまとめて示す。しかし、個体により切れ込みの様子は変化することから、同じ種類でもこの範囲に収まらないことがある。その場合は、「2～3回羽状に切れ込む（P118～174）」なども参照してほしい。

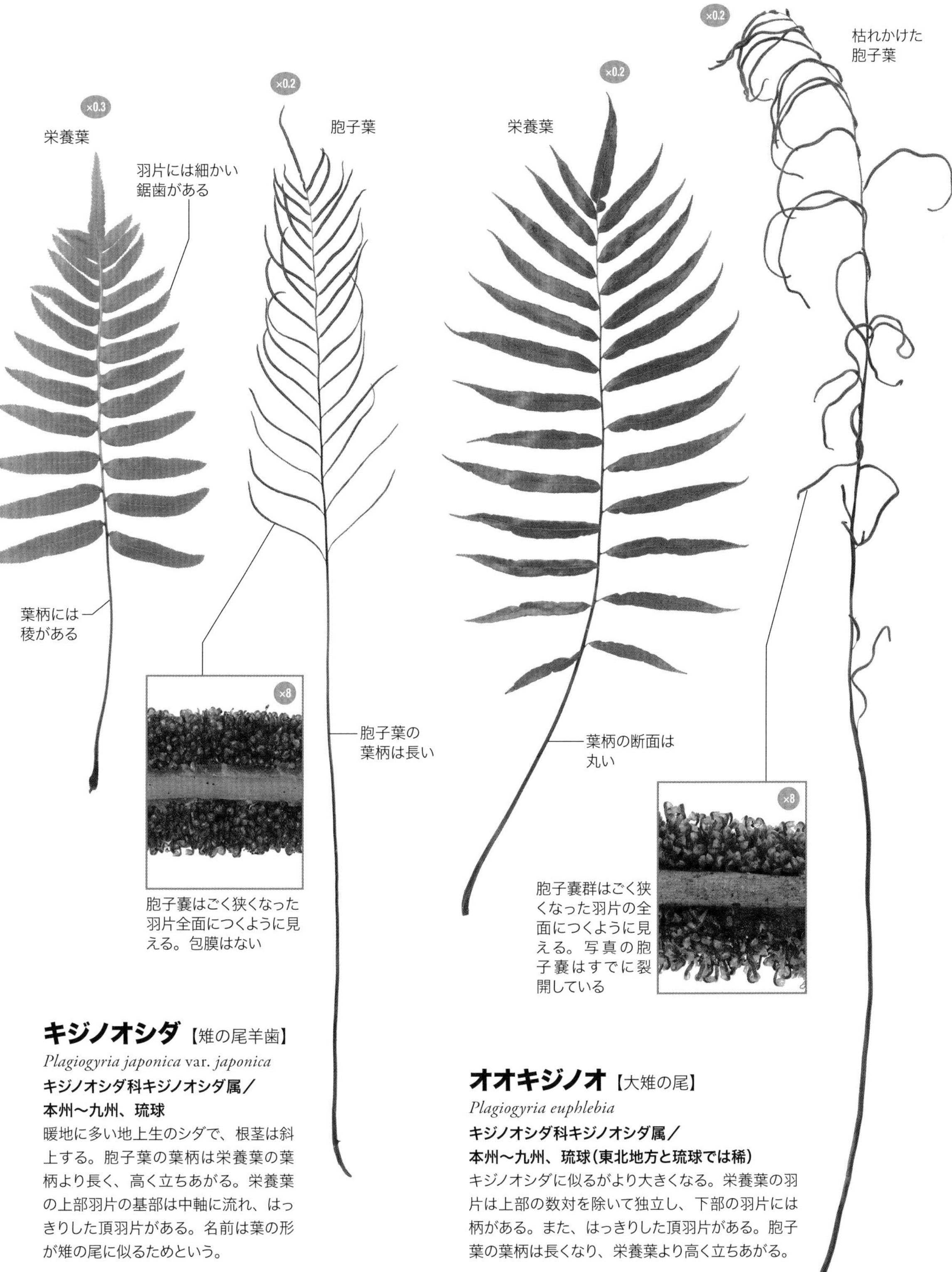
×0.3
栄養葉
羽片には細かい鋸歯がある
葉柄には稜がある
×0.2
胞子葉
胞子葉の葉柄は長い
×8
×0.2
栄養葉
葉柄の断面は丸い
×0.2
枯れかけた胞子葉
×8

胞子嚢はごく狭くなった羽片全面につくように見える。包膜はない

胞子嚢群はごく狭くなった羽片の全面につくように見える。写真の胞子嚢はすでに裂開している

キジノオシダ【雉の尾羊歯】

Plagiogyria japonica var. *japonica*

キジノオシダ科キジノオシダ属／本州～九州、琉球

暖地に多い地上生のシダで、根茎は斜上する。胞子葉の葉柄は栄養葉の葉柄より長く、高く立ちあがる。栄養葉の上部羽片の基部は中軸に流れ、はっきりした頂羽片がある。名前は葉の形が雉の尾に似るためという。

オオキジノオ【大雉の尾】

Plagiogyria euphlebia

キジノオシダ科キジノオシダ属／本州～九州、琉球（東北地方と琉球では稀）

キジノオシダに似るがより大きくなる。栄養葉の羽片は上部の数対を除いて独立し、下部の羽片には柄がある。また、はっきりした頂羽片がある。胞子葉の葉柄は長くなり、栄養葉より高く立ちあがる。

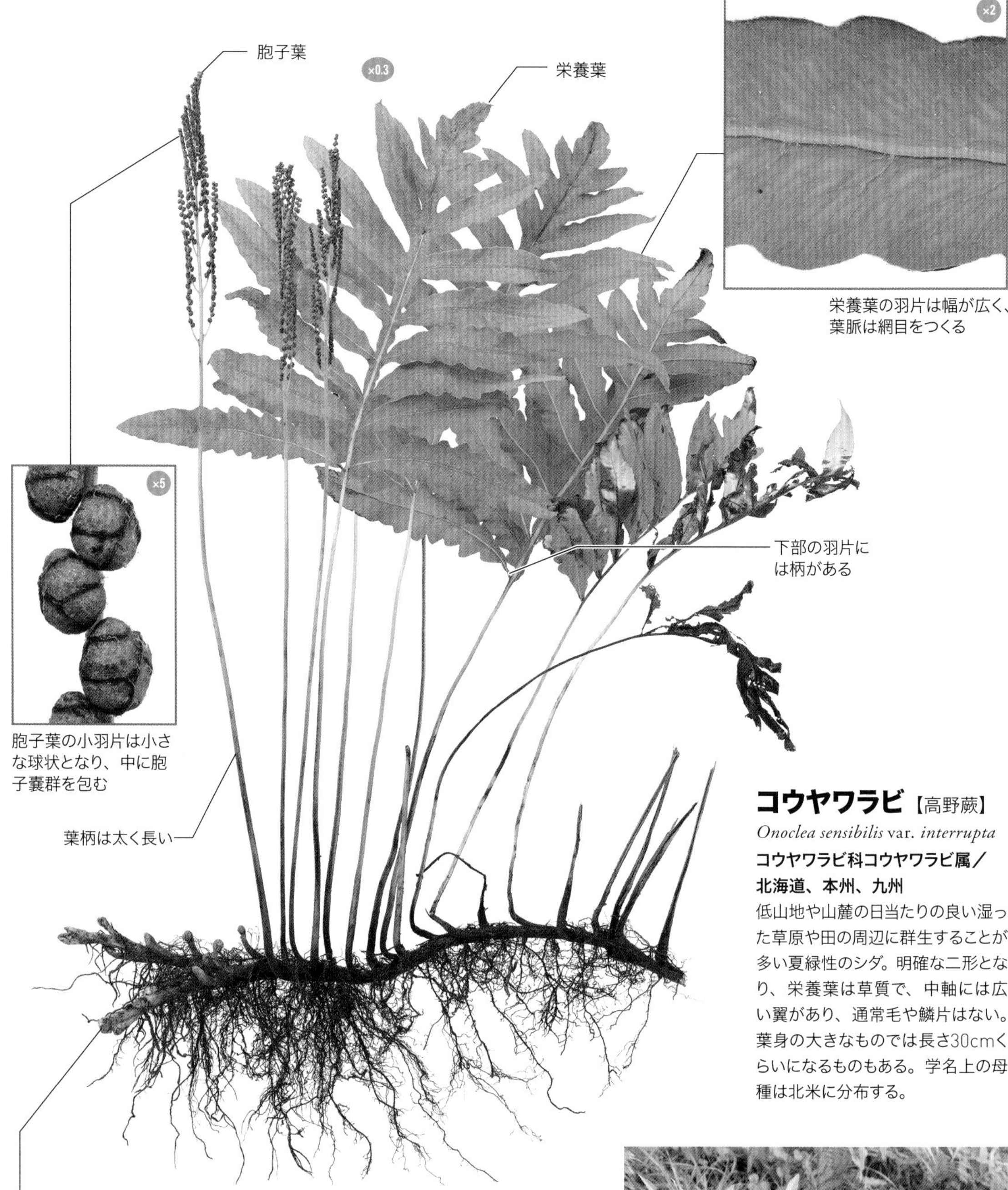
胞子葉
×0.3
栄養葉
×2
栄養葉の羽片は幅が広く、
葉脈は網目をつくる
×5
胞子葉の小羽片は小さ
な球状となり、中に胞
子嚢群を包む
下部の羽片に
は柄がある
葉柄は太く長い
根茎は長く這い、
やや密に葉を出す

コウヤワラビ【高野蕨】

Onoclea sensibilis var. *interrupta*

コウヤワラビ科コウヤワラビ属／北海道、本州、九州

低山地や山麓の日当たりの良い湿った草原や田の周辺に群生することが多い夏緑性のシダ。明確な二形となり、栄養葉は草質で、中軸には広い翼があり、通常毛や鱗片はない。葉身の大きなものでは長さ30cmくらいになるものもある。学名上の母種は北米に分布する。

コウヤワラビの仲間

コウヤワラビ科の葉は1回羽状〜2回羽状深裂で、胞子葉と栄養葉は全く違う形になり、明確な二形を示す。日本には3種があり、コウヤワラビ以外の2種（クサソテツ、イヌガンソク）は、後ページ（P88〜89）で解説する。クサソテツはクサソテツ属とされたこともあるが、最近の分類ではコウヤワラビ属となっている。

コウヤワラビは、湿り気のある草原に多い

イワヒトデ【岩海星】

Leptochilus ellipticus

ウラボシ科オキノクリハラン属／本州（伊豆半島以西）〜九州、琉球

暖地のやや陰湿な地上または岩上に長く根茎を這わせて群生する常緑性のシダ。葉はやや二形性で、栄養葉は胞子葉よりも羽片の幅が広い。葉柄基部には鱗片があるが、それ以外は鱗片も毛もなく、濃緑色で光沢がある。以前はイワヒトデ属（*Colysis*）とされていたが、近年オキノクリハラン属に変更された。近縁種のオオイワヒトデ（*L. neopothifolius*）は四国以南に分布する。

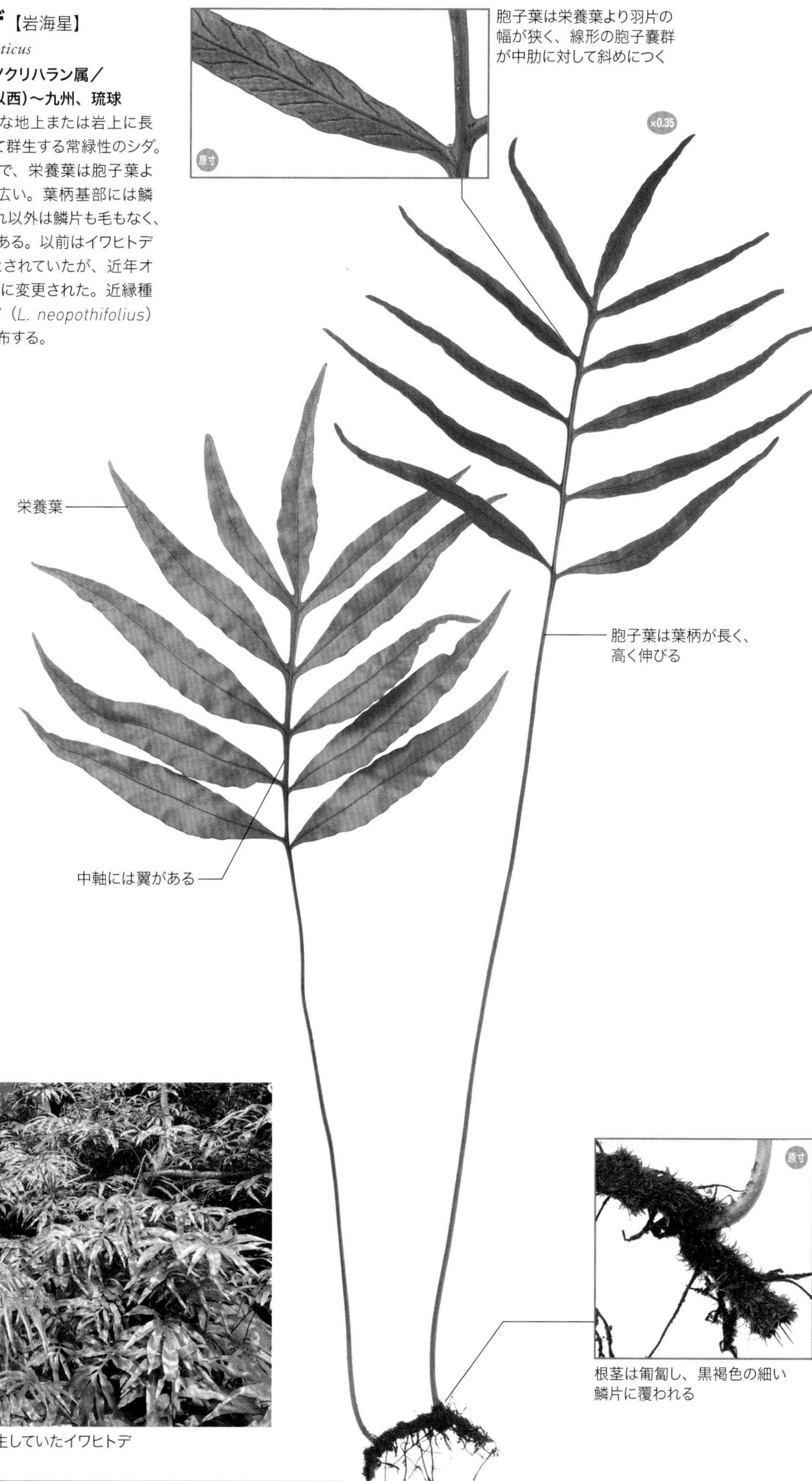
胞子葉は栄養葉より羽片の幅が狭く、線形の胞子嚢群が中肋に対して斜めにつく
原寸
×0.35
栄養葉
胞子葉は葉柄が長く、高く伸びる
中軸には翼がある
原寸
根茎は匍匐し、黒褐色の細い鱗片に覆われる

暖地の林下に群生していたイワヒトデ

湿った岩壁に葉を下垂させたツルデンダ

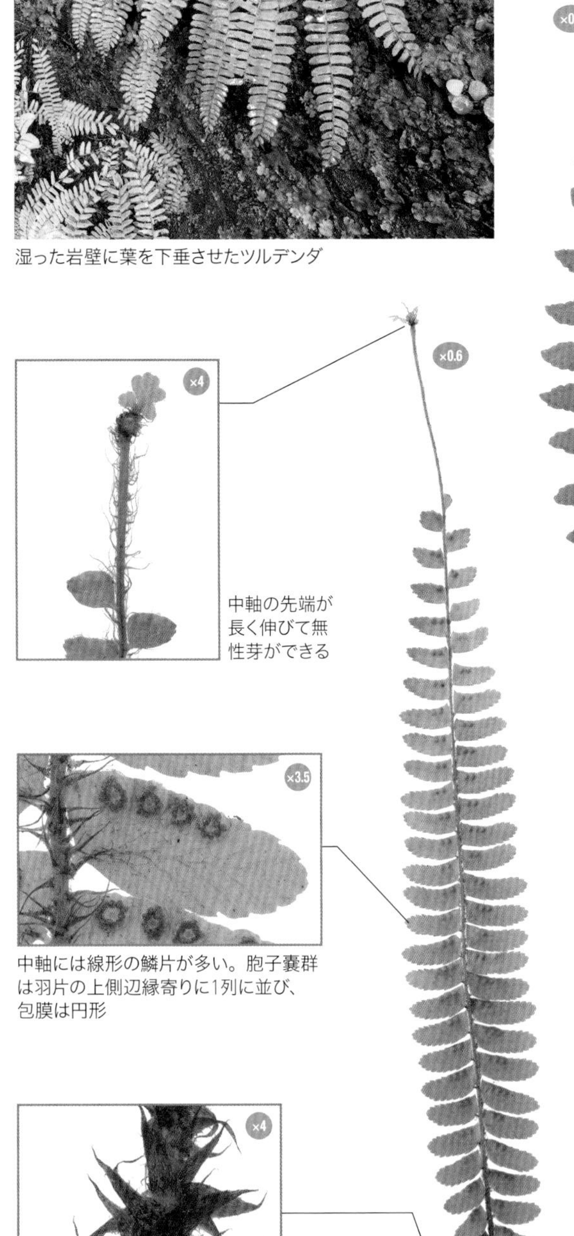
×0.6
×4
中軸の先端が長く伸びて無性芽ができる
×3.5
中軸には線形の鱗片が多い。胞子嚢群は羽片の上側辺縁寄りに1列に並び、包膜は円形

×4
葉柄基部には披針形の褐色鱗片を密につける

ツルデンダ【蔓連朶】

Polystichum craspedosorum

オシダ科イノデ属／北海道〜九州

山地のやや陰湿な岩上に葉を下垂させていることが多い常緑性のシダ。根茎は短く斜上または直立し、葉を叢生する。葉身は1回羽状複生で、羽片は20〜35対くらい。羽片は卵状長楕円形で、浅い鋸歯がある。ツルデンダの「デンダ」はシダの古名の一つ。

無性芽はつけない
×0.6
×2
羽片は基部上側が耳状に尖り、鈍鋸歯縁。胞子嚢群は辺縁寄りに1列に並ぶ
×4
葉柄頂端には斜めに関節がある
×4
葉柄には毛と淡褐色の鱗片がまばらにある

イワデンダ【岩連朶】

Woodsia polystichoides

イワデンダ科イワデンダ属／北海道〜九州

山地や山麓の岩上・石垣などに生育する夏緑性のシダ。根茎は短く斜上または直立し、葉を叢生する。葉身は狭披針形で、下部の羽片はやや短くなり、羽片は表裏ともに毛が多い。包膜はお椀状で、胞子嚢群をすっぽり包み込む。

タマシダ【玉羊歯】

Nephrolepis cordifolia

タマシダ科タマシダ属／
本州（伊豆半島以西）〜九州、琉球、小笠原

暖地の海岸近くの日当たりの良い場所に群生する常緑性のシダで、ヤシなどの樹幹上に生えることもある。根茎は短く斜上または直立し、葉を叢生させる。葉身は1回羽状複生で、羽片は無柄、下部の羽片は徐々に短くなる。栽培されることも多く、暖地では栽培からの逸出と見られる個体もある。琉球列島や小笠原には類似種のヤンバルタマシダ（*N. brownii*）がある。名前は地下の走出枝に玉ができることに由来するが、ヤンバルタマシダには玉はできない。

タマシダが暖地の道端に群生していた

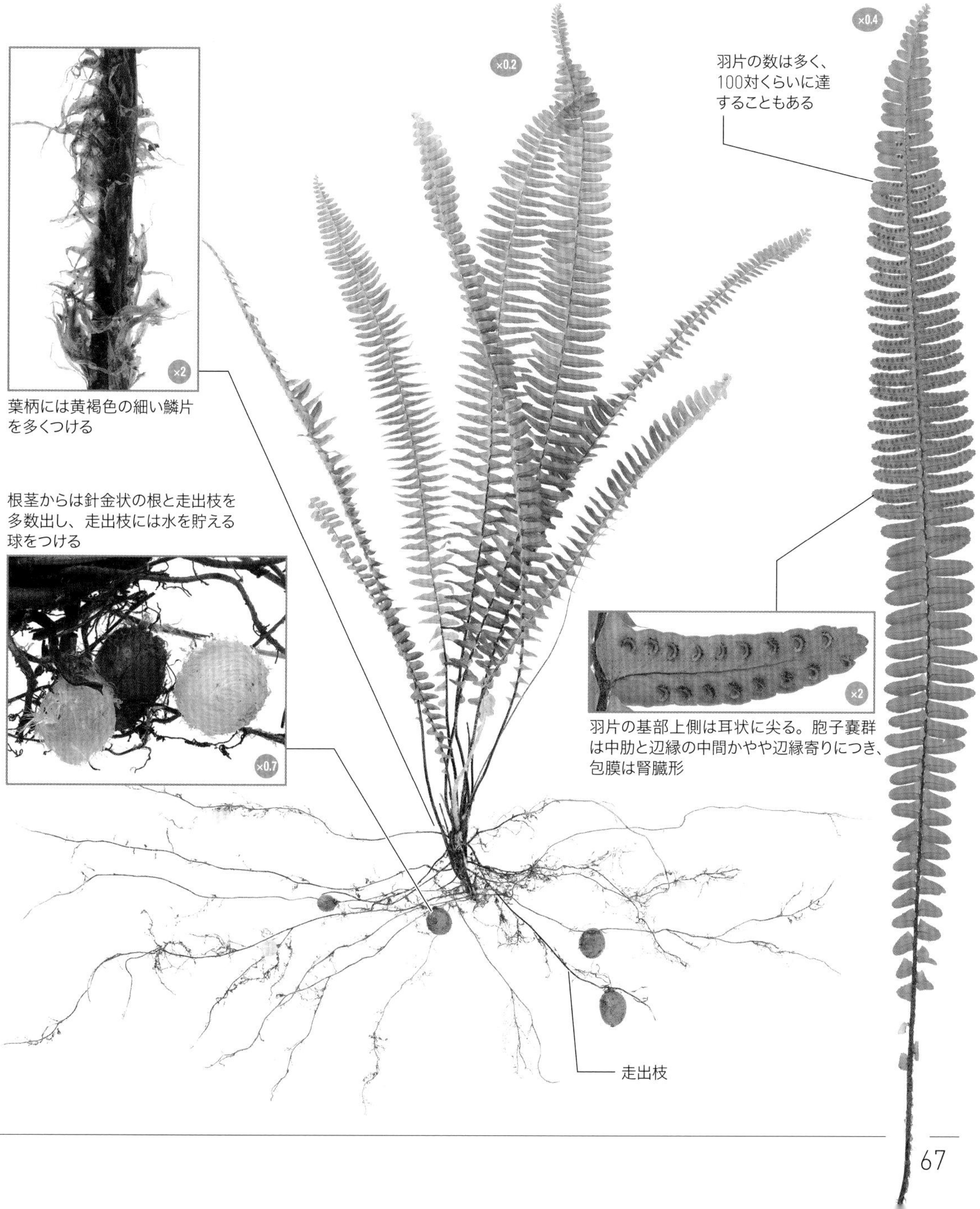

×2

葉柄には黄褐色の細い鱗片を多くつける

×0.7

根茎からは針金状の根と走出枝を多数出し、走出枝には水を貯える球をつける

×0.2

走出枝

×0.4

羽片の数は多く、100対くらいに達することもある

×2

羽片の基部上側は耳状に尖る。胞子嚢群は中肋と辺縁の中間かやや辺縁寄りにつき、包膜は腎臓形

フジシダ【富士羊歯】

Monachosorum maximowiczii

コバノイシカグマ科オオフジシダ属／本州(関東以西)〜九州

山地林下の湿った岩上や礫地に生育する常緑の美しいシダで、中軸の先が伸びて無性芽をつけ、地について新株をつくるため群生することが多い。葉身は線状披針形で1回羽状複生、羽片は多数あり、各羽片は浅裂〜中裂する。鱗片はなく、微細な毛が裏面脈上にまばらにつくのみである。名前の富士は愛知県の尾張富士に由来し、富士山では見つかっていない。

湿った岩上に葉を伸ばしていたフジシダ

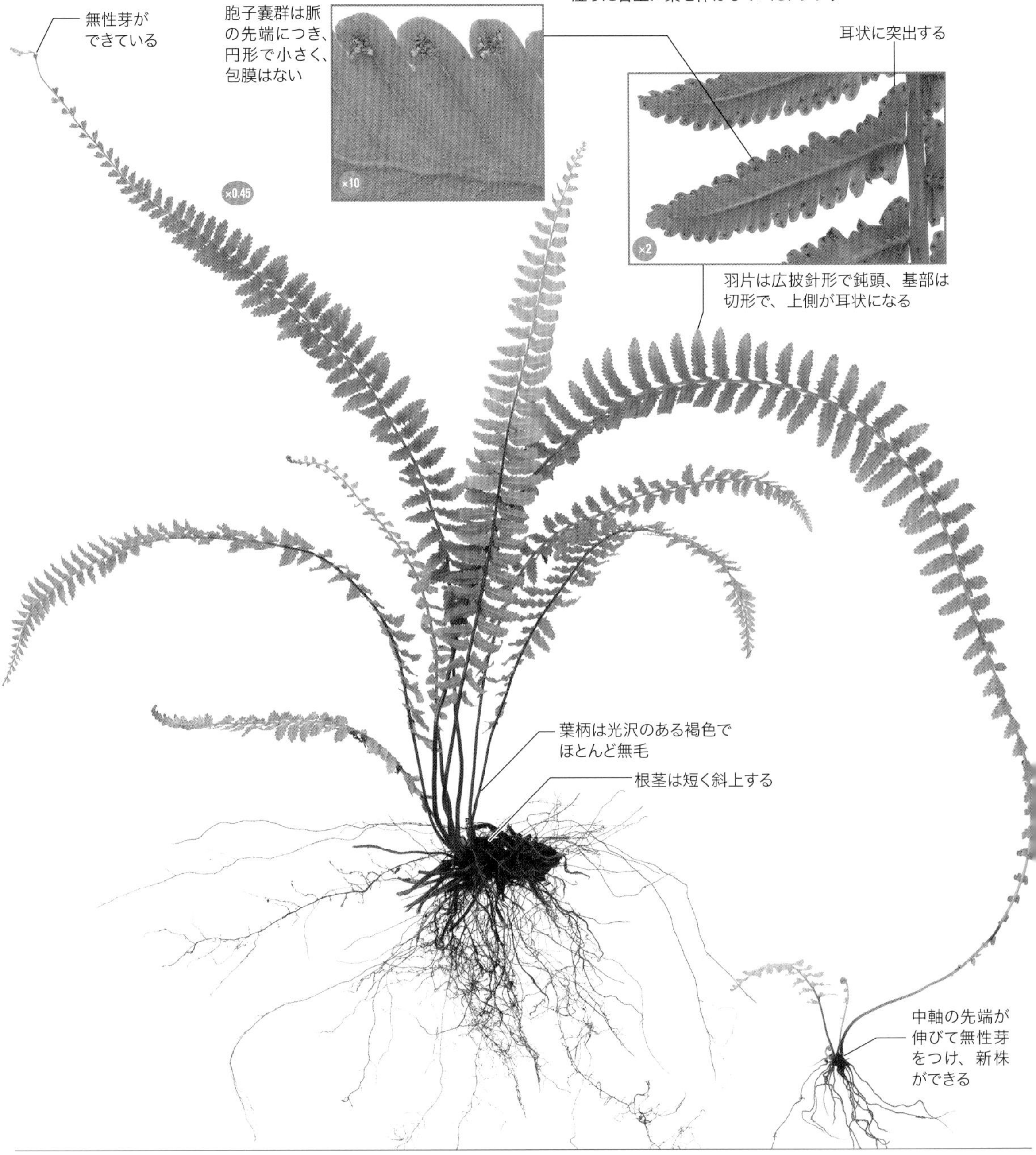

無性芽ができている

×0.45

胞子嚢群は脈の先端につき、円形で小さく、包膜はない

×10

耳状に突出する

×2

羽片は広披針形で鈍頭、基部は切形で、上側が耳状になる

葉柄は光沢のある褐色でほとんど無毛

根茎は短く斜上する

中軸の先端が伸びて無性芽をつけ、新株ができる

無性芽で繁殖するシダ

いくつかの種類のシダ植物では、胞子だけでなく、無性芽によっても繁殖する。無性芽ができる位置はいろいろあるが、大きく、①中軸の途中にできるもの、②中軸の先端にできるもの、③葉の表面にできるもの、④その他、に分類できると思われる。無性芽の形態などは各ページで紹介しているので、それらを参照してほしい。

①中軸の途中（または羽片基部）にできるもの

トキワシダやヌリトラノオ、ホソバイヌワラビがよく知られている。ただトキワシダは小さな個体では無性芽をつけていないことが多いし、ホソバイヌワラビは秋にならないと無性芽ができないので注意深い観察が必要である。また、ヌリトラノオは中軸上に無性芽ができるとそこから先は生長を止めてしまうので、次のグループに入れた方がよいかもしれない。その他本書には掲載していないが、ハイコモチシダ、ヒメムカゴシダ、ヒメイワトラノオ、コモチイヌワラビ、コモチイノデ、ヤエヤマトラノオ、オキナワキジノオ、コモチナナバケシダなど、このタイプは結構多い。

②中軸の先端にできるもの

クモノスシダ、フジシダ、オオフジシダ、ツルデンダ、オリヅルシダ、ヒノキシダなどがある。いずれも中軸の先端が伸びて無性芽ができ、地面についてそこから新株が生長する。その他本書に記載しなかった種類としてカミガモシダ、オトメクジャク、センジョウデンダ、ヘツカシダ、オオヘツカシダなどもこのタイプである。

③葉の表面にできるもの

コモチシダ、ハチジョウカグマ、ヘツカシダなどがある。無性芽の数は多いが、生育地の崖の下に無性芽がこぼれ落ちコモチシダが群生しているということもないので、これらが全て新株になるわけではない。多くの無性芽は生き残ることなく枯れていくのであろう。

④その他

小葉類のトウゲシバ、ヒメスギラン、イヌカタヒバなども無性芽をつけるが、葉ではなく茎にできるので上記の分類には入らない。他には、リョウメンシダは根茎に、ミヤマイタチシダは地下の古い葉柄の基部に無性芽をつけることが知られている。

ヌリトラノオ（チャセンシダ科）

クモノスシダ（チャセンシダ科）

ヒメスギラン（ヒカゲノカズラ科）

チャセンシダ【茶筅羊歯】

Asplenium trichomanes subsp. *quadrivalens*

チャセンシダ科チャセンシダ属／

北海道〜九州(北海道、東北では稀)

山麓の石垣や岩の割れ目などに生育する常緑性の小型のシダで、暖地に多い。根茎は直立して葉を叢生する。葉身は1回羽状複生で、羽片は20対以上になる。葉柄には2枚の翼があり、類似種のイヌチャセンシダ（*A. tripteropus*）の翼は3枚であるので、良い区別点となる。名前は、羽片が落ち軸だけが残っている姿が茶筅に似るからという。

やや乾いた石垣のすき間に生えたチャセンシダ

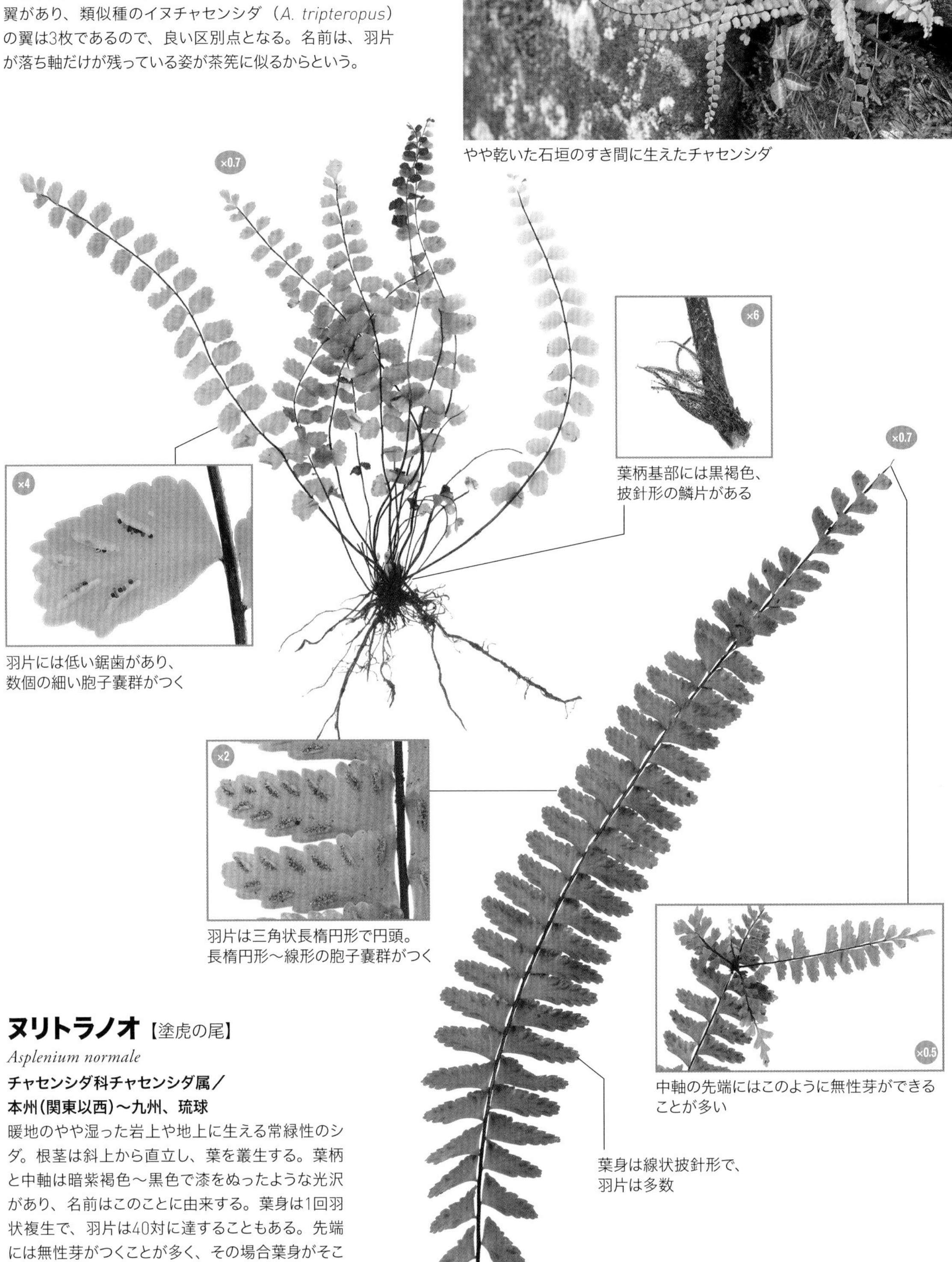
×0.7
×4
×6
×2
×0.7
×0.5

羽片には低い鋸歯があり、数個の細い胞子嚢群がつく

葉柄基部には黒褐色、披針形の鱗片がある

羽片は三角状長楕円形で円頭。長楕円形〜線形の胞子嚢群がつく

中軸の先端にはこのように無性芽ができることが多い

葉身は線状披針形で、羽片は多数

ヌリトラノオ【塗虎の尾】

Asplenium normale

チャセンシダ科チャセンシダ属／

本州(関東以西)〜九州、琉球

暖地のやや湿った岩上や地上に生える常緑性のシダ。根茎は斜上から直立し、葉を叢生する。葉柄と中軸は暗紫褐色〜黒色で漆をぬったような光沢があり、名前はこのことに由来する。葉身は1回羽状複生で、羽片は40対に達することもある。先端には無性芽がつくことが多く、その場合葉身がそこで切れたようになる。

トキワシダ【常盤羊歯】

Asplenium yoshinagae

チャセンシダ科チャセンシダ属／
本州(関東以西)〜九州

山地の岩上に生育することが多い常緑性のシダ。根茎は短く、葉を叢生する。葉身は披針形でやや厚く、柔らかい革質。中軸上に無性芽がつくことがあるが、小さな個体ではついていないことも多い。名前は常緑性のシダという意であろう。

湿った苔むした岩上に葉を垂らしたトキワシダ

中軸上の羽片分岐点に無性芽をつけることがある

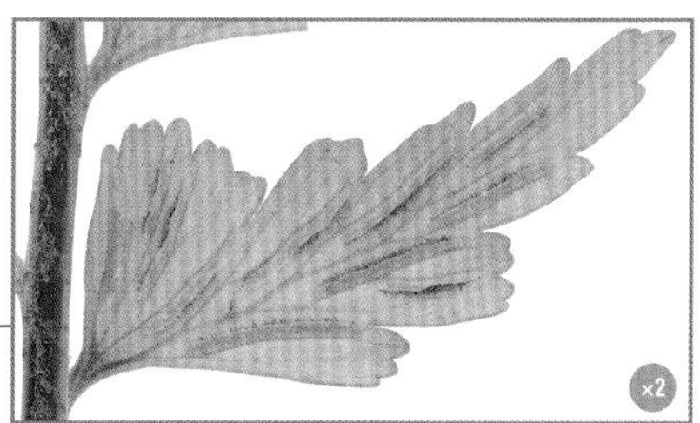

羽片は歪んだ平行四辺形で浅裂〜中裂。胞子嚢群は線形で、包膜がある

×0.8

下部羽片は縮小しない

根茎と葉柄基部には黒褐色で披針形の鱗片が密につく

オクタマシダ（*A. pseudowilfordii*）はトキワシダによく似ているが、2回羽状全裂〜複生となり、無性芽はつかない

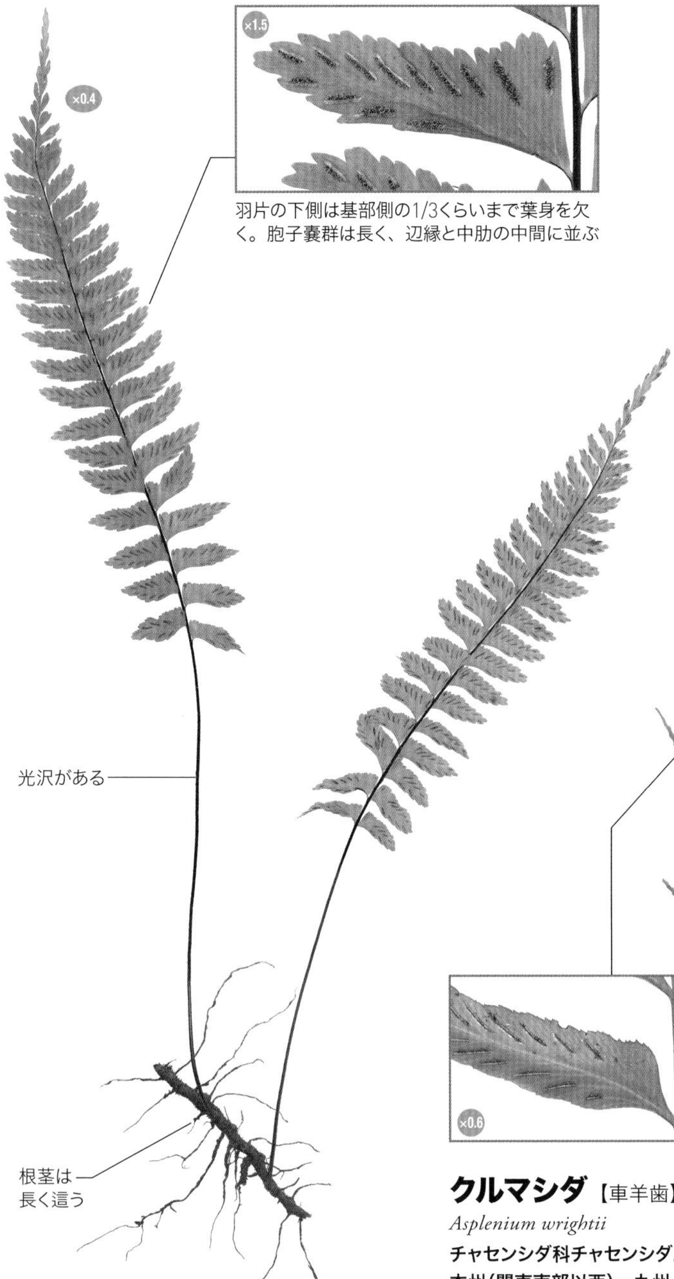

×0.4

×1.5

羽片の下側は基部側の1/3くらいまで葉身を欠く。胞子嚢群は長く、辺縁と中肋の中間に並ぶ

光沢がある

根茎は長く這う

ホウビシダ【鳳尾羊歯】

Hymenasplenium hondoense

チャセンシダ科ホウビシダ属／

本州（関東南部以西）〜九州

暖地山林中の湿った岩上に根茎を長く這わせ、1cm位の間隔で常緑の葉をつける。葉柄は葉身よりやや短く、紫褐色の光沢がある。葉身は薄い草質で、先端が尾状に尖る。類似種でより南方に生育するナンゴクホウビシダ（*H. murakami-hatanakae*）は胞子嚢群が羽片の辺縁寄りにつく。

×0.3

×0.6

中軸にはごく狭い翼がある

羽片は鎌型に曲がり、辺縁には鋸歯がある。多くの線形の胞子嚢群が並ぶ

×1.5

クルマシダ【車羊歯】

Asplenium wrightii

チャセンシダ科チャセンシダ属／

本州（関東南部以西）〜九州、琉球

暖地のやや湿った林下に生育する常緑性のシダ。根茎は直立し、葉を叢生する。葉身は1回羽状複生で、長さ80cmに達することもある。葉は厚く、濃緑色で柔らかい革質。名前は大きく展開した姿を車に見立てたことによる。

葉柄基部には暗褐色の細い鱗片がつく

暖地の湿った斜面に大きな葉を垂らすクルマシダ

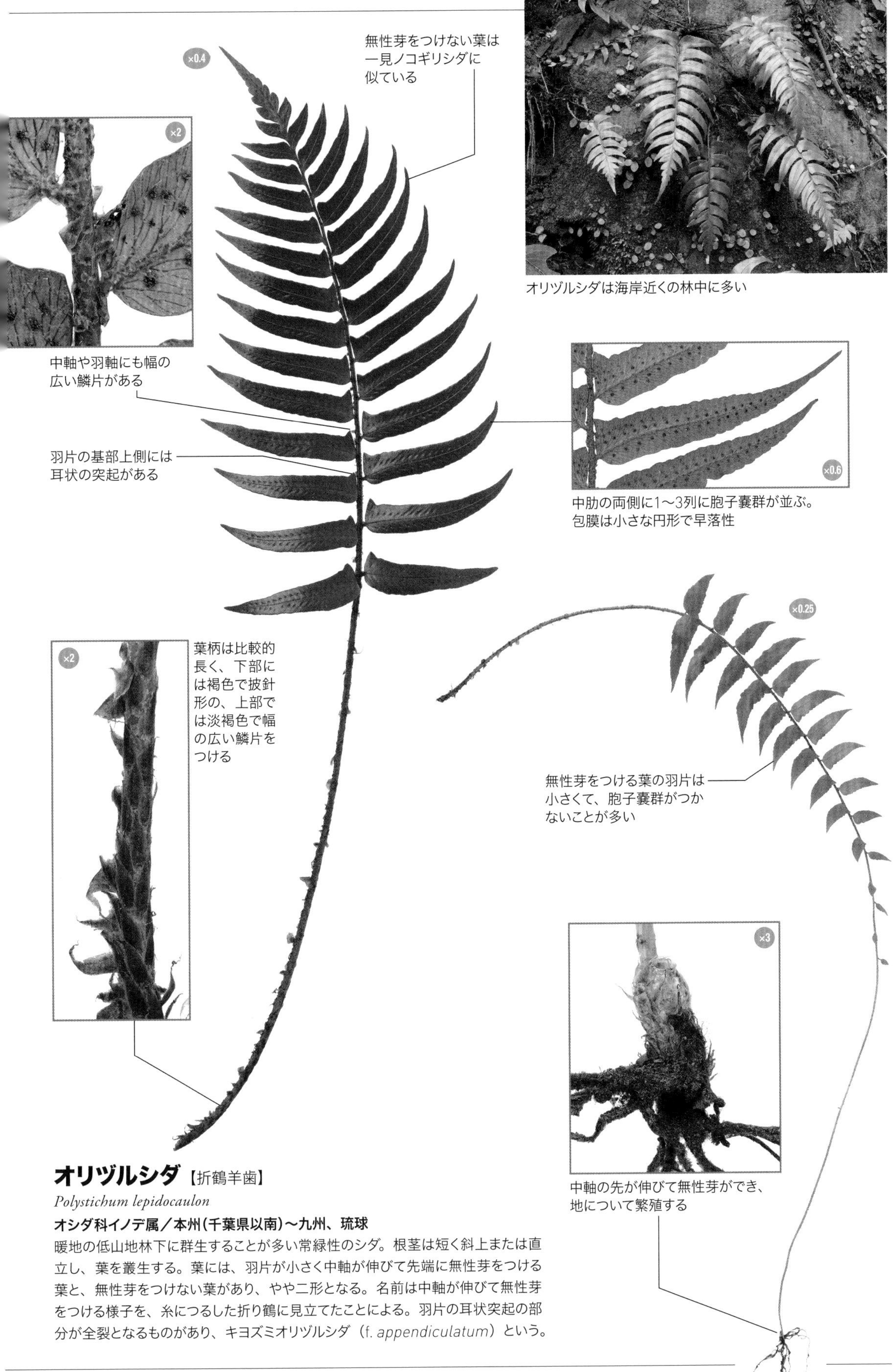
×0.4
無性芽をつけない葉は
一見ノコギリシダに
似ている
×2
中軸や羽軸にも幅の
広い鱗片がある
羽片の基部上側には
耳状の突起がある
×0.6
中肋の両側に1〜3列に胞子嚢群が並ぶ。
包膜は小さな円形で早落性
×2
葉柄は比較的
長く、下部に
は褐色で披針
形の、上部で
は淡褐色で幅
の広い鱗片を
つける
×0.25
無性芽をつける葉の羽片は
小さくて、胞子嚢群がつか
ないことが多い
×3
中軸の先が伸びて無性芽ができ、
地について繁殖する

オリヅルシダは海岸近くの林中に多い

オリヅルシダ【折鶴羊歯】

Polystichum lepidocaulon

オシダ科イノデ属／本州（千葉県以南）〜九州、琉球

暖地の低山地林下に群生することが多い常緑性のシダ。根茎は短く斜上または直立し、葉を叢生する。葉には、羽片が小さく中軸が伸びて先端に無性芽をつける葉と、無性芽をつけない葉があり、やや二形となる。名前は中軸が伸びて無性芽をつける様子を、糸につるした折り鶴に見立てたことによる。羽片の耳状突起の部分が全裂となるものがあり、キヨズミオリヅルシダ（f. *appendiculatum*）という。

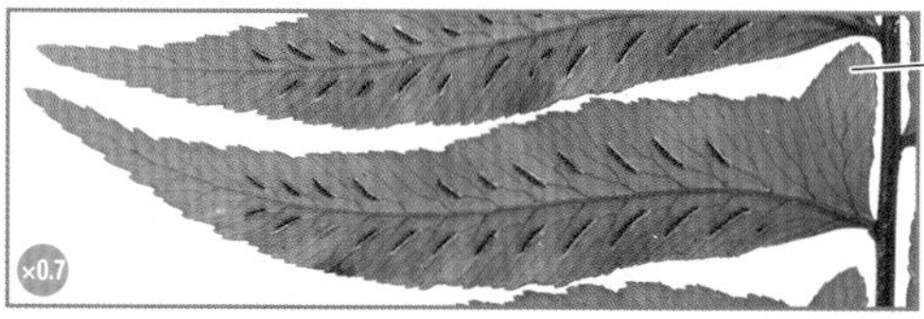

羽片の基部上側は耳状になり、ここには胞子嚢群が付かない

×0.7

羽片の基部は広いくさび形で、上下は不均等。胞子嚢群は線形でやや中肋寄り

羽片は深緑色で光沢があり、葉脈はくぼむ

×0.3

×0.6

羽片基部上側の耳状突起は顕著ではない

×0.8

羽片の基部はほぼ切形で、上下はほぼ均等。胞子嚢群は中肋寄り

原寸

ホソバノコギリシダの羽片はやや細く、胞子嚢群は縁近くまで伸びる

ノコギリシダ【鋸羊歯】

Diplazium wichurae var. *wichurae*

メシダ科ノコギリシダ属／
本州(福島県以南)〜九州、琉球、小笠原

暖地の流れのそばなど湿り気のある岩上または地上に多い常緑性のシダ。根茎は長く匍匐し、根茎と葉柄基部には褐色の細い鱗片がある。ノコギリシダの名は、羽片と鋸歯の様子が鋸に似ているから。近縁のシダにイヨクジャク（*D. okudairae*）があるが、ノコギリシダよりずっと稀である。

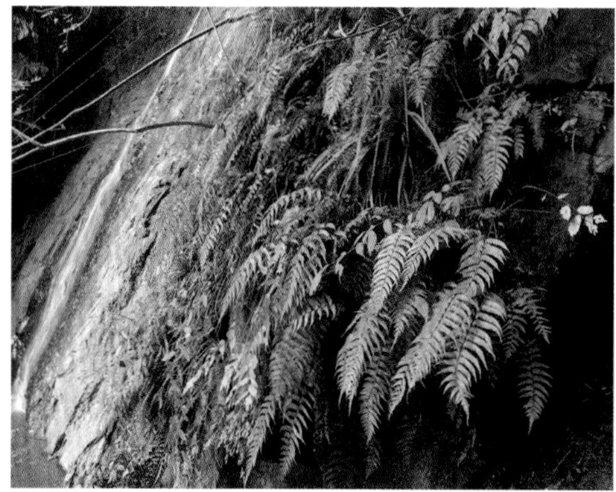

湿った岩上に生えたノコギリシダ

ミヤマノコギリシダ【深山鋸羊歯】

Diplazium mettenianum

メシダ科ノコギリシダ属／本州(新潟県以南)〜九州、琉球

暖地の山地林下に生ずる常緑性のシダで、根茎は長く匍匐する。ノコギリシダに似るが、葉身はやや幅広く、鋸歯は円頭〜鈍頭で、大きな葉では下部羽片が中裂することがある。類似種にホソバノコギリシダ（*D. fauriei*）、ウスバミヤマノコギリシダ（*D. deciduum*、夏緑性）などがある。

ノコギリシダの仲間

メシダ科ノコギリシダ属にはシロヤマシダ（P155）やオニヒカゲワラビ（P184）などの大型のシダも多いが、1回羽状複葉の中型のシダもいくつかあり、ノコギリシダとミヤマノコギリシダもそのような種類である。なお、ノコギリシダ属は、以前はヘラシダ属と呼ばれたが、ヘラシダ（P47）がシケシダ属に変更されたため、ノコギリシダ属と呼ばれるようになった。

ウラボシノコギリシダ【裏星鋸羊歯】

Anisocampium sheareri

メシダ科ウラボシノコギリシダ属／本州（千葉県以西）〜九州

暖地の山地林下に群生することが多い常緑性のシダ。葉はやや二形となり、胞子葉は葉柄が長く、栄養葉よりも葉身と羽片の幅が狭くなる。いずれの葉も下部羽片には短い柄があるが、上半部の羽片の基部は中軸に幅広くつく。各羽片の縁は鈍鋸歯縁〜中裂。かつてはメシダ属とされていたが、イヌワラビと共にウラボシノコギリシダ属として独立した。

×0.5

栄養葉は葉柄が短く、羽片の幅がやや広い

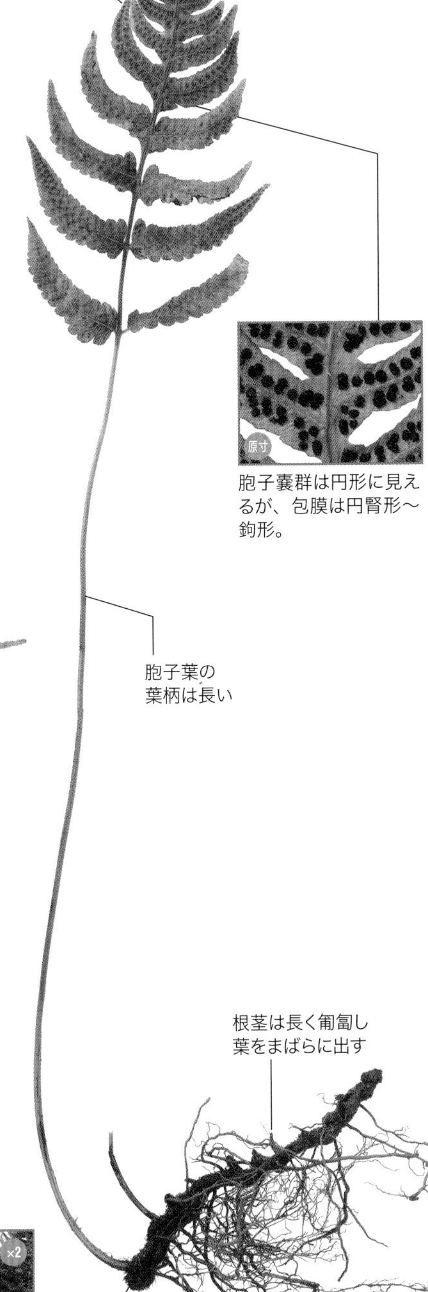
×0.4
胞子葉
原寸
胞子葉の葉柄は長い
根茎は長く匍匐し葉をまばらに出す

胞子嚢群は円形に見えるが、包膜は円腎形〜鉤形。

ナチクジャク（*Dryopteris decipiens*）はオシダ科オシダ属のシダでマルバベニシダ（P164）に近縁。葉身は1回羽状複葉、羽片は全縁〜中裂する。本州（千葉県以西）〜九州の、主として太平洋側に分布する。

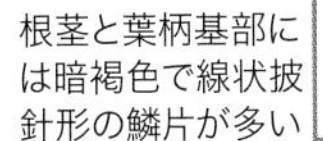
×2

根茎と葉柄基部には暗褐色で線状披針形の鱗片が多い

フモトシダは暖地の林床や林縁に多い

×0.25

羽片は浅裂〜中裂、ときに深裂し、羽片の基部上側は耳状に突出する

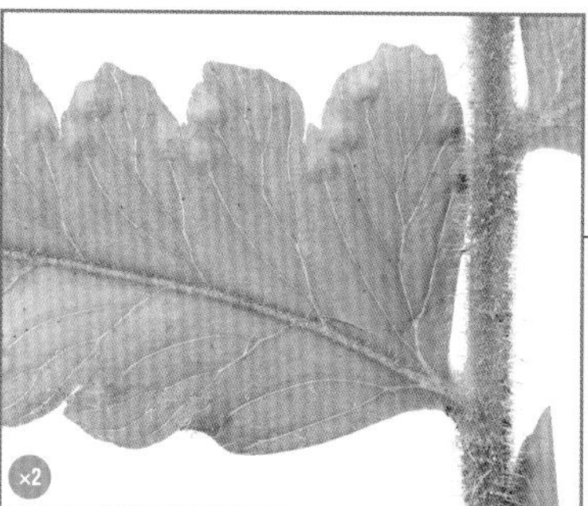
葉の表側の脈上や中軸に短い毛がある

最下羽片は縮小しない

包膜には毛が多い

裏面は全面に毛がある。包膜の前縁は葉縁から少し離れている

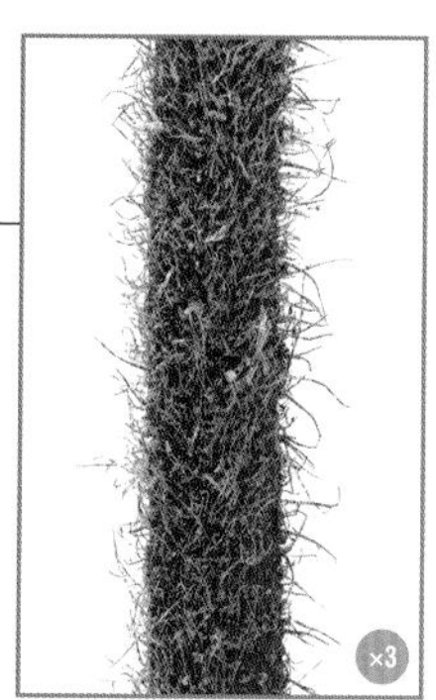
葉柄には淡褐色の毛が密生する

フモトシダ【麓羊歯】

Microlepia marginata

コバノイシカグマ科フモトシダ属／本州〜九州、琉球

暖地の林下や山麓に広く分布する常緑性のシダ。根茎は長く地下を這い、まばらに葉をつける。葉は1回羽状複葉。羽片は20〜30対くらいで、浅〜深裂する。胞子嚢群は羽片の辺縁近くにつく。全体に毛が多く、特に多いものをケブカフモトシダ（f. *yakusimensis*）という。学名は「屋久島の」となっているが、それ以外の地域でも時々見かける。近縁種にフモトカグマ（P142）などがあり、それらでは羽片が更に分裂する。

メヤブソテツ【雌藪蘇鉄】

Cyrtomium caryotideum

オシダ科ヤブソテツ属／

本州（福島県以南）〜九州

山地林下のやや湿った地上または岩上に生育する。羽片の数は3〜6対くらいと少ない。羽片は卵状楕円形で、先端は鋭尖頭。羽片の周囲に細かい鋭鋸歯が多いことが特徴である。名前は、葉の雰囲気が女性的であることによる。

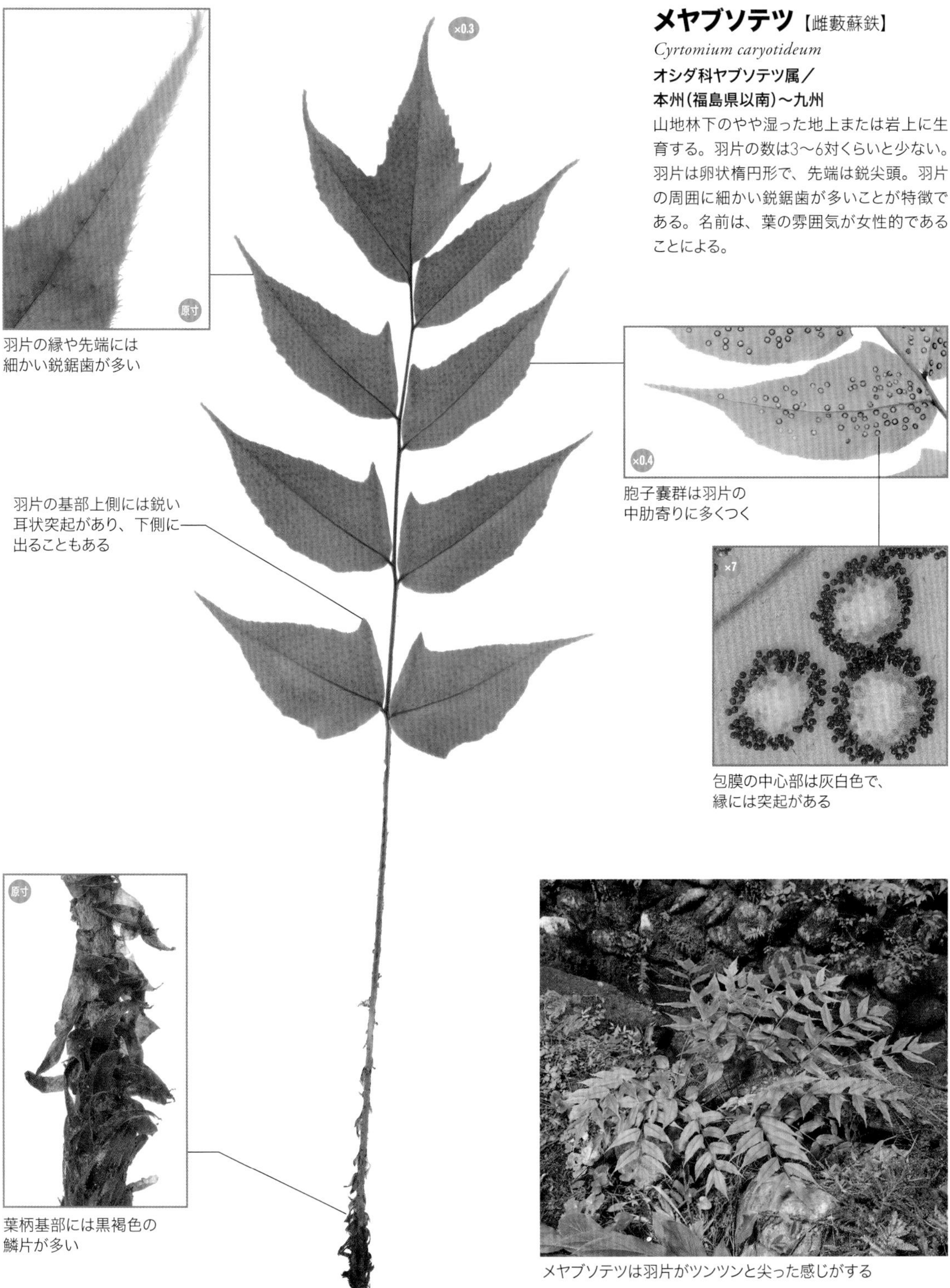
×0.3
原寸
×0.4
×7
原寸

羽片の縁や先端には細かい鋭鋸歯が多い

羽片の基部上側には鋭い耳状突起があり、下側に出ることもある

胞子嚢群は羽片の中肋寄りに多くつく

包膜の中心部は灰白色で、縁には突起がある

葉柄基部には黒褐色の鱗片が多い

メヤブソテツは羽片がツンツンと尖った感じがする

ヤブソテツの仲間

オシダ科ヤブソテツ属は常緑性、地上生のシダで、系統的にはイノデ属に近い群である。根茎は短く、斜上〜直立する。葉身は1回羽状複葉で頂羽片が明確であり、葉脈は網目をつくる。葉柄には褐色〜黒褐色の鱗片があり、特に基部に多い。胞子嚢群には円形の包膜があり、種によって中心部が黒褐色になるものとならないものがある。名前は藪に生えて蘇鉄に似ているからというが、羽片は蘇鉄のものほど細くはない。

×0.3
×2
原寸
×10

羽片の先端に
鋸歯はない

海岸に近い乾いた石垣に生えたオニヤブソテツ

胞子嚢群は裏面全体に散生する

包膜の中心部は黒褐色ときに灰白色で、
辺縁は全縁〜波状縁

下の方の羽片には胞子嚢群が
付かないことが多い

葉柄基部には褐色〜
黒褐色の鱗片が多い

オニヤブソテツ【鬼藪蘇鉄】

Cyrtomium falcatum subsp. *falcatum*

オシダ科ヤブソテツ属／本州〜九州、琉球

海岸または内陸の日当たりの良いやや乾いた場所に多い。葉は濃緑色で光沢があり、革質で、縁は全縁〜波状縁、ときに不規則に切れ込むことがある。羽片基部は通常耳状にならない。

オニヤブソテツの仲間

広義のオニヤブソテツは3亜種（オニヤブソテツ、ヒメオニヤブソテツ、ムニンオニヤブソテツ）と独立の1種（ナガバヤブソテツ）に整理され、3倍体無融合生殖種が狭義のオニヤブソテツである。本書ではムニンオニヤブソテツ以外を紹介する。

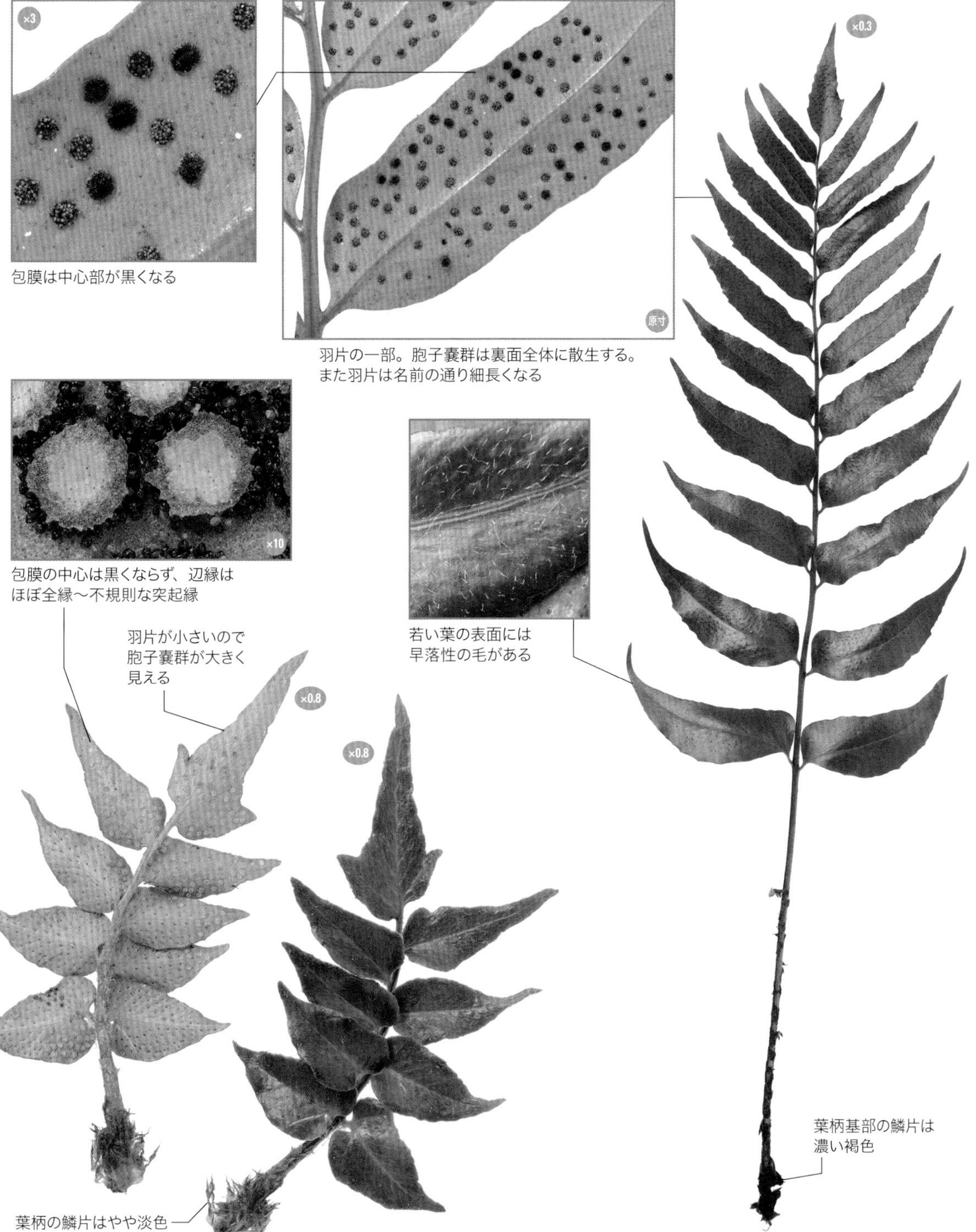
×3
包膜は中心部が黒くなる
原寸
羽片の一部。胞子嚢群は裏面全体に散生する。
また羽片は名前の通り細長くなる
×0.3
×10
包膜の中心は黒くならず、辺縁は
ほぼ全縁〜不規則な突起縁
若い葉の表面には
早落性の毛がある
羽片が小さいので
胞子嚢群が大きく
見える
×0.8
×0.8
葉柄基部の鱗片は
濃い褐色
葉柄の鱗片はやや淡色

ヒメオニヤブソテツ【姫鬼藪蘇鉄】

Cyrtomium falcatum subsp. *littorale*

オシダ科ヤブソテツ属／北海道〜九州（中国、四国、九州では稀）

オニヤブソテツの亜種で、2倍体有性生殖種。海岸の波しぶきがかかるような岩上に生育し、ヤブソテツの仲間では最も北方まで進出している型である。通常はオニヤブソテツより小さく、葉身は20cm以下のものが多いが、更に大きくなるものもある。葉はより厚い革質。

ナガバヤブソテツ【長葉藪蘇鉄】

Cyrtomium devexiscapulae

オシダ科ヤブソテツ属／本州〜九州、琉球（東北では稀）

オニヤブソテツに近縁な4倍体有性生殖種で、オニヤブソテツよりやや内陸に産することが多い。オニヤブソテツに比べ羽片が細長く、葉縁が平行に伸びる感じになり、また葉質はやや薄く柔らかい。葉身の表に光沢があり、縁はほぼ全縁、羽片の先端に鋸歯はない。ヤブソテツ属の他種と雑種をつくることが多い。

テリハヤブソテツ【照葉藪蘇鉄】

Cyrtomium laetevirens

オシダ科ヤブソテツ属／本州〜九州

平地〜山地にかけての林下や路傍に多い。葉身は披針形、羽片は10〜20対くらいで、卵状披針形、先端に細鋸歯がある。羽片は暗緑色〜淡緑色で、名前の通り光沢があるが、ナガバヤブソテツほどではない。

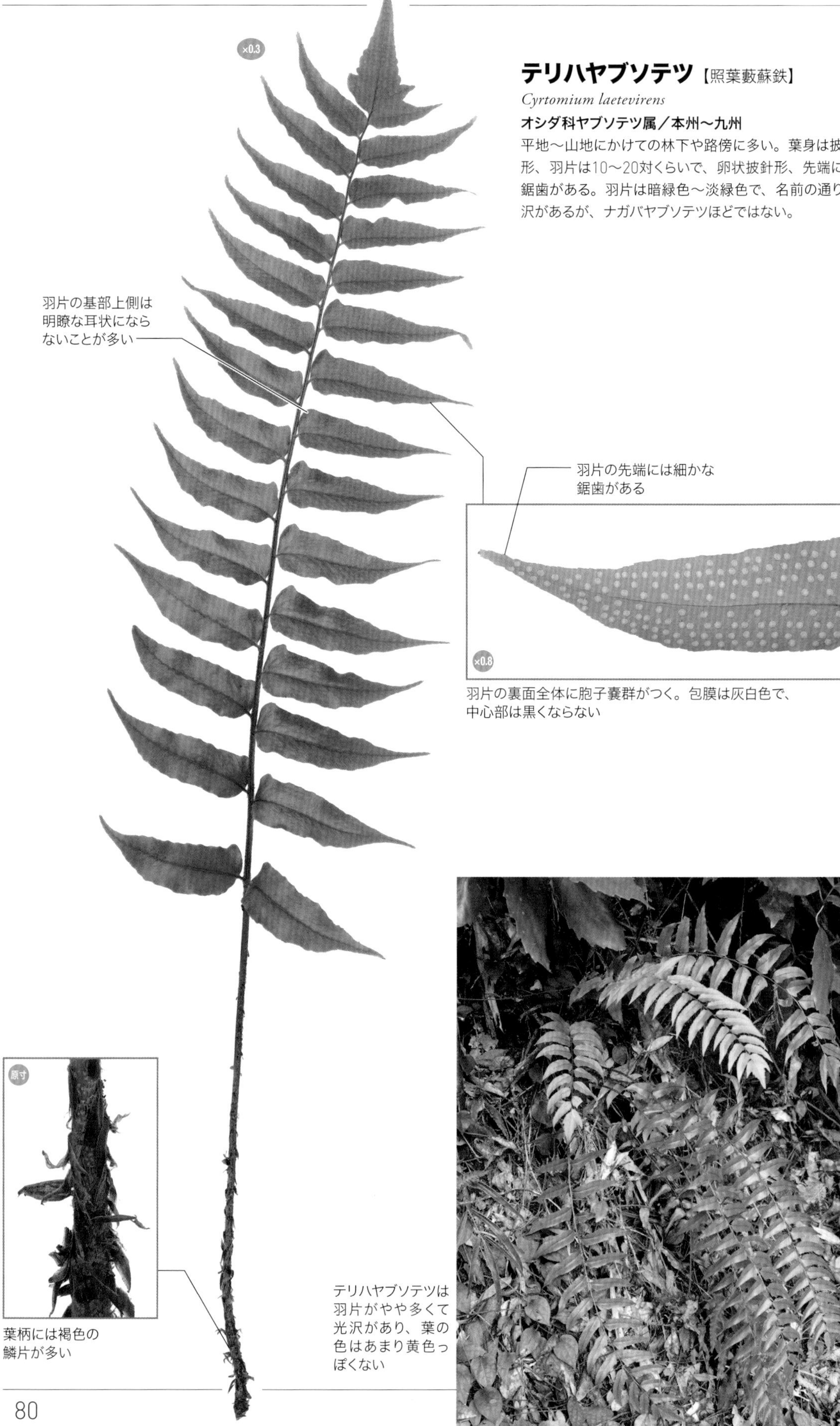
×0.3
羽片の基部上側は明瞭な耳状にならないことが多い
羽片の先端には細かな鋸歯がある
×0.8
原寸

羽片の裏面全体に胞子嚢群がつく。包膜は灰白色で、中心部は黒くならない

葉柄には褐色の鱗片が多い

テリハヤブソテツは羽片がやや多くて光沢があり、葉の色はあまり黄色っぽくない

裏面全体に胞子
嚢群が散在する
が、辺縁近くに
多い傾向がある
×0.3
×0.8
×8
包膜の中心部は黒褐色に
ならない
羽片の基部上側が
耳状になるものと
ならないものがある

ヤブソテツ【藪蘇鉄】

Cyrtomium fortunei

オシダ科ヤブソテツ属／
北海道〜九州(北海道では稀)

山地、山麓の林下や路傍に多い。羽片は10〜15対くらいのものが多いが、ときに羽片が細く20対以上になるものもある。羽片の先は鎌状に曲がり、先端に細鋸歯がある。葉身は黄緑色で光沢のないものが多いが、やや緑が濃く光沢のあるものもあるなど変異が大きい（右の写真を参照）。従来ヤマヤブソテツと呼ばれていた型を含む。

羽片がやや少なくて光沢が弱く、葉の色が黄緑色のタイプ

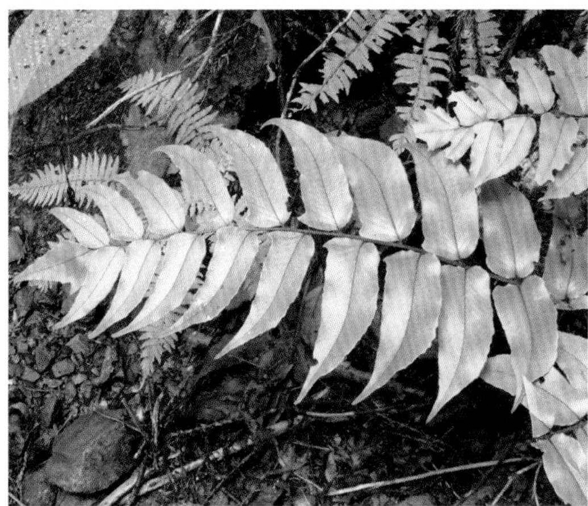

羽片がやや少なく、光沢があって、葉の色が濃い緑色のタイプ

羽片が細くて20対以上と多く、葉は光沢がなく、色は暗緑色のタイプ

ミヤコヤブソテツ【都藪蘇鉄】

Cyrtomium yamamotoi

オシダ科ヤブソテツ属／本州(宮城県以南)〜九州

山地林下のやや湿った地上に生育する常緑性のシダ。側羽片は10〜15対くらい。羽片は先に向かって徐々に細くなり、あまり鎌状に曲がらず、上部の羽片は中軸に対して斜上する傾向がある。包膜の中心部が黒褐色になることが特徴。

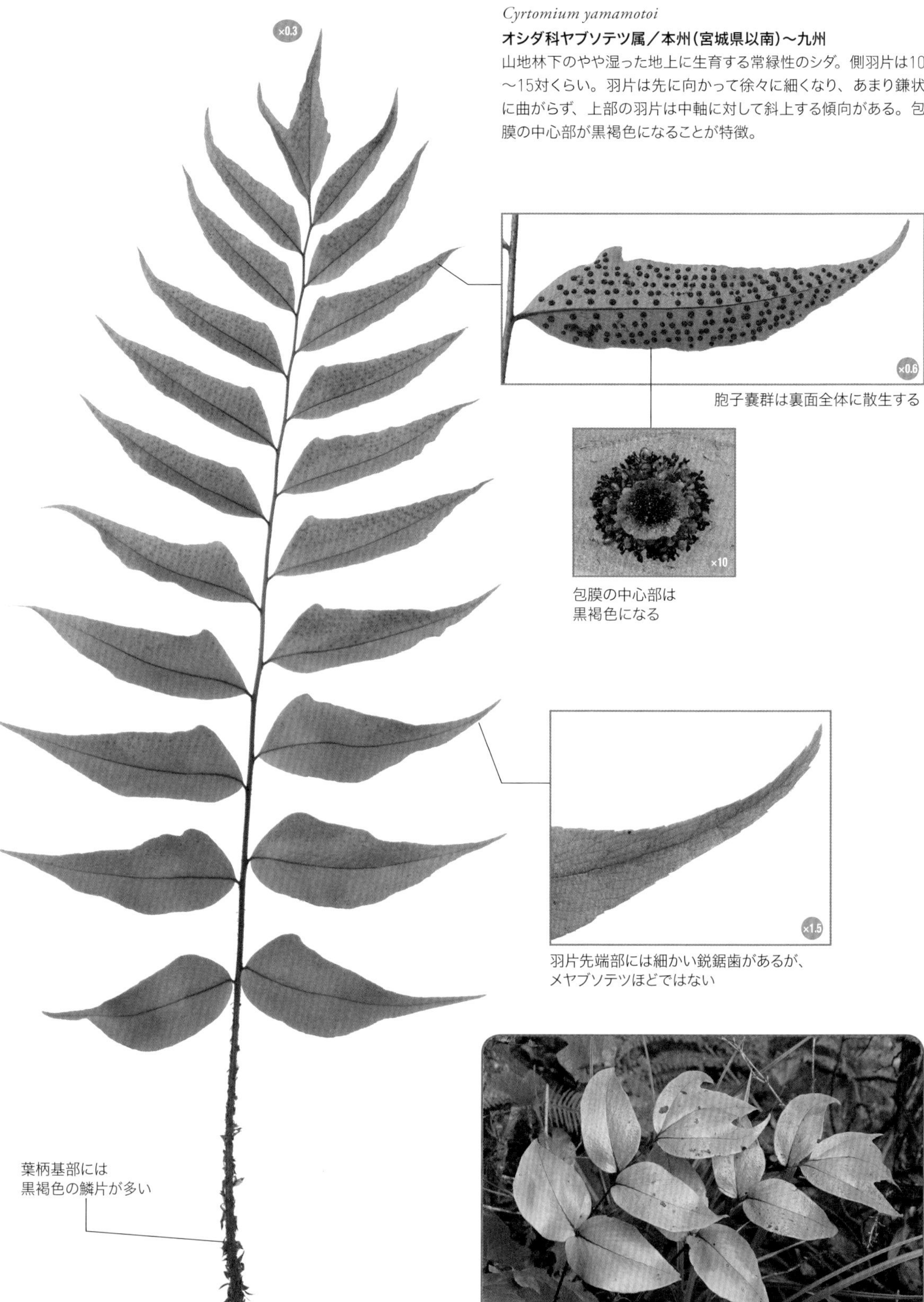
×0.3
×0.6
×10
×1.5

胞子嚢群は裏面全体に散生する

包膜の中心部は黒褐色になる

羽片先端部には細かい鋭鋸歯があるが、メヤブソテツほどではない

葉柄基部には黒褐色の鱗片が多い

ヒロハヤブソテツ（*C. macrophyllum*）は丸みを帯びた幅広い羽片と大きな頂羽片が特徴

ナガサキシダ【長崎羊歯】

Dryopteris sieboldii

オシダ科オシダ属／本州(関東以西)～九州

暖地の林下に生育する常緑のやや稀なシダで、九州では各地に見られる。根茎は短く斜上し、葉を叢生する。葉身は1回羽状複葉で、長さ50cmに達し、羽片は2～5対くらい、やや二形となる。胞子葉は羽片の幅がやや狭くなり、葉柄が長くなる。名前は長崎県で最初に採集されたことによる。別名オオミツデ。

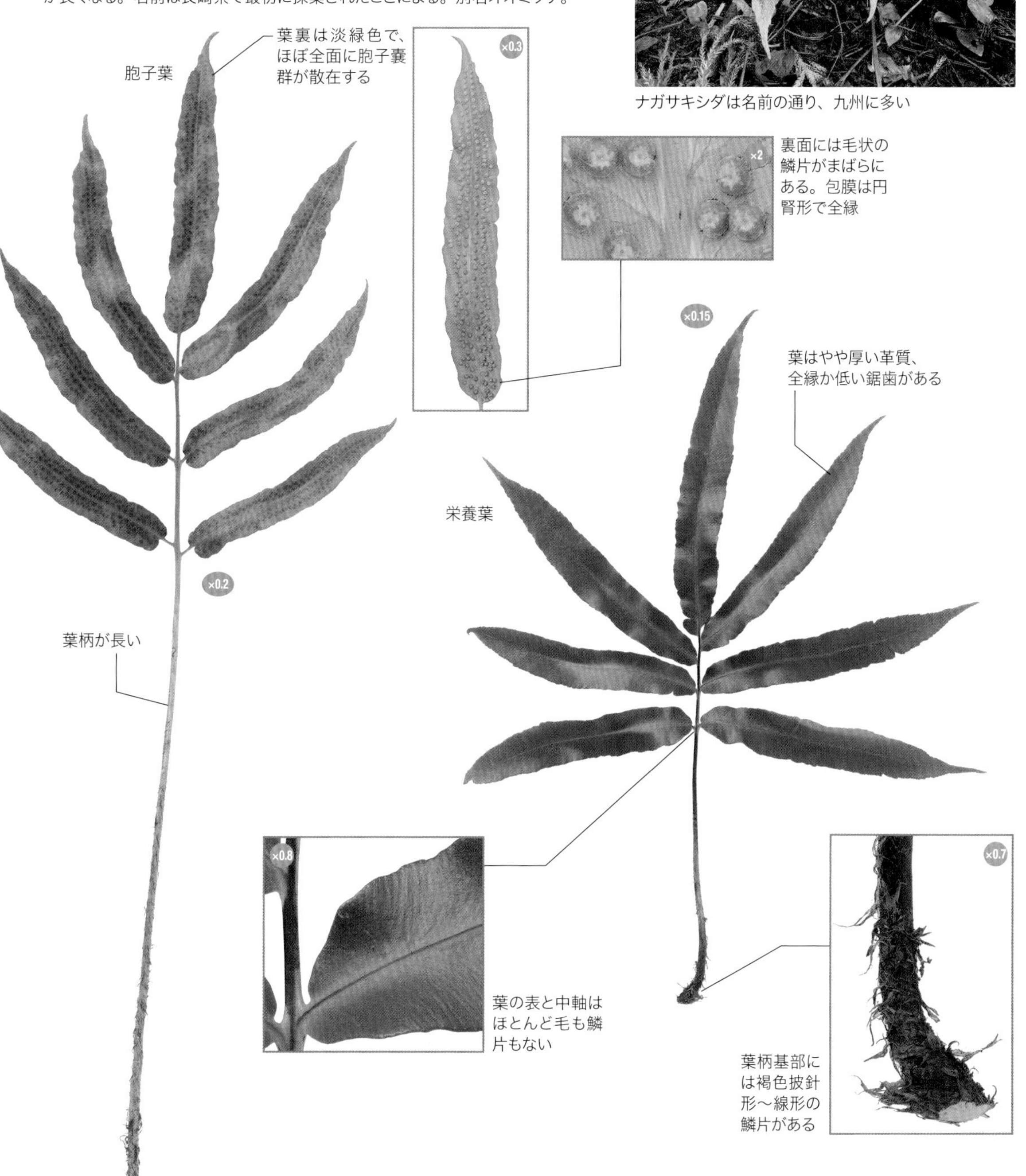

胞子葉
葉裏は淡緑色で、ほぼ全面に胞子嚢群が散在する
×0.3
×0.2
葉柄が長い
×2
裏面には毛状の鱗片がまばらにある。包膜は円腎形で全縁
×0.15
葉はやや厚い革質、全縁か低い鋸歯がある
栄養葉
×0.8
葉の表と中軸はほとんど毛も鱗片もない
×0.7
葉柄基部には褐色披針形～線形の鱗片がある

ナガサキシダは名前の通り、九州に多い

1～2回羽状に切れ込む

オシダ科オシダ属

日本にはオシダ科オシダ属のシダが多く、中型～大型の葉をもち、葉は1回羽状～3回羽状くらいまで変化が大きい。包膜は円腎形かまたはない。オシダ属の中でもナガサキシダはかなり独特な印象のシダである。

浅裂〜鈍鋸歯縁
原寸
中軸と羽片中肋には黒い線形の鱗片が多い。胞子嚢群は羽片の全面に散在し、包膜は円腎形
×0.2
最下部羽片は下向きになる
×0.7
葉柄には黒色〜黒褐色の披針形の鱗片を密につける

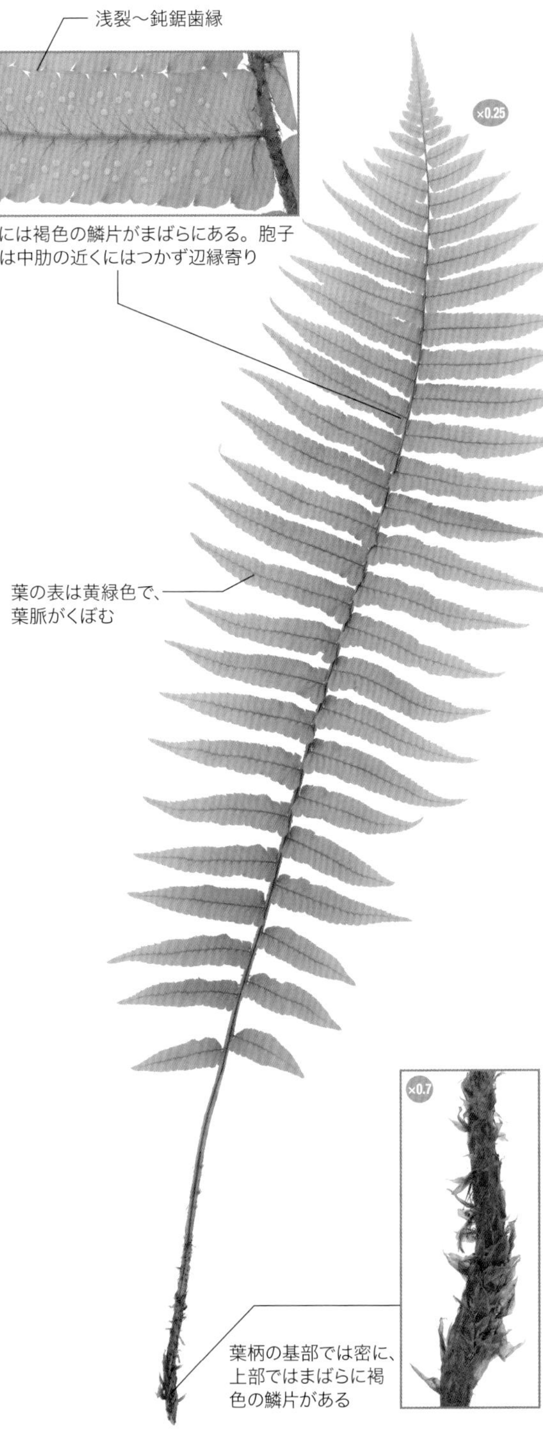
浅裂〜鈍鋸歯縁
原寸
中軸には褐色の鱗片がまばらにある。胞子嚢群は中肋の近くにはつかず辺縁寄り
×0.25
葉の表は黄緑色で、葉脈がくぼむ
×0.7
葉柄の基部では密に、上部ではまばらに褐色の鱗片がある

イワヘゴ【岩桫欏】

Dryopteris atrata

オシダ科オシダ属／本州〜九州(東北地方では少ない)

暖地の山地渓側などのやや陰湿な林下に見られる常緑のシダ。根茎は短く直立し、葉を叢生する。葉身は1回羽状複生で長さは40〜80cmくらい。羽片の基部はほぼ心形で、柄はない。名前はイワヘゴだがヘゴ科とは関係がない。

オオクジャクシダ【大孔雀羊歯】

Dryopteris dickinsii

オシダ科オシダ属／北海道(奥尻島のみ)〜九州

山地のやや湿った林下に生育する常緑性のシダ。根茎は短く直立し、葉を叢生する。葉身は1回羽状複生、倒披針形で下部の羽片はやや縮小する。葉身はイワヘゴと同程度か、やや小さい。羽片の基部はほぼ切形で、短い柄があるかまたはない。名前はオオクジャクシダだが、イノモトソウ科のクジャクシダとは関係がない。

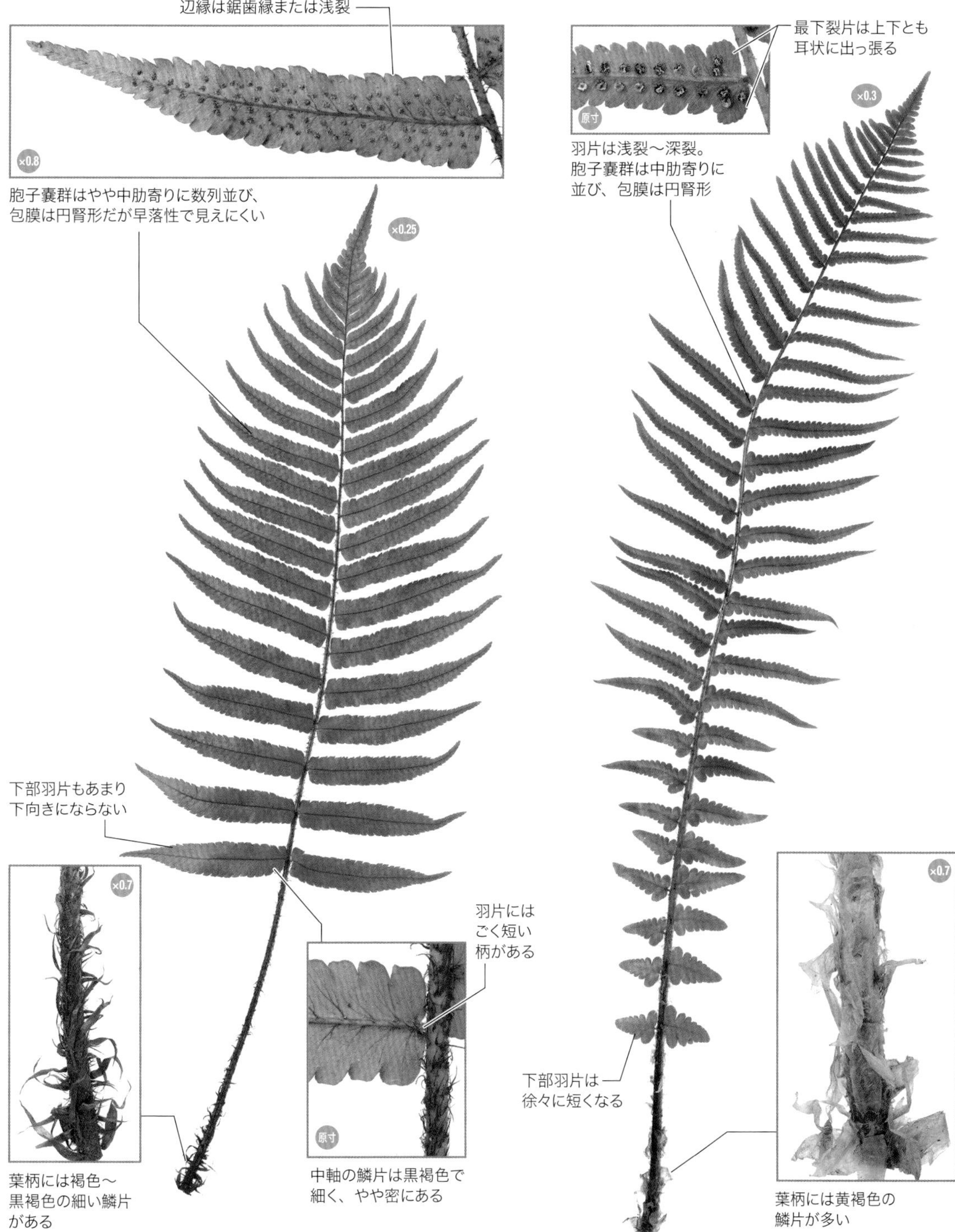
辺縁は鋸歯縁または浅裂
×0.8
胞子嚢群はやや中肋寄りに数列並び、
包膜は円腎形だが早落性で見えにくい
×0.25
下部羽片もあまり
下向きにならない
×0.7
羽片には
ごく短い
柄がある
原寸
葉柄には褐色〜
黒褐色の細い鱗片
がある
中軸の鱗片は黒褐色で
細く、やや密にある
最下裂片は上下とも
耳状に出っ張る
原寸
×0.3
羽片は浅裂〜深裂。
胞子嚢群は中肋寄りに
並び、包膜は円腎形
下部羽片は
徐々に短くなる
×0.7
葉柄には黄褐色の
鱗片が多い

ツクシイワヘゴ【筑紫岩桫欏】

Dryopteris commixta

オシダ科オシダ属／本州〜九州(東北地方では稀)

暖地の山地のやや湿った林下に生育する常緑のシダで、九州に多い。イワヘゴによく似るが、羽片の数がやや少なく、基部は浅い心形〜広いくさび形でごく短い柄がある。葉質は草質でやや厚く、葉の表で脈はあまり凹まない。名前は筑紫地方に産するイワヘゴの仲間であることによる。

タニヘゴ【谷桫欏】

Dryopteris tokyoensis

オシダ科オシダ属／北海道〜九州

明るい湿地や湿った林下に、1m近くになる大きな細長い葉を立ち上げる夏緑性のシダ。根茎は直立し、葉柄は短く、葉は倒披針形で下部羽片は徐々に短くなる。羽片は基部が最も広く、耳状になり、葉脈は葉の表で凹む。胞子嚢群は葉の上部からつく。名前は谷間の湿地に生えるシダということであり、ヘゴ科とは関係ない。

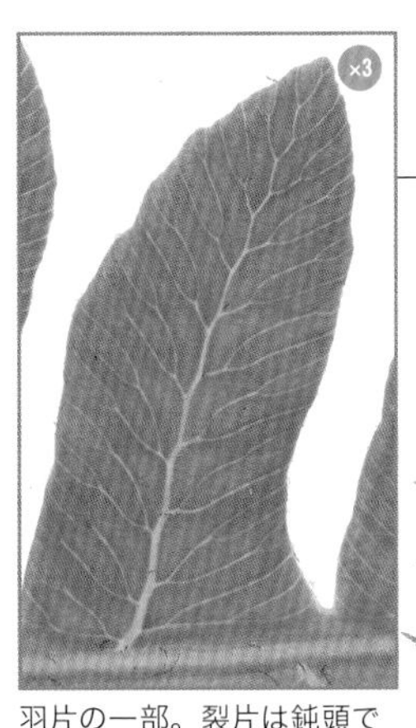
羽片の一部。裂片は鈍頭で小脈は2回二又分岐をするものが多い

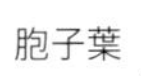

栄養葉

胞子葉

羽片は深裂する

若い葉には綿毛が残っていることがある

ヤマドリゼンマイは明確な二形となり、春に栄養葉の中心に胞子葉が出る

球形の胞子嚢が軸上に多数つき、綿毛が絡みついている

ヤマドリゼンマイ【山鳥薇】

Osmundastrum cinnamomeum var. *fokiense*

ゼンマイ科ヤマドリゼンマイ属／北海道〜九州

夏緑性のシダで、高原の湿原などに群生している姿をよく見かけるが、暖地にも生育することがある。胞子葉と栄養葉とは全く形が異なり二形となる。若い葉は綿毛に覆われ、ゼンマイと同様に食用にされる。胞子葉は葉面がほとんどなく、軸に丸い胞子嚢を密につける。栄養葉は大きく、葉身は80cm位になる。

ゼンマイの仲間

ゼンマイ科は薄嚢シダの中では原始的なグループで、日本に5種類が分布する。そのうちの2種（ゼンマイとヤシャゼンマイ→P120〜121）が2回羽状複葉に、3種が1回羽状複葉となる。それらのうちヤマドリゼンマイは他の種より早い時代に分岐したことが判明しており、ヤマドリゼンマイ属とされ、他の種はゼンマイ属である。したがって、次ページのオニゼンマイ（ゼンマイ属）とヤマドリゼンマイとは、栄養葉はよく似ているものの属は異なる。1回羽状複葉のシロヤマゼンマイ（P123）は伊豆半島以南の暖地〜亜熱帯に産する。

部分的に胞子嚢がついた
（部分的二形の）葉
×0.2
栄養葉
×0.2
×3
×2
原寸

オニゼンマイは生育場所もヤマドリゼンマイに似る

胞子嚢がつかない羽片の一部。裂片は鈍頭で全縁。多くの小脈は二又分岐する

胞子嚢がついた羽片。胞子嚢は黒褐色

綿毛がまだ残っている

オニゼンマイ【鬼薇】

Osmunda claytoniana

ゼンマイ科ゼンマイ属／本州（福島県、関東、中部地方）

ヤマドリゼンマイに似た夏緑性のシダで、関東と中部の明るい山地に多い。胞子嚢がつく葉とつかない葉があり、つく葉では葉の下方の数対の羽片に胞子嚢がついて、部分的二形になる。胞子葉があればヤマドリゼンマイとの区別は容易だが、栄養葉だけだと区別に迷うこともある。ヤマドリゼンマイより裂片の先が丸く、葉質は柔らかい感じがする。

クサソテツ【草蘇鉄】

Onoclea struthiopteris

コウヤワラビ科コウヤワラビ属／北海道〜九州

山地のやや湿った草地や河原などに生育する夏緑性のシダ。走出枝を伸ばして増え、群生することが多い。葉は二形となり、春に出る若葉（栄養葉）はコゴミと呼ばれ、山菜として利用される。胞子葉は秋に出て冬にも残り、葉身は栄養葉の1/2くらい。

クサソテツ。まだ若い胞子葉が中心部に見える

×0.25

栄養葉は薄い草質で、毛や鱗片はない

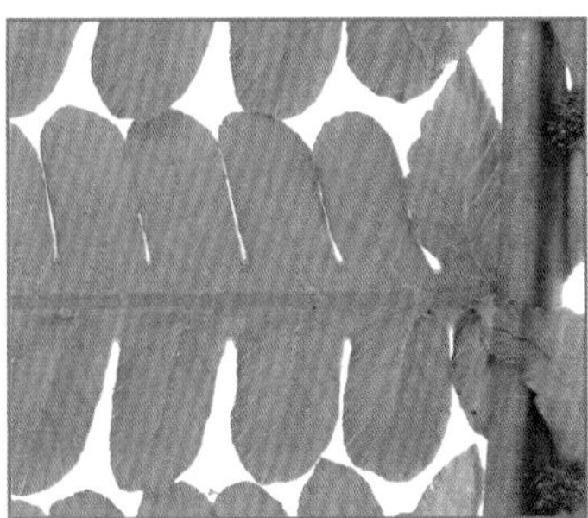

羽片は深裂する（写真は葉の裏）

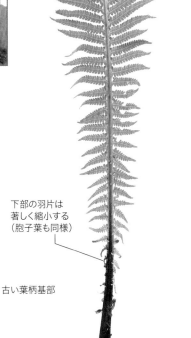

下部の羽片は著しく縮小する（胞子葉も同様）

×0.25
走出枝

古い葉柄基部

根茎は斜上〜直立し、古い葉柄の基部を残す。途中から走出枝を伸ばし、先端に新しい株をつける

×0.25

胞子葉

×5

胞子葉の裂片は裏に巻いて胞子嚢群を包み込む

×0.5

葉柄の基部は横に張り出し、断面は三角形になる。淡褐色の細い鱗片をつける

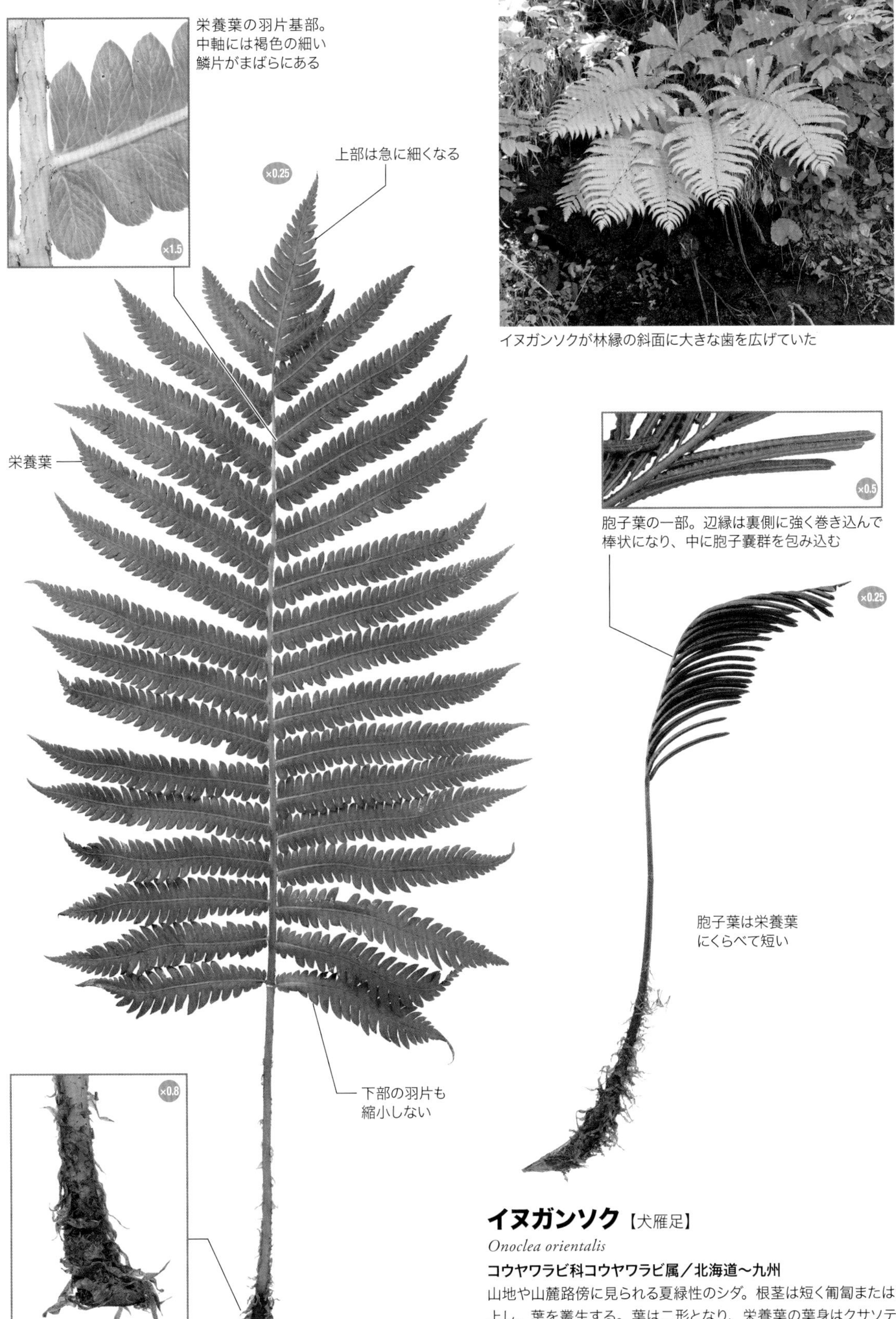
栄養葉の羽片基部。
中軸には褐色の細い
鱗片がまばらにある
×1.5
上部は急に細くなる
×0.25
栄養葉
下部の羽片も
縮小しない
×0.8
×0.5
×0.25
胞子葉は栄養葉
にくらべて短い

イヌガンソクが林縁の斜面に大きな歯を広げていた

胞子葉の一部。辺縁は裏側に強く巻き込んで棒状になり、中に胞子嚢群を包み込む

葉柄は基部には密に、上部にはまばらに淡褐色の鱗片がある

イヌガンソク【犬雁足】

Onoclea orientalis

コウヤワラビ科コウヤワラビ属／北海道～九州

山地や山麓路傍に見られる夏緑性のシダ。根茎は短く匍匐または斜上し、葉を叢生する。葉は二形となり、栄養葉の葉身はクサソテツより広く卵状広楕円形で、上部は急に細くなる。胞子葉は秋に出て、冬にも残る。名前はガンソク（クサソテツの別名）に似るからというが、イヌガンソクの胞子葉の方が雁の足に似ているように思われる。

フクロシダ【袋羊歯】

Woodsia manchuriensis

イワデンダ科イワデンダ属／北海道〜九州

山地のやや湿った岩上に生育する夏緑性のシダ。根茎は小さく直立し、葉を叢生する。葉は15〜30cmくらいの狭披針形で、下部羽片はかなり小さくなる。葉質は薄い草質で柔らかい。包膜は丸い袋状で胞子嚢群を包んでいる。この包膜の形状から袋羊歯の名がついた。

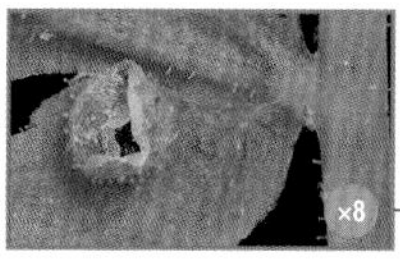

×8

羽軸、包膜などにはまばらに短い腺毛がある

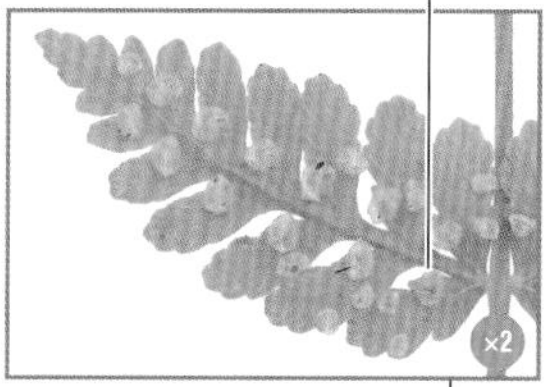

×2

袋状の包膜が特徴的

×0.8

葉柄は短く、上部に関節はない

葉柄基部には淡褐色の鱗片が多い

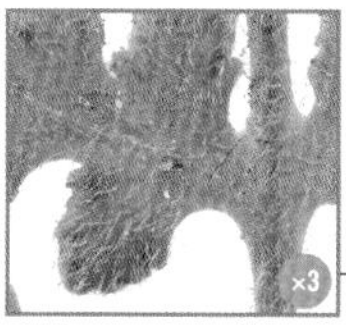

原寸

×3

裂片は円頭。葉には一般に毛が多く、鱗片はない

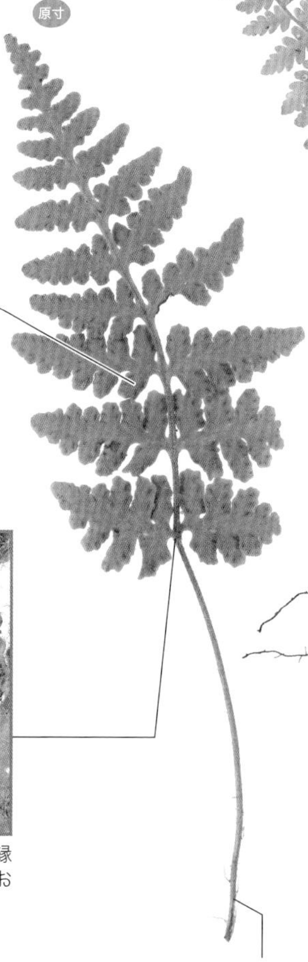

関節がある

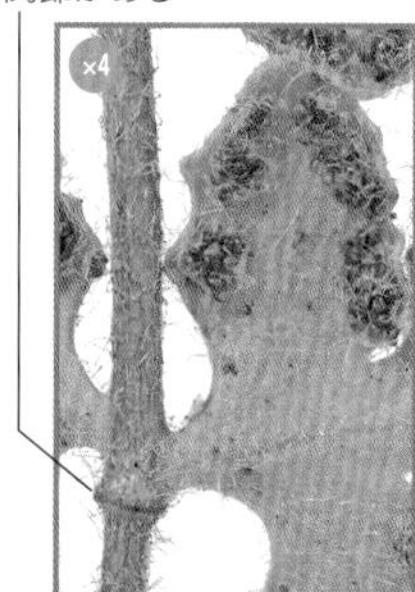

×4

胞子嚢群は裂片の辺縁寄りにつき、包膜はお椀状

葉柄基部には鱗片が多い

コガネシダ【黄金羊歯】

Woodsia macrochlaena

イワデンダ科イワデンダ属／本州〜九州

同属のイワデンダ（P66）と同様山地の岩上や石垣などに生育するが、イワデンダよりずっと少ない。夏緑性で、短い根茎に葉を叢生し、葉柄基部と共に鱗片を密生する。葉柄の上端に関節がある点もイワデンダに似る。葉身は5〜10cm程度のものが多い。名前の「黄金」の由来ははっきりしない。

フクロシダはやや涼しい地域の岩壁についていることが多い

イヌワラビ【岩犬蕨】

m nikkoense

メシダ属／北海道〜九州（近畿以西では稀）

湿った岩上に葉を下垂させていることが
緑性のシダ。根茎は斜上し、葉を叢生す
ビノネゴザ（P149）に近縁であるが、
小型で、切れ込みが1回少ない。また、
細く、下部羽片は縮小し、葉柄が短い。
ゴザの小さなものやフクロシダに似る。

×0.65
全形が小さな割には
大きめの胞子嚢群がつく
×6
×2
×2
下部の羽片は縮小する
葉柄は短い

イワイヌワラビが岩から垂れ下がった姿はフクロシダに似る

包膜は波状縁

胞子嚢群は大きく、羽片の辺縁近くにつき、円腎形、鉤形、楕円形などが混じる

葉柄基部には密に鱗片がある。鱗片は線状披針形で中央部に濃い褐色の筋が入り、ヘビノネゴザのものに似る

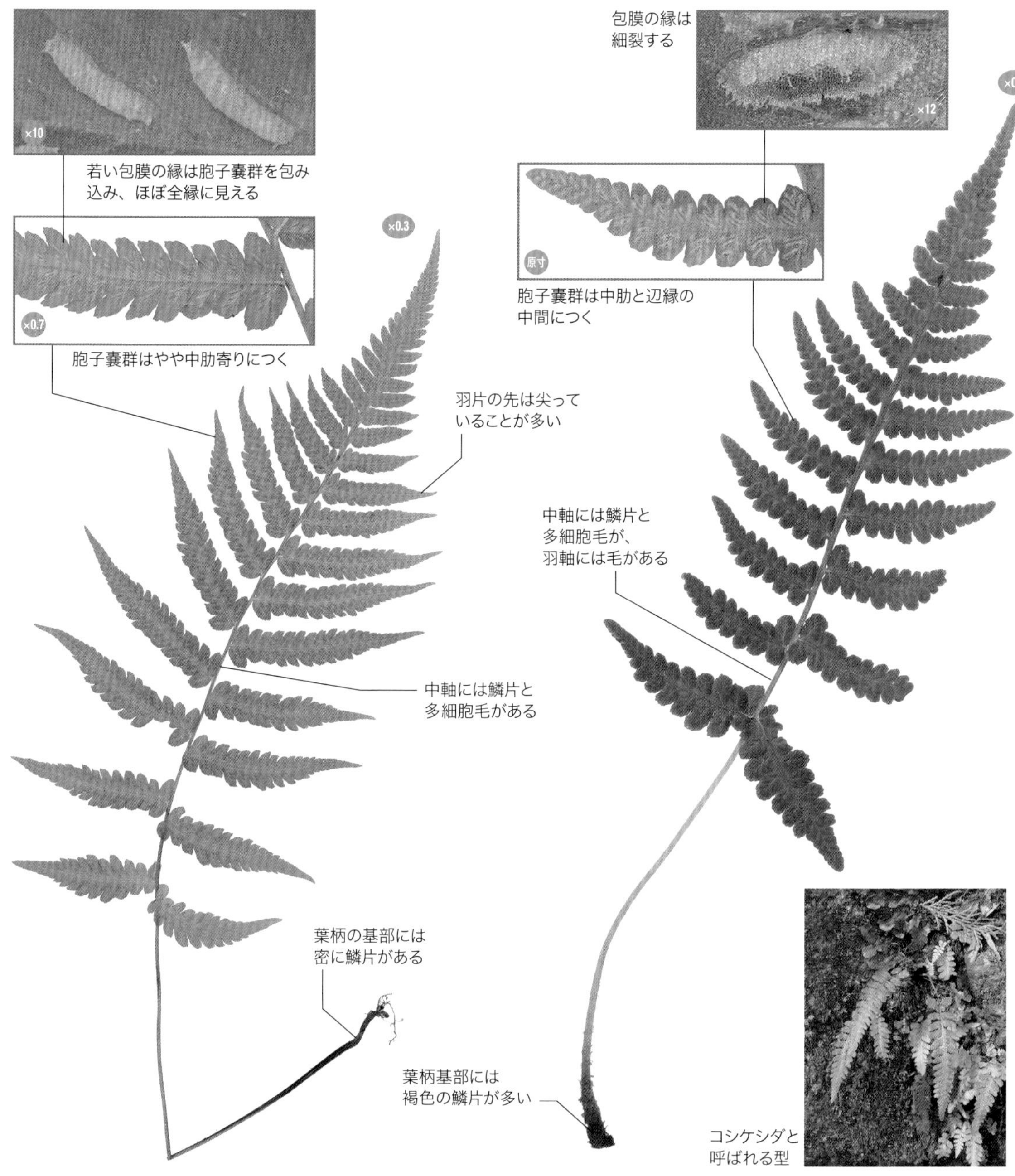
×10
若い包膜の縁は胞子嚢群を包み込み、ほぼ全縁に見える
×0.7
胞子嚢群はやや中肋寄りにつく
×0.3
羽片の先は尖っていることが多い
中軸には鱗片と多細胞毛がある
葉柄の基部には密に鱗片がある
包膜の縁は細裂する
×12
×0.5
原寸
胞子嚢群は中肋と辺縁の中間につく
中軸には鱗片と多細胞毛が、羽軸には毛がある
葉柄基部には褐色の鱗片が多い
コシケシダと呼ばれる型

シケシダ【湿気羊歯】

Deparia japonica

メシダ科シケシダ属／北海道〜九州（北海道では稀）

低山地や山麓の小川のそばや水田の土手など湿った場所にふつうにみられる夏緑性のシダで、根茎は匍匐し、まばらに葉をつける。葉身は柔らかい草質。羽片は羽状中裂〜深裂し、中軸に対して斜上してつくことが多い。二形にはならない。

ナチシケシダ【那智湿気羊歯】

Deparia petersenii var. *petersenii*

メシダ科シケシダ属／本州（福島県以南）〜九州、琉球、小笠原

暖地の低山地や山麓に多い常緑性のシダ。シケシダに似るが、葉にやや厚みがあり、包膜の縁が不規則に切れ込む。葉の形や大きさには変化が多く、包膜の形状が最も良い区別点であろう。小さくて幅が狭い型のものをコシケシダ（var. *grammitoides*）という。

シケシダの仲間

メシダ科シケシダ属は種類が多く、ヘラシダのような単葉のものから、ミドリワラビのように3回羽状深裂するものまである。それらのうちここでは2回羽状浅裂〜深裂の種類を取り上げる。包膜の様子が識別に有用である。また、この仲間をフィールドで実際に観察していると、雑種が非常に多い。

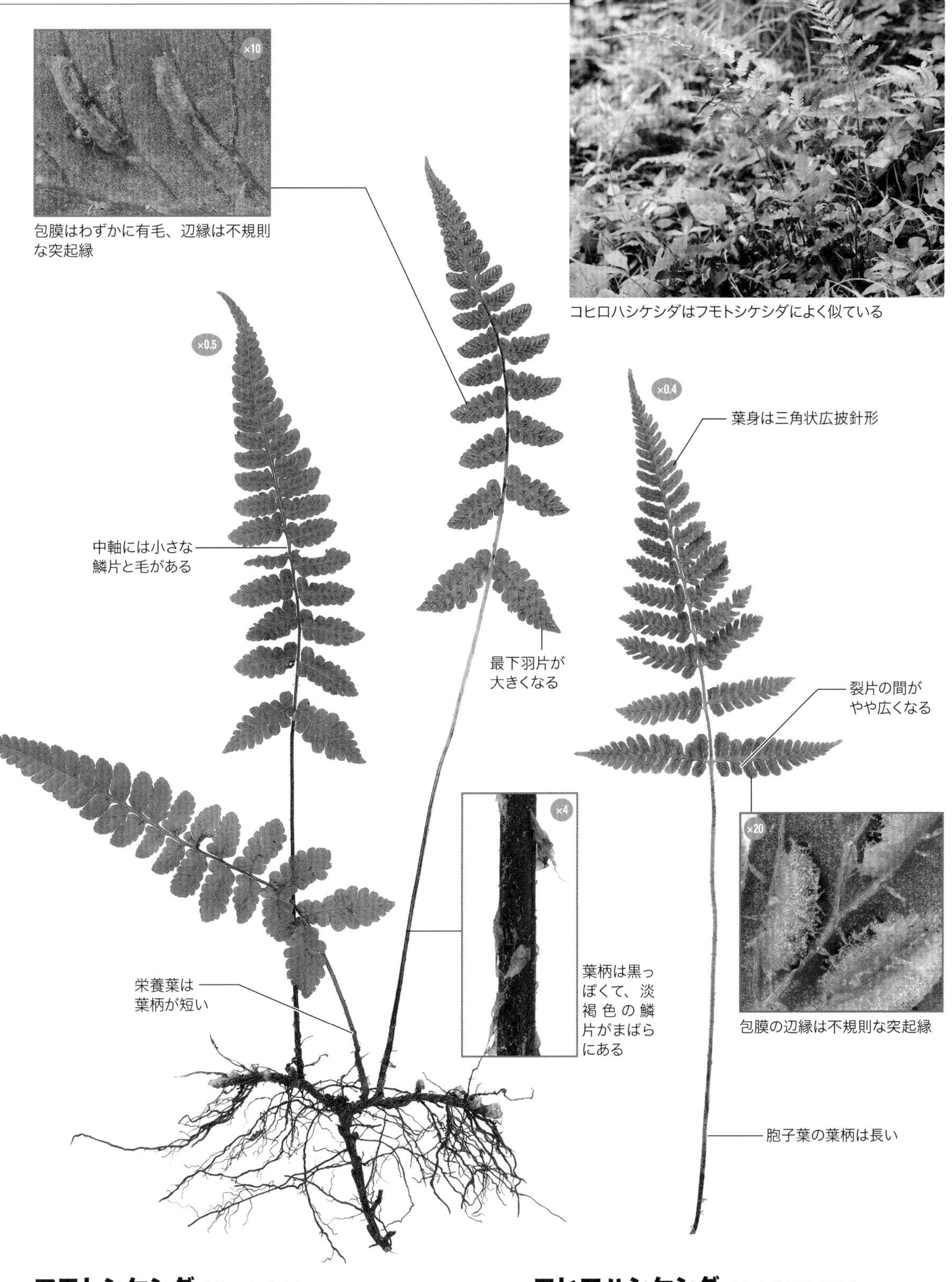
×10
包膜はわずかに有毛、辺縁は不規則な突起縁
×0.5
中軸には小さな鱗片と毛がある
最下羽片が大きくなる
栄養葉は葉柄が短い
×4
葉柄は黒っぽくて、淡褐色の鱗片がまばらにある
×0.4
葉身は三角状広披針形
裂片の間がやや広くなる
×20
包膜の辺縁は不規則な突起縁
胞子葉の葉柄は長い

コヒロハシケシダはフモトシケシダによく似ている

フモトシケシダ【麓湿気羊歯】

Deparia pseudoconilii var. *pseudoconilii*

メシダ科シケシダ属／北海道〜九州、琉球（北海道と琉球では稀）

山地林下に生育する夏緑性のシダ。根茎は長く匍匐し、まばらに葉をつける。葉は草質で、やや二形となり、胞子葉は葉柄が長い。葉柄は細く淡緑色〜紫褐色で、基部は黒っぽく、鱗片をつける。葉身は広披針形で、最下羽片が最も長い。

コヒロハシケシダ【小広葉湿気羊歯】

Deparia pseudoconilii var. *subdeltoidofrons*

メシダ科シケシダ属／本州（静岡県以東）、九州（鹿児島県）

フモトシケシダの変種。基準変種とよく似ているが、葉はやや小さく、羽片の切れ込みは深く、葉身は三角状になる。基準変種が6倍体であるの対し、本変種は4倍体と推定されている。

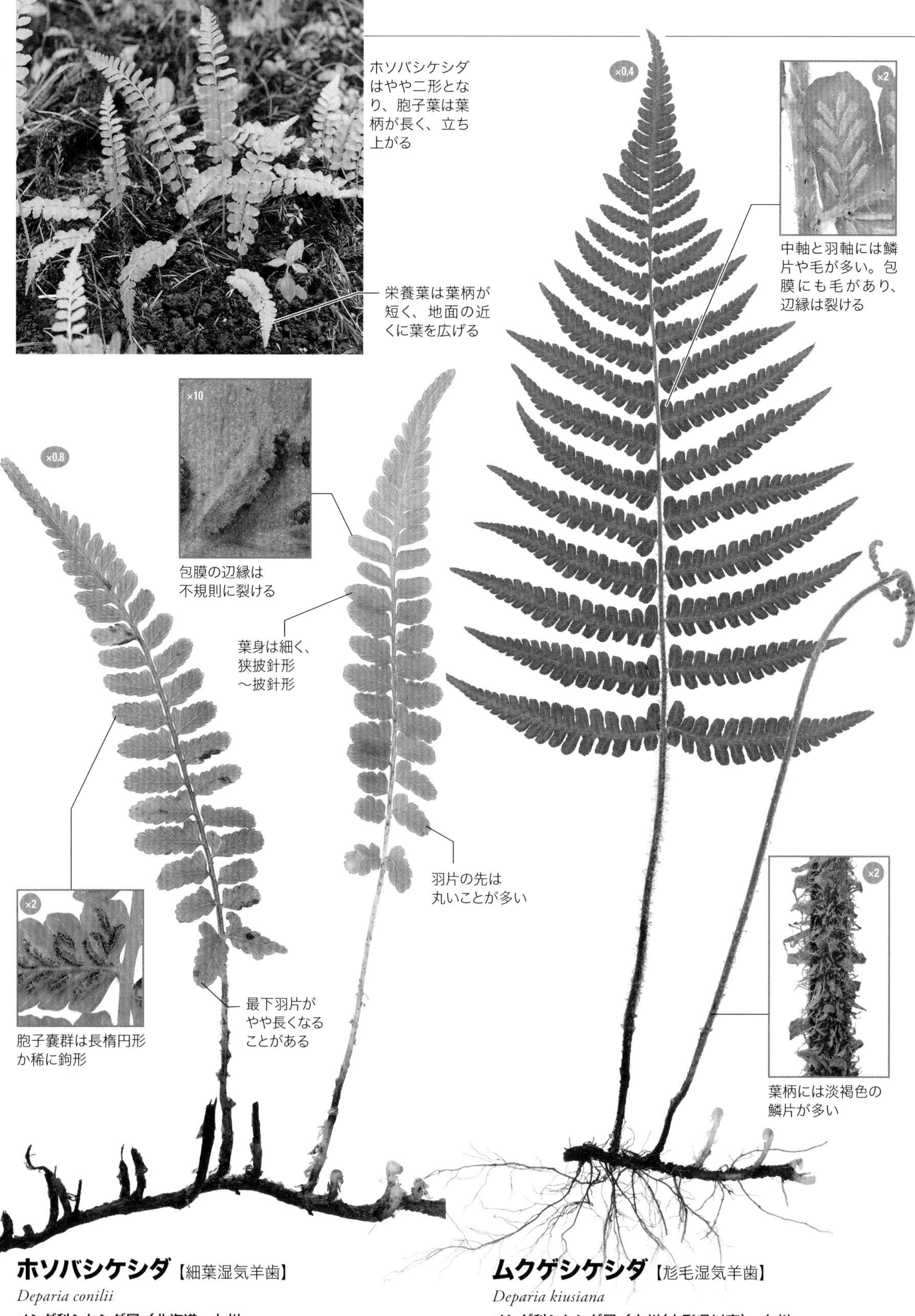
ホソバシケシダはやや二形となり、胞子葉は葉柄が長く、立ち上がる
栄養葉は葉柄が短く、地面の近くに葉を広げる
×0.4
×2
中軸と羽軸には鱗片や毛が多い。包膜にも毛があり、辺縁は裂ける
×10
包膜の辺縁は不規則に裂ける
×0.8
葉身は細く、狭披針形〜披針形
羽片の先は丸いことが多い
×2
胞子嚢群は長楕円形か稀に鉤形
最下羽片がやや長くなることがある
×2
葉柄には淡褐色の鱗片が多い

ホソバシケシダ【細葉湿気羊歯】

Deparia conilii

メシダ科シケシダ属／北海道〜九州

山地や山麓の湿り気の多い場所に生育することが多い夏緑性のシダ。根茎は長く匍匐し、葉をまばらに出す。葉は柔らかい草質で、やや二形となり、胞子葉は葉柄が長く、葉身よりも細長くなる。葉柄は淡緑色で基部は褐色、まばらに鱗片と毛がある。

ムクゲシケシダ【尨毛湿気羊歯】

Deparia kiusiana

メシダ科シケシダ属／本州(山形県以南)〜九州

山地の林下に生育する夏緑性のシダ。根茎は地中を長く匍匐する。葉は草質で鮮緑色、やや二形となり、胞子葉はやや長くなる。羽片は長楕円状披針形で深裂する。全体に鱗片や毛が多いことから、「むく毛」シケシダの名がある。

×0.35
胞子葉は羽片
の間隔が少し
広くなる
×10
包膜は有毛。不規則な
突起縁だが、若い時には
胞子嚢群を包み込むので
全縁のように見える
原寸
胞子葉、栄養葉共に
羽片は深裂する
×0.4
栄養葉は葉柄が短く、
葉身は、やや幅広い
葉柄にはまばらに
鱗片がある

セイタカシケシダはやや二形となり、栄養葉の葉柄は短く、地面近くに葉を広げる

セイタカシケシダ

【背高湿気羊歯】

Deparia dimorphophylla

メシダ科シケシダ属／
本州（秋田県以南）〜九州、琉球（奄美大島）

山地の林下に生育する夏緑性のシダで、シケシダの仲間としては比較的大きく、葉身が40cm位になることもある。根茎は地中を匍匐し、やや接近して葉を出す。葉はやや二形となり、胞子葉の方が後から出て、葉柄と葉身が長くなる。葉は草質で光沢がなく、やや青味がかった独特の緑色である。

×0.35

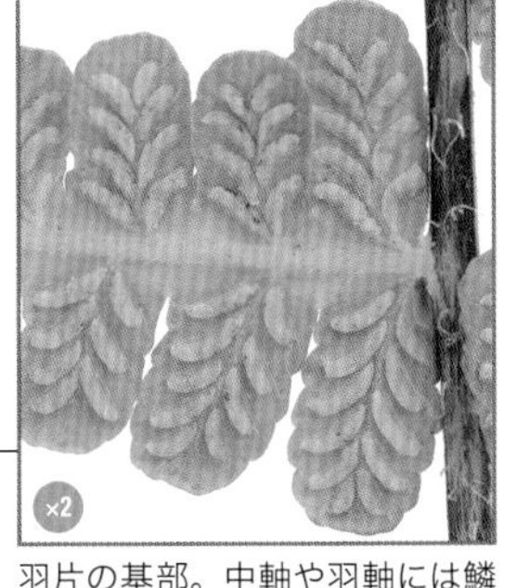
×2

羽片の基部。中軸や羽軸には鱗片があり、裂片の間にほとんど隙間はない

ミヤマシケシダの胞子葉の葉柄は細くて長い

羽片の基部。中軸や羽軸に鱗片はほとんどない。裂片の間には隙間がある

×0.35 ×2

葉柄や中軸には白い毛や鱗片が多い

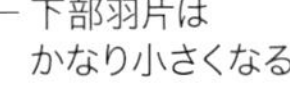

下部羽片はかなり小さくなる

原寸

葉柄基部には淡褐色鱗片が多い

ハクモウイノデ

【白毛猪の手】

Deparia pycnosora var. *albosquamata*

メシダ科シケシダ属／北海道〜九州

山地のやや湿った林下に生育する。葉身は倒披針形で下部羽片は縮小し、葉柄はミヤマシケシダより太くて短い。葉柄や中軸に白い毛や鱗片（乾くと淡褐色になる）が多く、全形がややイノデに似ることから名付けられたが、イノデ属ではない。

下部羽片は小さくなる

ミヤマシケシダの仲間

以前ミヤマシケシダとされていた種類は、ミヤマシケシダ（狭義）、ハクモウイノデ、ウスゲミヤマシケシダの3変種に分類された。いずれの変種も夏緑性で、根茎は斜上または直立し、葉を叢生する。葉身は2回羽状深裂し、春に出る栄養葉は高さが低く、夏に出る胞子葉は葉柄が長くて高く伸び、やや二形となる。胞子嚢群は長楕円形〜三日月形で、包膜はほぼ全縁である。

原寸

葉柄基部には褐色鱗片がある

ミヤマシケシダ

【深山湿気羊歯】

Deparia pycnosora var. *pycnosora*

メシダ科シケシダ属／北海道、本州、四国

冷温帯の山地に生育。葉身は長楕円形〜倒披針形。葉柄は細く、鱗片は下部を除いてほとんどなく、基部が粘液で覆われることもない。

ウスゲミヤマシケシダは川沿いなど湿った場所に多い

×0.3

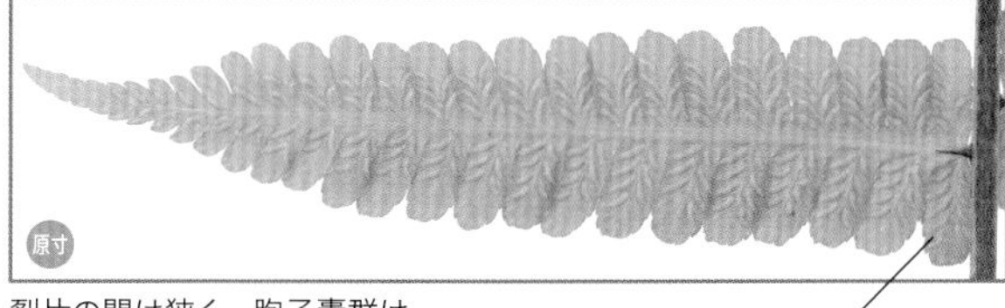
裂片の間は狭く、胞子嚢群は羽片全体につく

中軸や羽軸には白い（乾くと淡褐色）鱗片がまばらにつく

葉身は倒披針形で、最下部羽片はかなり小さくなる

葉柄は太くて比較的長い

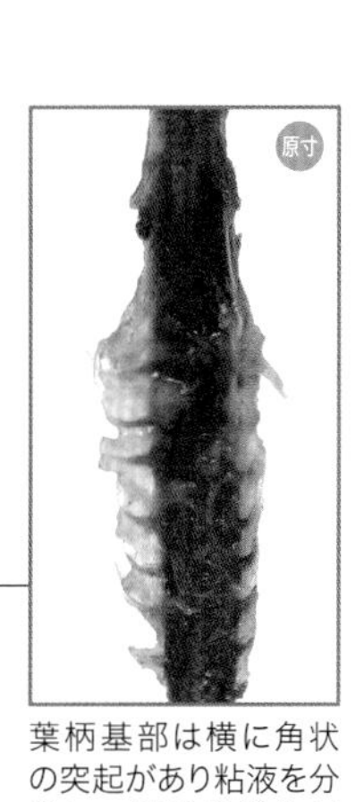
葉柄基部は横に角状の突起があり粘液を分泌し、淡褐色鱗片が粘液に覆われている

ウスゲミヤマシケシダ【薄毛深山湿気羊歯】

Deparia pycnosora var. *mucilagina*

メシダ科シケシダ属／北海道、本州

深山の湿った林下に生育するシダで、流れのそばなどに多い。ミヤマシケシダより全体に大きく、葉柄がやや太く、白色～淡褐色の鱗片がまばらにある。葉柄の基部が粘液で覆われていることが最も特徴的だが、乾燥標本では分かりにくくなる。

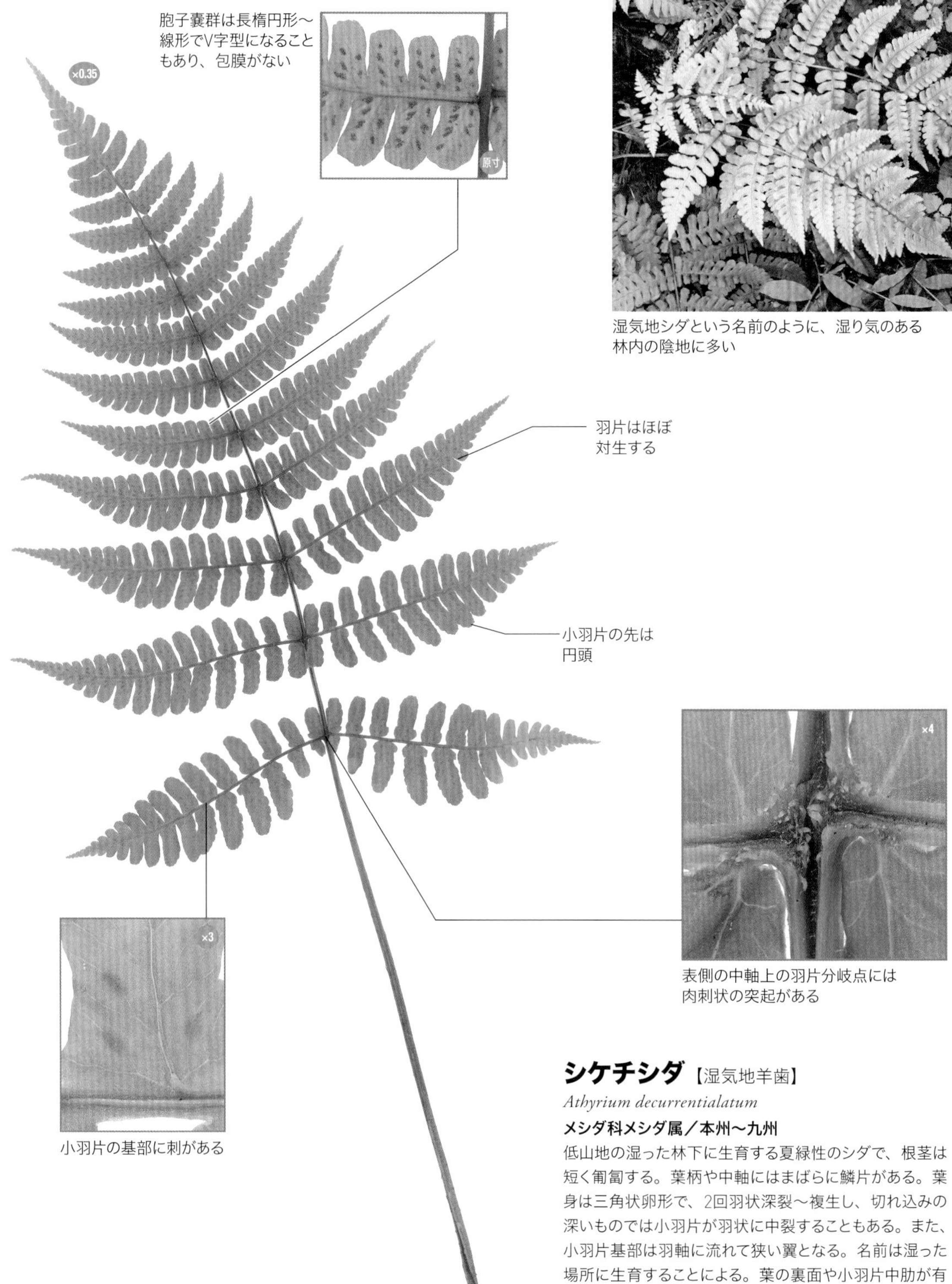
×0.35
原寸
×4
×3

胞子嚢群は長楕円形～線形でV字型になることもあり、包膜がない

湿気地シダという名前のように、湿り気のある林内の陰地に多い

羽片はほぼ対生する

小羽片の先は円頭

表側の中軸上の羽片分岐点には肉刺状の突起がある

小羽片の基部に刺がある

シケチシダ【湿気地羊歯】

Athyrium decurrentialatum

メシダ科メシダ属／本州～九州

低山地の湿った林下に生育する夏緑性のシダで、根茎は短く匍匐する。葉柄や中軸にはまばらに鱗片がある。葉身は三角状卵形で、2回羽状深裂～複生し、切れ込みの深いものでは小羽片が羽状に中裂することもある。また、小羽片基部は羽軸に流れて狭い翼となる。名前は湿った場所に生育することによる。葉の裏面や小羽片中肋が有毛の型をタカオシケチシダ（f. *platyphyllum*）という。

シケチシダの仲間

シケチシダの仲間（シケチシダ、ハコネシケチシダ、イッポンワラビなど）は、包膜がないことや中軸上の羽片分岐点に肉刺状突起があることなどの特徴から、以前はシケチシダ属（*Cornopteris*）とされていたが、近年の遺伝子解析結果からメシダ属（*Athyrium*）と区別できないとされ、メシダ属に含められることになった。

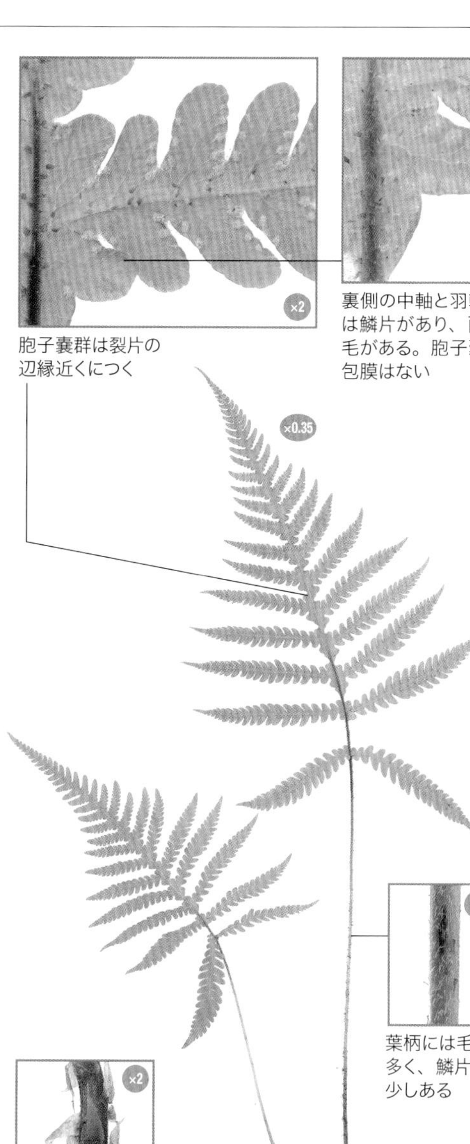
×2
×2
×0.35
×4
×2
胞子嚢群は裂片の辺縁近くにつく

裏側の中軸と羽軸上には鱗片があり、両面に毛がある。胞子嚢群に包膜はない

葉柄には毛が多く、鱗片も少しある

根茎と葉柄基部には大きめの鱗片がある

根茎は長く這う

ミヤマワラビはブナ帯以上の深山で見るチャンスが多い

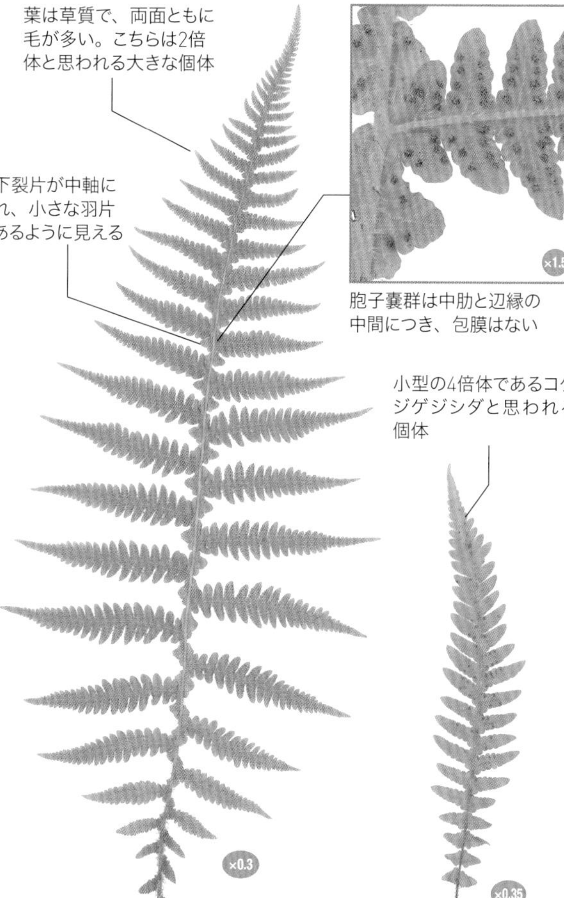
×1.5
×0.3
×0.35
葉は草質で、両面ともに毛が多い。こちらは2倍体と思われる大きな個体

最下裂片が中軸に流れ、小さな羽片があるように見える

胞子嚢群は中肋と辺縁の中間につき、包膜はない

小型の4倍体であるコゲジゲジシダと思われる個体

ミヤマワラビ【深山蕨】

Phegopteris connectilis

ヒメシダ科ミヤマワラビ属／北海道〜九州(九州では稀)

名前の通りブナ帯以上の深山の林下に多い夏緑性のシダ。葉身は三角状卵形、長さ10〜15cmくらいで、全体に毛が多い。羽片は深裂〜全裂し、最下の裂片が中軸に流れて、羽片と羽片の間に小さな羽片がついたような感じになる。

ヒメシダの仲間

ヒメシダ科のシダは種類が多く、葉身は単葉〜3回羽状複生まで非常に変化に富む。胞子嚢群も円形〜線形までであり、包膜もあるものとないものがある。毛の多い種類が多い。

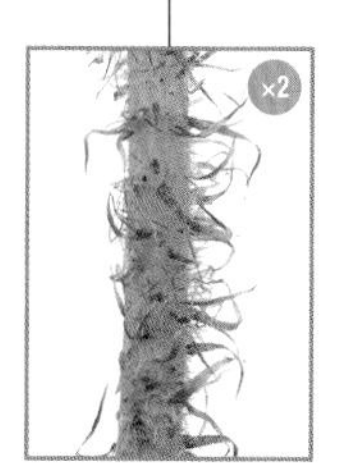
×2
葉柄には細い鱗片と毛が多い

オオゲジゲジシダ【大蚰蜒羊歯】

Phegopteris koreana

ヒメシダ科ミヤマワラビ属／北海道〜九州、琉球(北海道、琉球では稀)

低山地の林床等に多い夏緑性のシダ。葉身は披針形で下部羽辺は小さくなる。近年、人家近くの路傍や石垣等に多い小型の4倍体はコゲジゲジシダ（*P. decursivepinnata*）として区別された。両者の判別は難しいが、コゲジゲジシダの葉脈の一部は辺縁に達するのに対し、オオゲジゲジシダの葉脈は辺縁に達しないとされている。

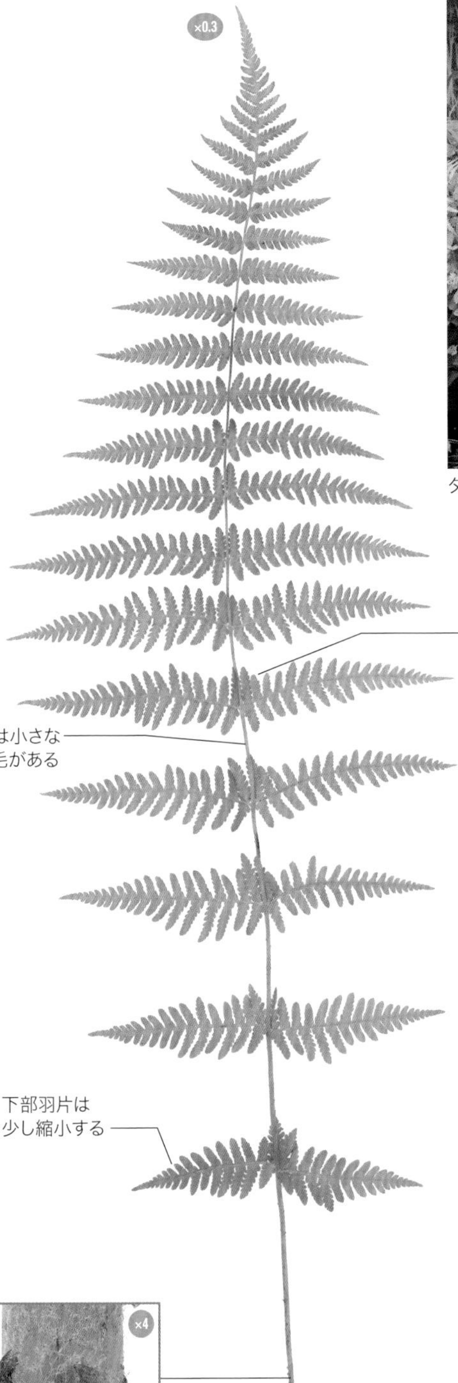

中軸には小さな鱗片と毛がある

下部羽片は少し縮小する

葉柄には淡褐色の鱗片と毛があり、鱗片は基部に多い

タチヒメワラビはブナ帯で見られる比較的稀な種類

最下小羽片が大きくなる

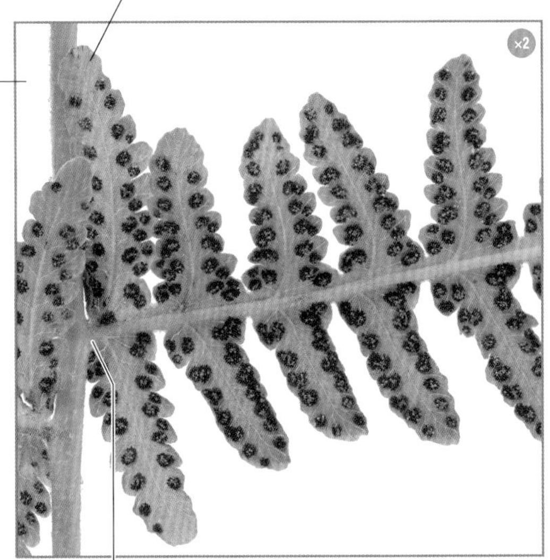

胞子嚢群はやや辺縁寄りにつき、包膜はない

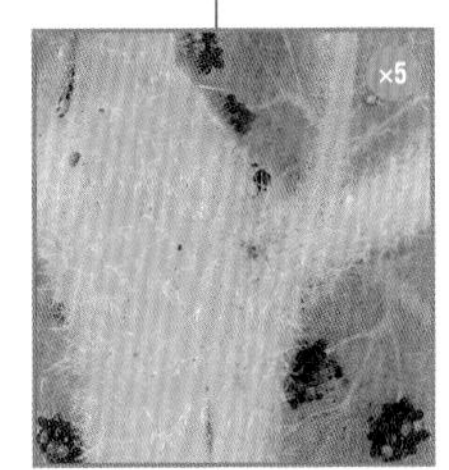

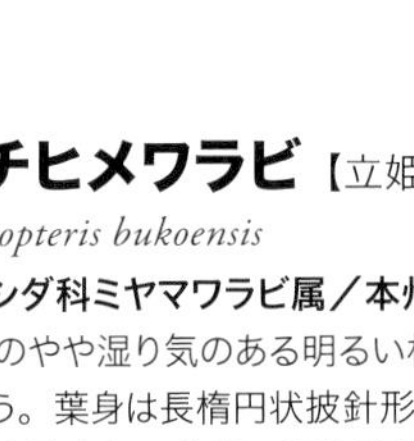

中軸や羽軸、脈上には星状毛のように見える鱗片が多い

タチヒメワラビ【立姫蕨】

Phegopteris bukoensis

ヒメシダ科ミヤマワラビ属／本州〜九州（関東、中部以外では少ない）

山地のやや湿り気のある明るい林床に生じる夏緑性のシダ。根茎は長く這う。葉身は長楕円状披針形、長さ30〜60cmくらいで、下部羽片はやや縮小し、草質。羽片は無柄で、最下小羽片が大きくなり、全体に星状毛のように見える鱗片が多い。名前はヒメワラビの仲間で高く立ちあがることによる。

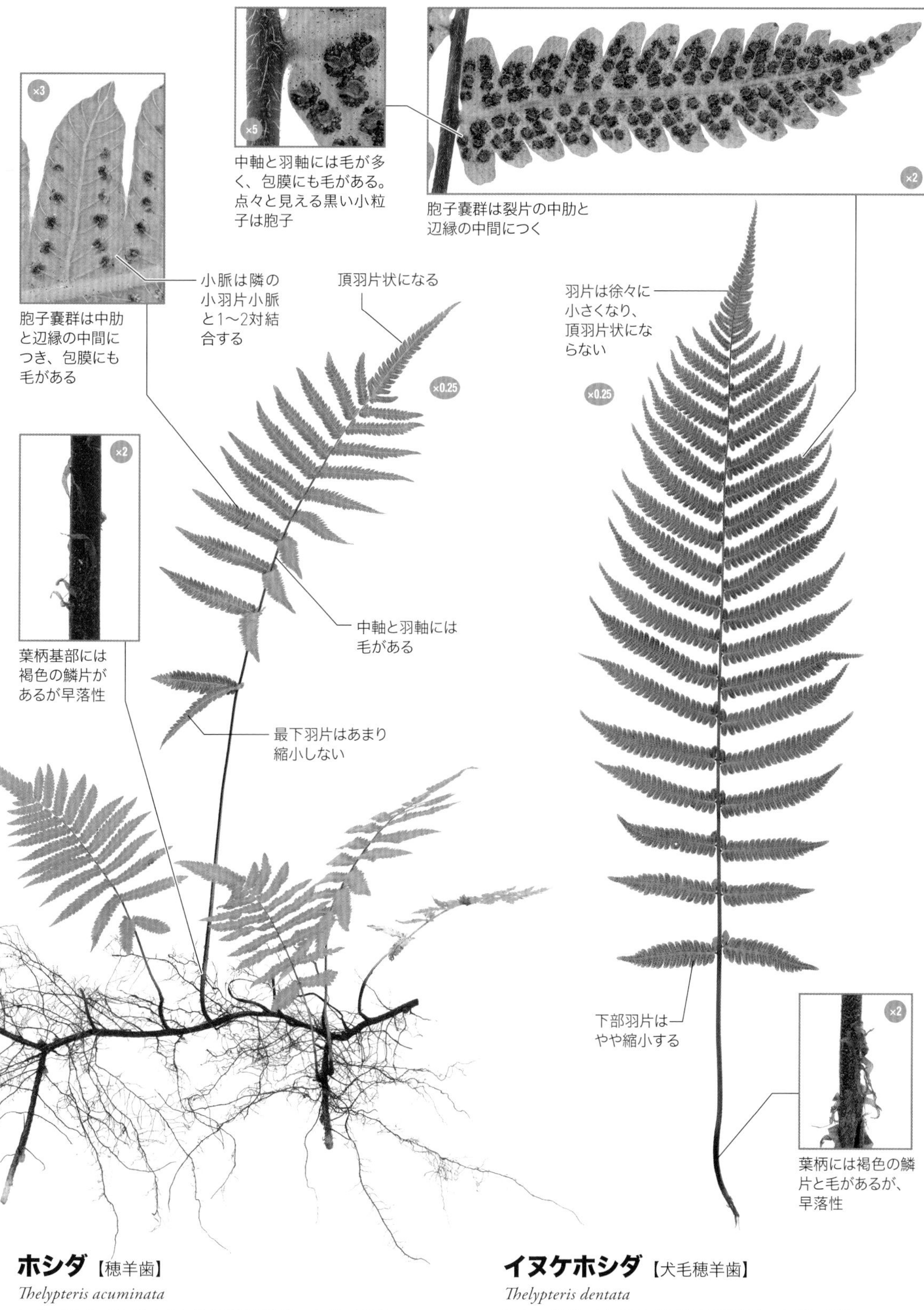
×3
×5
中軸と羽軸には毛が多く、包膜にも毛がある。点々と見える黒い小粒子は胞子
×2
胞子嚢群は裂片の中肋と辺縁の中間につく
胞子嚢群は中肋と辺縁の中間につき、包膜にも毛がある
小脈は隣の小羽片小脈と1〜2対結合する
頂羽片状になる
×0.25
羽片は徐々に小さくなり、頂羽片状にならない
×0.25
×2
葉柄基部には褐色の鱗片があるが早落性
中軸と羽軸には毛がある
最下羽片はあまり縮小しない
下部羽片はやや縮小する
×2
葉柄には褐色の鱗片と毛があるが、早落性

ホシダ【穂羊歯】

Thelypteris acuminata

ヒメシダ科ヒメシダ属／本州(福島県以南)〜九州、琉球

山野の明るい路傍に多い常緑性のシダ。根茎は長く這い、まばらに葉をつける。葉質はカサカサした感じの紙質で、表側は無毛、裏側脈上には毛がある。葉の先端は頂羽片状に突出し、これを穂に見立てて穂羊歯の名がある。

イヌケホシダ【犬毛穂羊歯】

Thelypteris dentata

ヒメシダ科ヒメシダ属／本州(関東以南)〜九州、琉球

暖地の路傍に見られる常緑性のシダ。都市部などで時々見られるのは逸出帰化であろう。根茎は短く、葉を叢生する。葉身は広披針形で、下部羽片は徐々に縮小する。全体に毛が多く、ケホシダ（*T. parasitica*）に似ることからイヌケホシダの名がある。

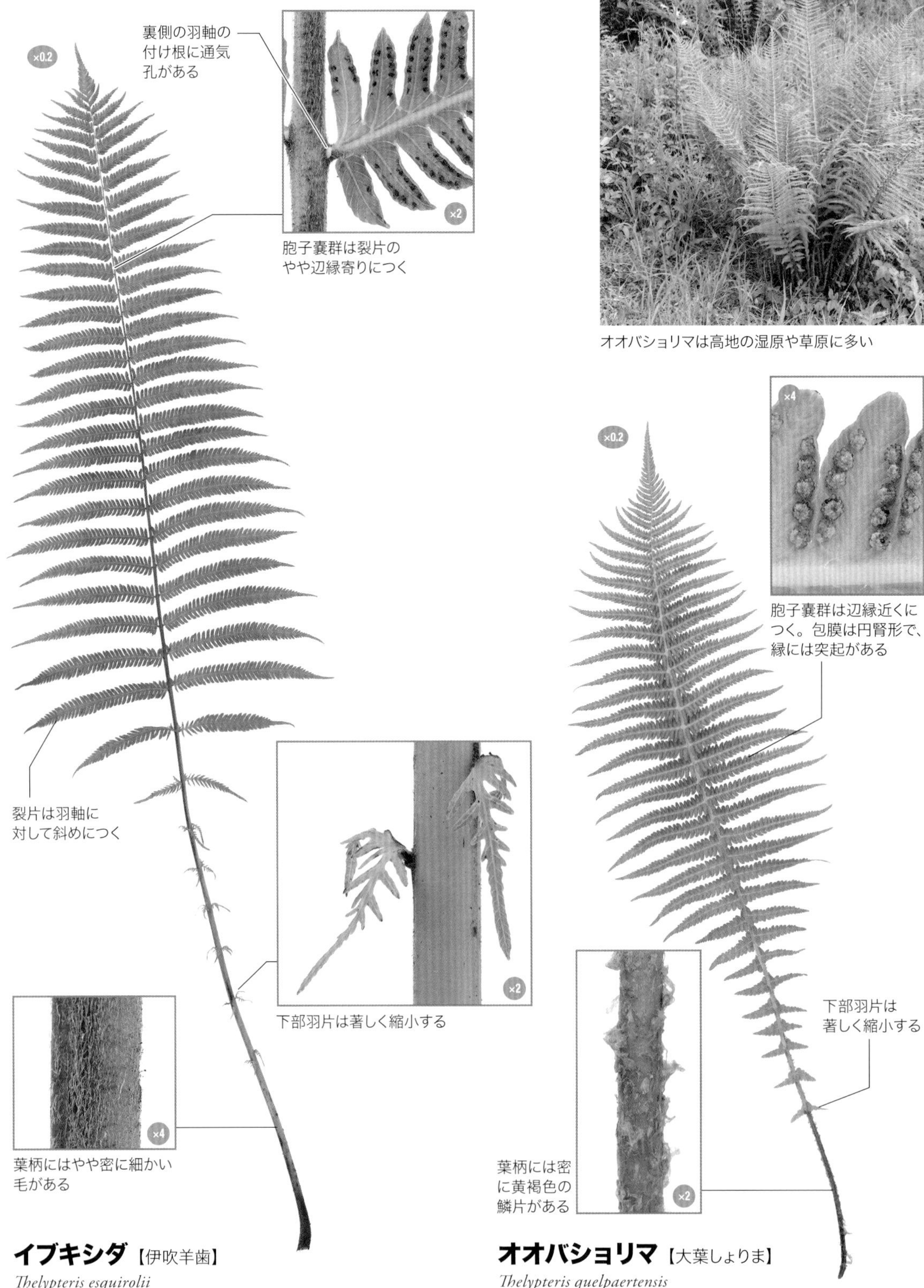
×0.2
裏側の羽軸の付け根に通気孔がある
×2
胞子嚢群は裂片のやや辺縁寄りにつく
裂片は羽軸に対して斜めにつく
×2
下部羽片は著しく縮小する
×4
葉柄にはやや密に細かい毛がある
×0.2
×4
胞子嚢群は辺縁近くにつく。包膜は円腎形で、縁には突起がある
下部羽片は著しく縮小する
×2
葉柄には密に黄褐色の鱗片がある

オオバショリマは高地の湿原や草原に多い

イブキシダ【伊吹羊歯】

Thelypteris esquirolii

ヒメシダ科ヒメシダ属／本州(関東以南)〜九州、琉球

暖地の山地や山麓の流れの側に生育する常緑性のシダ。根茎は短く這い、太くて、葉柄基部とともに鱗片がある。葉身は長楕円状披針形で、1mに達することもあり、下部羽片は著しく縮小する。羽片は深裂し、裂片は鋭頭となる。葉質は紙質で、まばらに毛がある。名前は伊吹山で最初に見いだされたことによる。

オオバショリマ【大葉しょりま】

Thelypteris quelpaertensis

ヒメシダ科ヒメシダ属／北海道〜四国、屋久島

やや高所の明るい林床や湿原などに見られる夏緑性のシダ。根茎は短く斜上〜直立し、葉を叢生する。葉身は倒披針形で、長さは80cmに達することもあり、中軸には細い鱗片が多い。羽片は無柄で、深裂する。名前はショリマ（ヒメシダのこと）に似て、葉が大きいことによる。

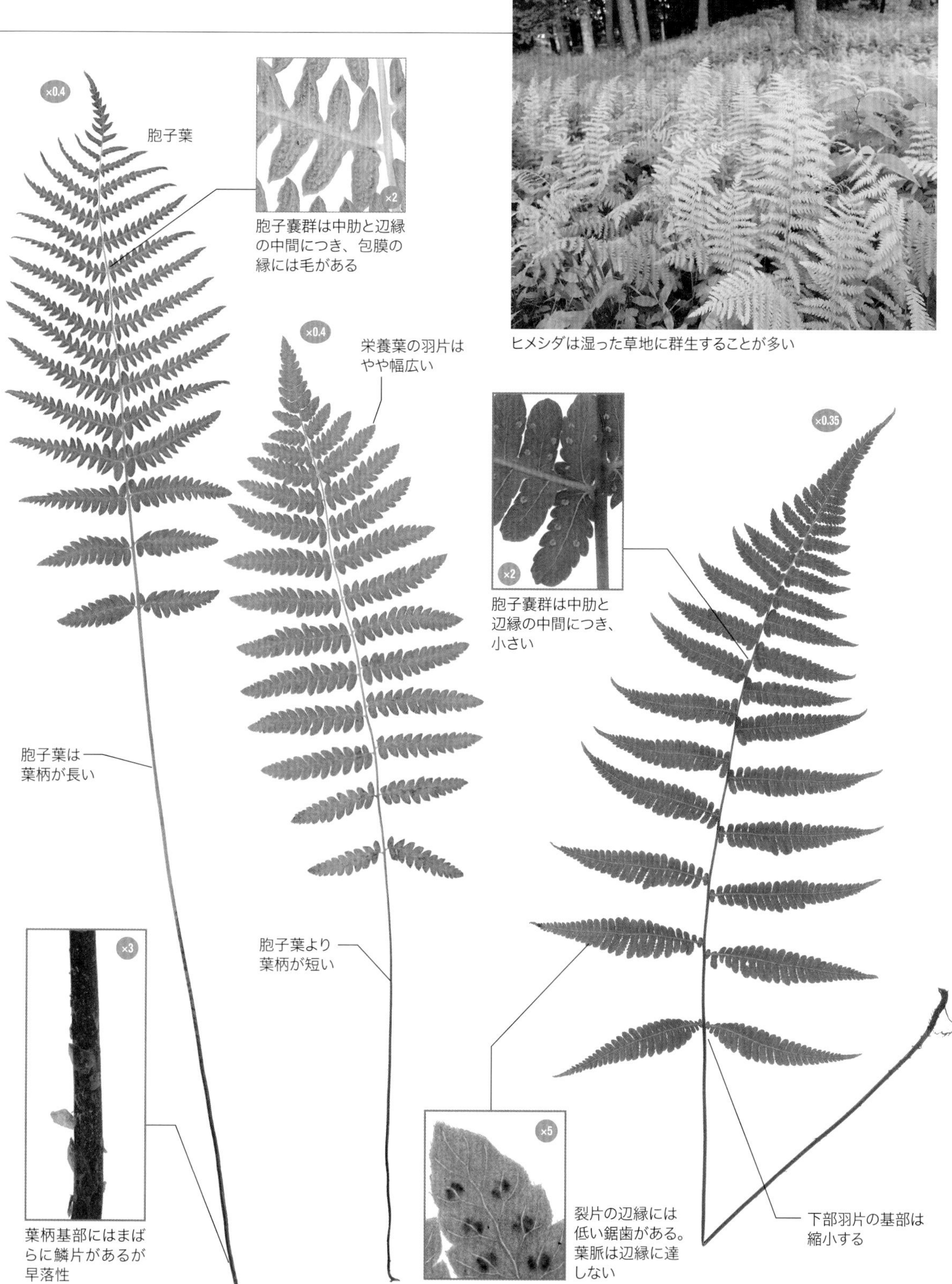
×0.4
胞子葉
×2
胞子嚢群は中肋と辺縁の中間につき、包膜の縁には毛がある
×0.4
栄養葉の羽片はやや幅広い
胞子葉は葉柄が長い
胞子葉より葉柄が短い
×3
葉柄基部にはまばらに鱗片があるが早落性
×2
胞子嚢群は中肋と辺縁の中間につき、小さい
×0.35
×5
裂片の辺縁には低い鋸歯がある。葉脈は辺縁に達しない
下部羽片の基部は縮小する

ヒメシダは湿った草地に群生することが多い

ヒメシダ【姫羊歯】

Thelypteris palustris

ヒメシダ科ヒメシダ属／北海道〜九州

日当たりの良い湿った草地などに多い夏緑性のシダ。根茎を長く這わせて群生することが多い。葉は草質でやや二形となり、胞子葉は高く伸びあがり、葉身も羽片裂片もやや細くなる。名前は葉が柔らかくて繊細な印象による。別名ショリマ。

ヤワラシダ【柔羊歯】

Thelypteris laxa

ヒメシダ科ヒメシダ属／本州〜九州

山地の林下や路傍によく見られる夏緑性のシダ。根茎は這い、やや密に葉をつける。葉柄の基部には鱗片と毛がある。葉身は長さ15〜30cmくらいで、草質、全体に短い毛があるが、毛の量には変化が大きい。名前は葉が柔らかいことによる。

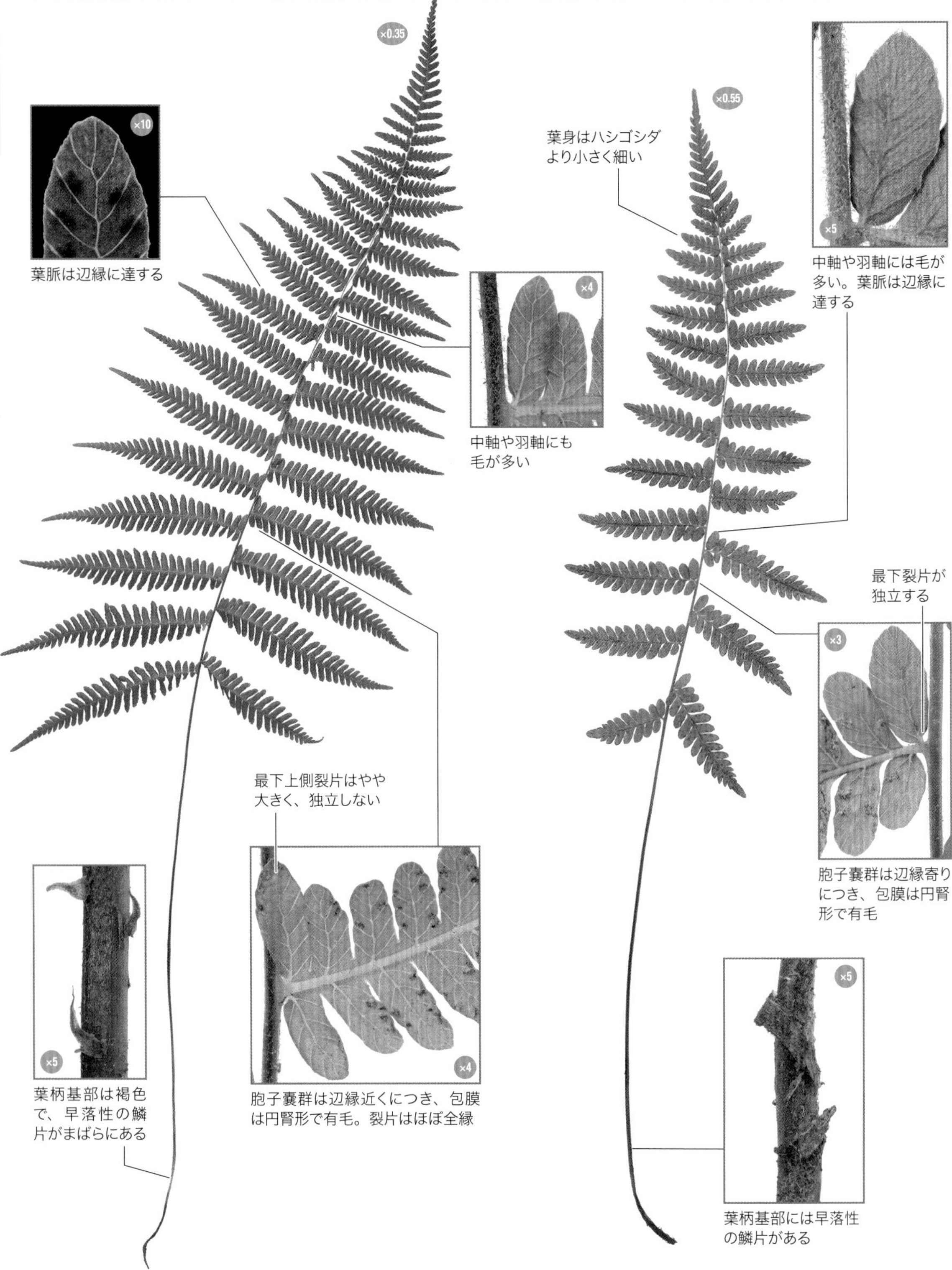
×0.35
×10
葉脈は辺縁に達する
×4
中軸や羽軸にも
毛が多い
最下上側裂片はやや
大きく、独立しない
×5
葉柄基部は褐色
で、早落性の鱗
片がまばらにある
×4
胞子嚢群は辺縁近くにつき、包膜
は円腎形で有毛。裂片はほぼ全縁
×0.55
葉身はハシゴシダ
より小さく細い
×5
中軸や羽軸には毛が
多い。葉脈は辺縁に
達する
最下裂片が
独立する
×3
胞子嚢群は辺縁寄り
につき、包膜は円腎
形で有毛
×5
葉柄基部には早落性
の鱗片がある

ハシゴシダ【梯子羊歯】

Thelypteris glanduligera

ヒメシダ科ヒメシダ属／本州〜九州、琉球

山地林下にやや普通な常緑性のシダ。根茎は長く這い、葉をまばらにつける。葉身は長さ20〜35cmくらい、披針形で、基部羽片はあまり縮小しない。裏面には黄褐色の腺細胞がある。名前は直角に近い角度で羽片がつく様子を梯子にたとえたことによる。

コハシゴシダ【小梯子羊歯】

Thelypteris angustifrons

ヒメシダ科ヒメシダ属／本州（宮城県以南）〜九州、琉球

ハシゴシダに似てやや小さなシダで、ハシゴシダよりもやや暖地に多い。葉身は15〜25cmくらいのことが多い。裏面には黄褐色の腺細胞がある。下部羽片の最下上側の裂片が独立することが同定の良い指標になる。

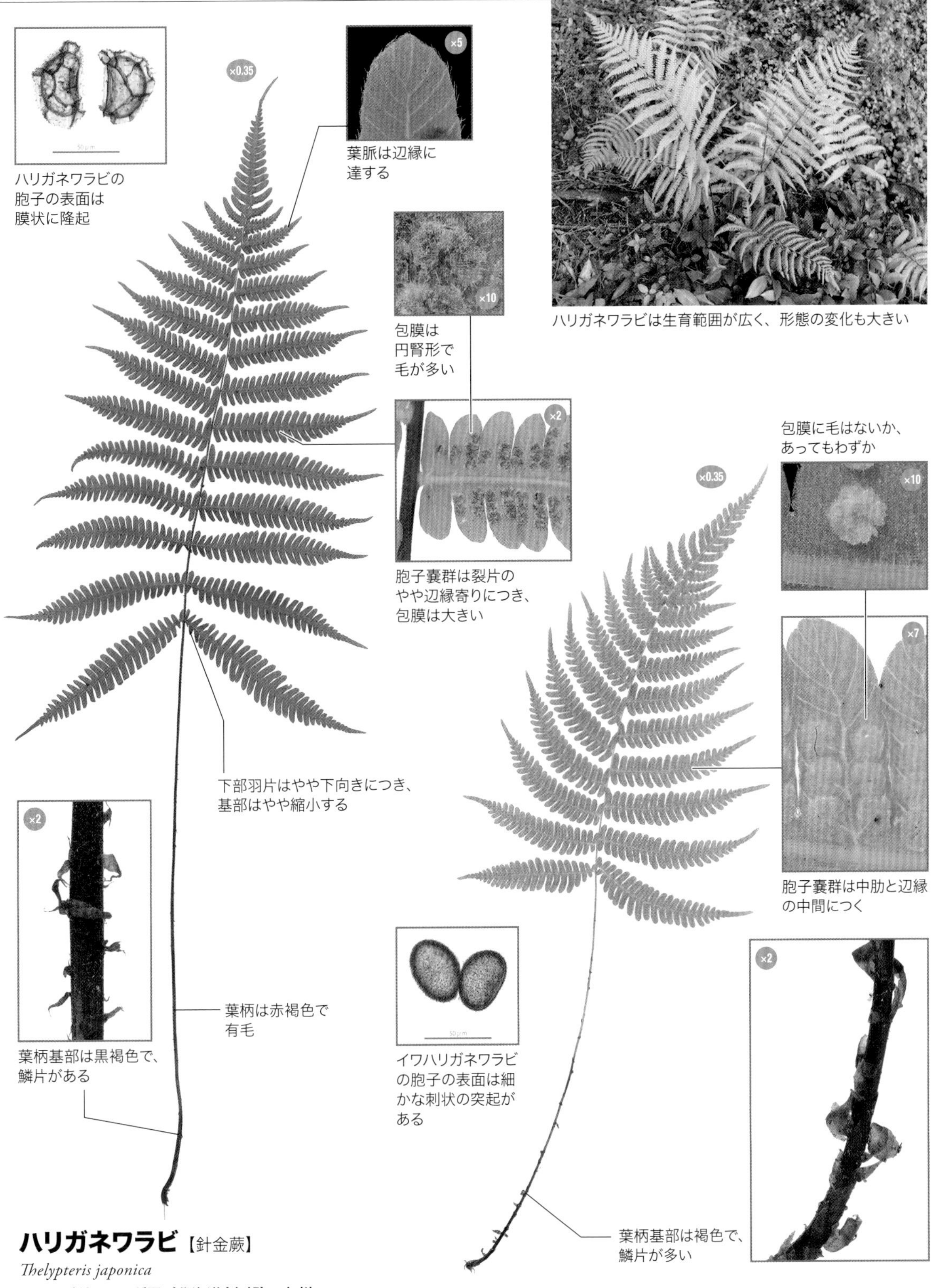
ハリガネワラビの
胞子の表面は
膜状に隆起
×0.35
×5
葉脈は辺縁に
達する
×10
包膜は
円腎形で
毛が多い
×2
胞子嚢群は裂片の
やや辺縁寄りにつき、
包膜は大きい
下部羽片はやや下向きにつき、
基部はやや縮小する
×2
葉柄は赤褐色で
有毛
葉柄基部は黒褐色で、
鱗片がある
包膜に毛はないか、
あってもわずか
×0.35
×10
×7
胞子嚢群は中肋と辺縁
の中間につく
イワハリガネワラビ
の胞子の表面は細
かな刺状の突起が
ある
×2
葉柄基部は褐色で、
鱗片が多い

ハリガネワラビは生育範囲が広く、形態の変化も大きい

ハリガネワラビ【針金蕨】

Thelypteris japonica

ヒメシダ科ヒメシダ属／北海道(南部)〜九州

山地林下に多い夏緑性のシダ。根茎は短く、葉を叢生する。葉身は三角状楕円形。裂片はほぼ全縁。全体に短い毛が多く、裏面には黄褐色の腺細胞が散在する。葉柄や中軸の色や毛の量、包膜の毛の量などは変異が大きく、確実な同定には胞子の表面の観察が必要。名前は葉柄が硬く、針金状であることによる。

イワハリガネワラビ【岩針金蕨】

Thelypteris musashiensis

ヒメシダ科ヒメシダ属／北海道〜九州(北海道では少ない)

深山の岩場などに生育する華奢な感じがするシダで、ハリガネワラビの品種のアオハリガネワラビに似ている。包膜の毛がほとんどないことが特徴であるが、確実な同定には胞子の表面の観察が必要とされる。

メニッコウシダ【女日光羊歯】

Thelypteris sylva-nipponica

ヒメシダ科ヒメシダ属／

北海道〜本州（中部地方以北）

ニッコウシダの変種で、やや乾いた場所にも生じる。ニッコウシダによく似ているが、葉身の幅がやや広く、包膜は宿存する。当初、包膜に腺だけがあって毛がないことが特徴とされたが、毛の量には変異があり、それだけで区別することは難しい。別名ケヒメシダという。

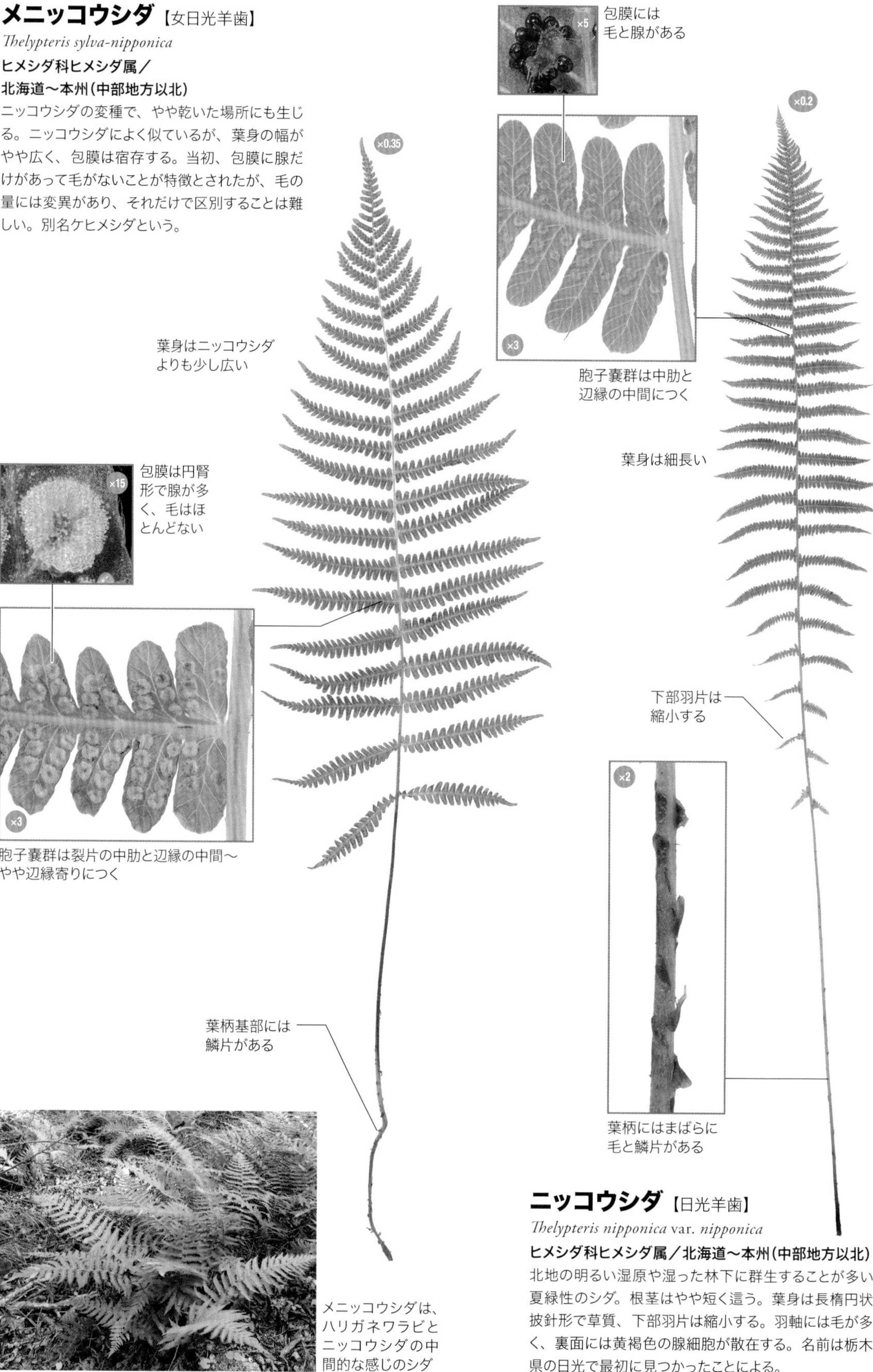
×0.35
葉身はニッコウシダ
よりも少し広い
×15
包膜は円腎
形で腺が多
く、毛はほ
とんどない
×3
胞子嚢群は裂片の中肋と辺縁の中間〜
やや辺縁寄りにつく
葉柄基部には
鱗片がある
メニッコウシダは、
ハリガネワラビと
ニッコウシダの中
間的な感じのシダ
×5
包膜には
毛と腺がある
×0.2
×3
胞子嚢群は中肋と
辺縁の中間につく
葉身は細長い
下部羽片は
縮小する
×2
葉柄にはまばらに
毛と鱗片がある

ニッコウシダ【日光羊歯】

Thelypteris nipponica var. *nipponica*

ヒメシダ科ヒメシダ属／北海道〜本州（中部地方以北）

北地の明るい湿原や湿った林下に群生することが多い夏緑性のシダ。根茎はやや短く這う。葉身は長楕円状披針形で草質、下部羽片は縮小する。羽軸には毛が多く、裏面には黄褐色の腺細胞が散在する。名前は栃木県の日光で最初に見つかったことによる。

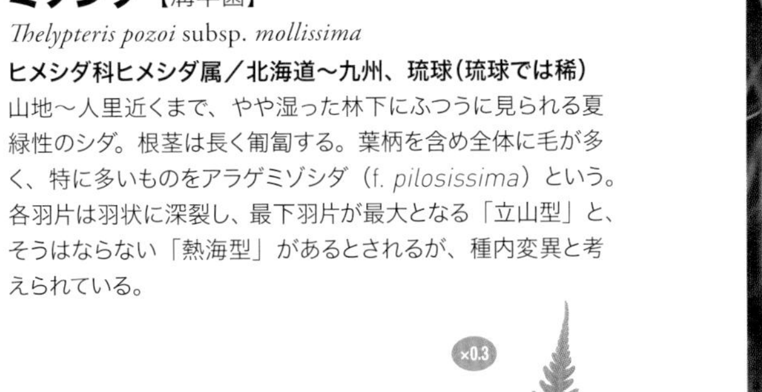

ミゾシダ【溝羊歯】

Thelypteris pozoi subsp. *mollissima*

ヒメシダ科ヒメシダ属／北海道～九州、琉球（琉球では稀）

山地～人里近くまで、やや湿った林下にふつうに見られる夏緑性のシダ。根茎は長く匍匐する。葉柄を含め全体に毛が多く、特に多いものをアラゲミゾシダ（f. *pilosissima*）という。各羽片は羽状に深裂し、最下羽片が最大となる「立山型」と、そうはならない「熱海型」があるとされるが、種内変異と考えられている。

ミゾシダは観察会で必ずと言ってよいほど見かけるー般的なシダ

×0.3

×0.2

羽片は中裂～深裂に切れ込む

×1.5

胞子嚢群は葉脈に沿って伸び、線形で包膜はない

最下羽片が大きくならないタイプ

最下羽片が大きくなるタイプ

葉は両面ともに毛が多いが、新芽でもその様子が見て取れる

原寸

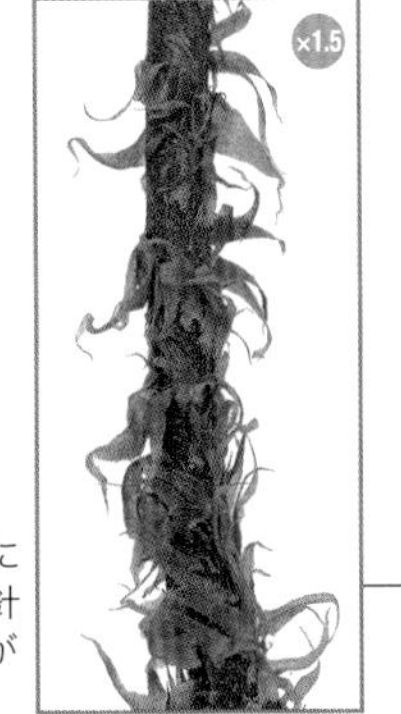
×1.5

葉柄下部には褐色披針形の鱗片が密につく

新芽の様子。葉柄には鱗片が多い

×0.2

ミヤマベニシダがやや湿った林床に大きな葉を広げていた

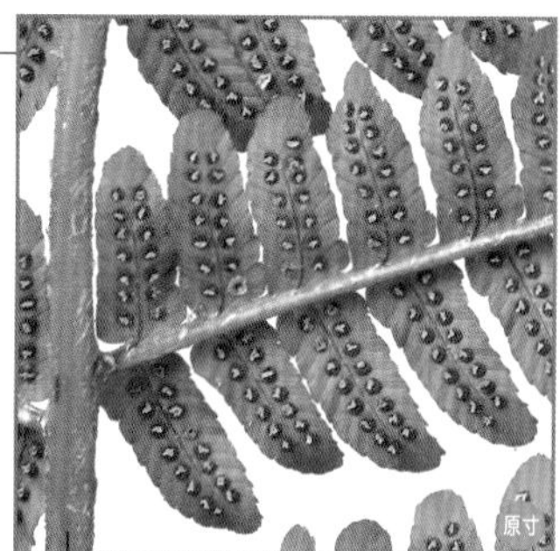
原寸

中軸には淡褐色の細い鱗片がまばら

胞子嚢群は小羽片のやや中肋寄りにつき、包膜は円腎形

下部羽片も短縮しない

×0.8

葉柄の下部には褐色の大きな鱗片が多い

ミヤマベニシダ【深山紅羊歯】

Dryopteris monticola

オシダ科オシダ属／北海道〜九州(四国・九州では稀)

ブナ帯の林下に生育することが多い夏緑性のシダ。根茎は短く這い、葉を叢生する。葉身は長さ50〜70cmくらいと大きく、羽片は深裂〜全裂し、最下裂片が特に大きくなることはない。裂片は鋸歯縁で、鋸歯の先は鋭くとがる。胞子嚢群は葉の上半分くらいにつく。名前は深山に生えるベニシダの意であるが、あまりベニシダ(P160)に似ている感じはなく、袋状鱗片もない。

中軸や羽軸には
明るい色の鱗片
が多い。胞子嚢
群は中肋寄りで
包膜は円腎形
×0.25
×2
小脈は二叉分岐する
ものが多い
×4
下部羽片は
縮小する
葉柄、中軸には
鱗片が多い
×0.25
羽軸の鱗片は淡褐色。
胞子嚢群はやや辺縁寄りで
包膜は円腎形
×6
中軸には黒褐色の鱗片が多く、
裂片の小脈は単条
×4
葉柄には黒褐色
の鱗片が多い

オシダは林床に群落をつくっていることが多く、大きくて目立つ

オシダ【雄羊歯】

Dryopteris crassirhizoma

オシダ科オシダ属／北海道、本州、四国(四国では稀)

ブナ帯の林下に大きな葉を広げ、群生することが多い夏緑性のシダで、ときに低山でも見かけることがある。根茎は太く直立し、葉は大きく、ときに1mを超える。葉柄には大きな鱗片が多く、鱗片の色は黄褐色〜黒褐色と変異が大きい。中軸にも淡褐色の細い鱗片が多い。葉身は倒披針形で、2回羽状に深裂〜全裂し、裂片は円頭〜鈍頭。胞子嚢群は上部1/5〜1/3の羽片だけにつく。

ミヤマクマワラビ【深山熊蕨】

Dryopteris polylepis

オシダ科オシダ属／本州〜九州

オシダに似た夏緑性のシダで、ブナ帯の林下に生育する。葉はオシダよりやや小さく、華奢な感じがする。裂片の小脈は二叉にならず、葉柄の鱗片は黒褐色〜黒色である。中軸の鱗片も同様に黒いが、淡褐色の縁取りと毛状突起がある。胞子嚢群はオシダと同様に上部1/5〜1/3の羽片だけにつく。

×0.35

胞子嚢群は裂片中肋と辺縁の中間生

中軸の鱗片は黒褐色。葉脈はあまり凹まない

葉柄には鈍い黒褐色の鱗片が多いが、秋葉では褐色のこともある

オクマワラビ【雄熊蕨】

Dryopteris uniformis

オシダ科オシダ属／本州〜九州

山地林下や山麓の路傍、石垣などに多い常緑性のシダ。根茎は短く斜上または直立し、葉を叢生する。葉身は長楕円形で、下部羽片もあまり短くならない。羽片は上部では中裂、下部では全裂〜複生し、裂片は円頭〜鈍頭となる。胞子嚢群は葉身の上半分くらいにつき、胞子嚢群がつく羽片が特に縮小するということはない。名前はクマワラビに似て、鱗片が黒っぽく男性的であることによる。

胞子嚢群は葉身の上部4分の1くらいだけにつき、その部分は縮小する

包膜は円腎形で全縁

×0.3

葉柄には明るい褐色の鱗片が多い

表側では葉脈が凹む

クマワラビ【熊蕨】

Dryopteris lacera

オシダ科オシダ属／北海道(奥尻島)〜九州

山地林下、山麓の路傍などに多い常緑性のシダ。根茎は太く直立し、葉を叢生する。葉はやや部分的二形を示し、葉身上部の胞子嚢群がついている羽片は、つかない羽片にくらべて明らかに縮小する。またこの部分は秋には早く枯れてしまう。小羽片の葉脈は凹み、先端は鋭頭となる。名前は葉柄基部の鱗片が多い様子を熊にたとえたことによる。

クマワラビは先端部の胞子嚢群がついた羽片が縮小しているのでわかりやすい

コモチシダが崖から大きな葉を垂らし、無性芽をいっぱいつけていた

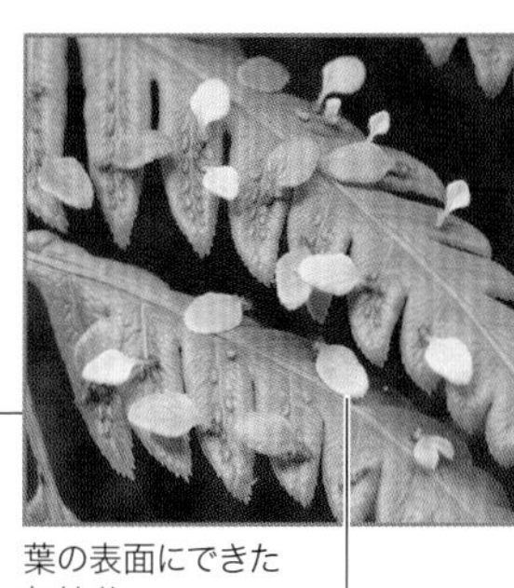

葉の表面にできた無性芽

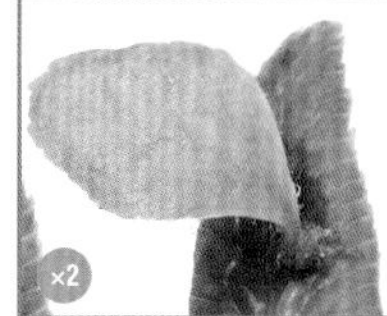
×2

無性芽の拡大写真

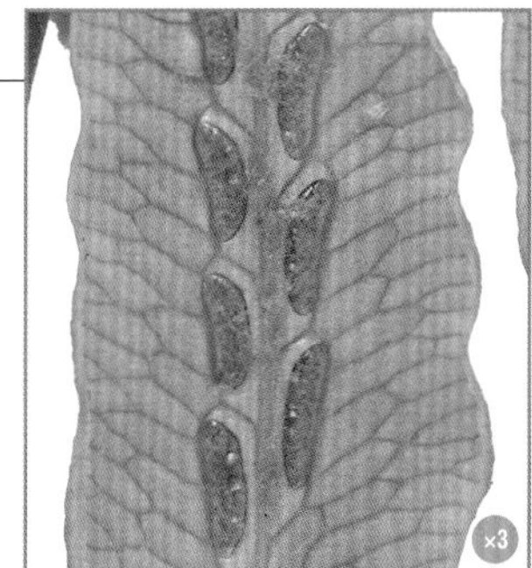
×3

胞子嚢群は小羽片中肋に沿った網目の中にでき、宿存性のやや厚い包膜に覆われる

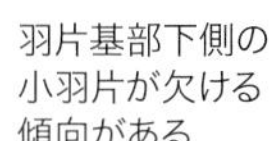

羽片基部下側の小羽片が欠ける傾向がある

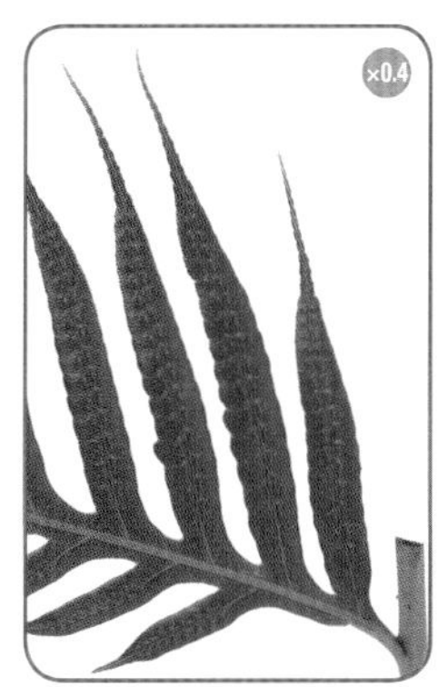
×0.4

ハチジョウカグマの小羽片は細く、先が尾状に尖る

×0.5

葉柄基部には淡褐色の大きな鱗片が密生してつく

コモチシダ【子持ち羊歯】

Woodwardia orientalis

シシガシラ科コモチシダ属／本州（宮城県以南）〜九州

暖地の山麓のやや乾いた斜面や土壁などに大きな葉を下垂させて生える常緑性のシダ。根茎は短く太く、葉を叢生する。葉柄は太くて長く、葉身は1m以上になることもある。葉の表面に無性芽がたくさんつき、このことから子持ち羊歯の名がある。類似種のハチジョウカグマ（*W. prolifera*）はより暖かい地域に見られ、より大きくなり、新葉は淡紅色をおびる。

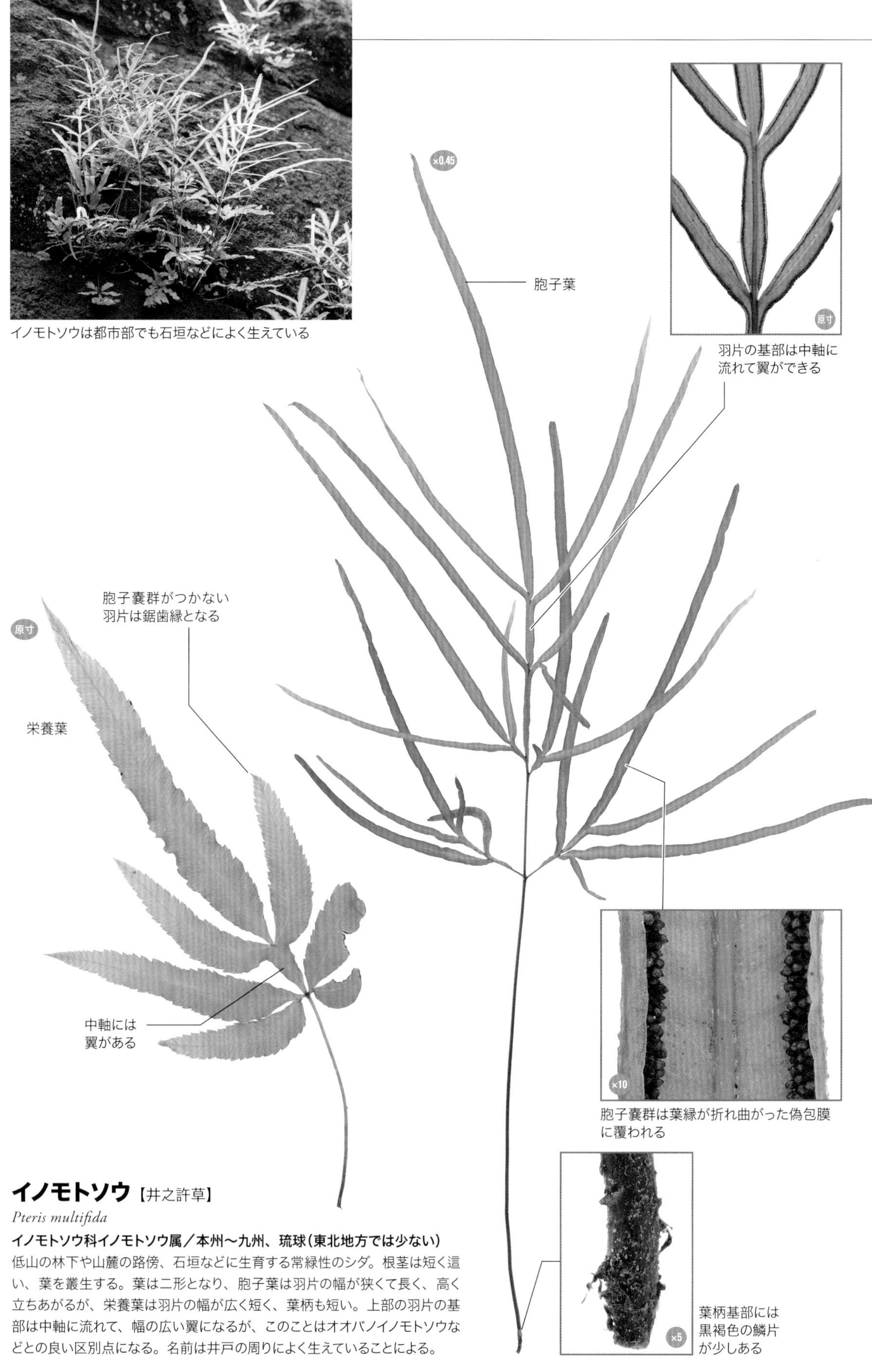

×0.45
胞子葉
原寸
羽片の基部は中軸に流れて翼ができる
胞子嚢群がつかない羽片は鋸歯縁となる
原寸
栄養葉
中軸には翼がある
×10
胞子嚢群は葉縁が折れ曲がった偽包膜に覆われる
×5
葉柄基部には黒褐色の鱗片が少しある

イノモトソウは都市部でも石垣などによく生えている

イノモトソウ【井之許草】

Pteris multifida

イノモトソウ科イノモトソウ属／本州〜九州、琉球（東北地方では少ない）

低山の林下や山麓の路傍、石垣などに生育する常緑性のシダ。根茎は短く這い、葉を叢生する。葉は二形となり、胞子葉は羽片の幅が狭くて長く、高く立ちあがるが、栄養葉は羽片の幅が広く短く、葉柄も短い。上部の羽片の基部は中軸に流れて、幅の広い翼になるが、このことはオオバノイノモトソウなどとの良い区別点になる。名前は井戸の周りによく生えていることによる。

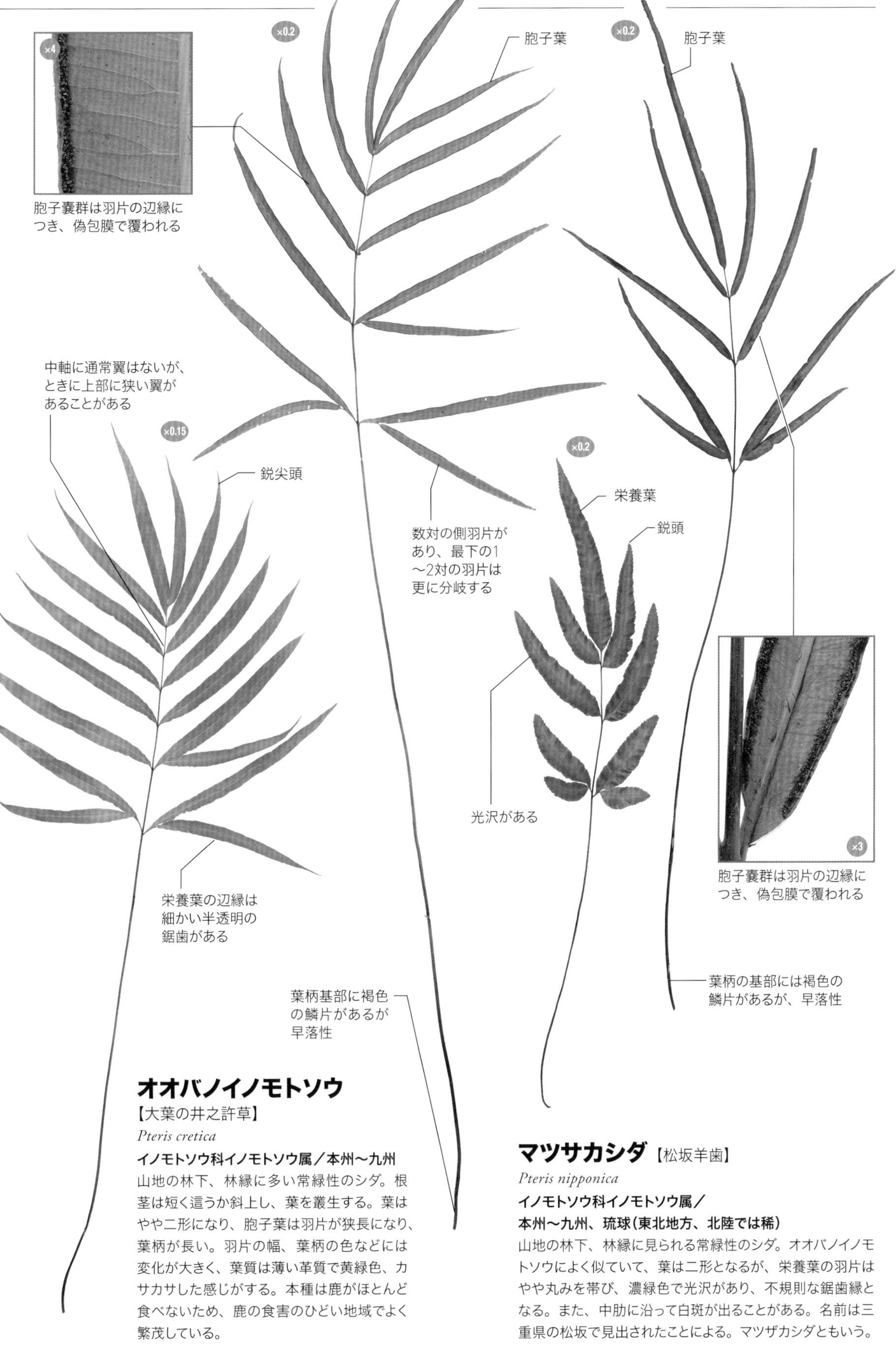
×4
胞子囊群は羽片の辺縁につき、偽包膜で覆われる
×0.2
胞子葉
×0.2
胞子葉
中軸に通常翼はないが、ときに上部に狭い翼があることがある
×0.15
鋭尖頭
数対の側羽片があり、最下の1〜2対の羽片は更に分岐する
×0.2
栄養葉
鋭頭
光沢がある
×3
胞子囊群は羽片の辺縁につき、偽包膜で覆われる
栄養葉の辺縁は細かい半透明の鋸歯がある
葉柄基部に褐色の鱗片があるが早落性
葉柄の基部には褐色の鱗片があるが、早落性

オオバノイノモトソウ

【大葉の井之許草】

Pteris cretica

イノモトソウ科イノモトソウ属／本州〜九州

山地の林下、林縁に多い常緑性のシダ。根茎は短く這うか斜上し、葉を叢生する。葉はやや二形になり、胞子葉は羽片が狭長になり、葉柄が長い。羽片の幅、葉柄の色などには変化が大きく、葉質は薄い革質で黄緑色、カサカサした感じがする。本種は鹿がほとんど食べないため、鹿の食害のひどい地域でよく繁茂している。

マツサカシダ 【松坂羊歯】

Pteris nipponica

イノモトソウ科イノモトソウ属／

本州〜九州、琉球（東北地方、北陸では稀）

山地の林下、林縁に見られる常緑性のシダ。オオバノイノモトソウによく似ていて、葉は二形となるが、栄養葉の羽片はやや丸みを帯び、濃緑色で光沢があり、不規則な鋸歯縁となる。また、中肋に沿って白斑が出ることがある。名前は三重県の松坂で見出されたことによる。マツザカシダともいう。

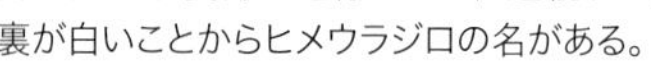

ヒメウラジロ【姫裏白】

Cheilanthes argentea

イノモトソウ科エビガラシダ属／本州（岩手県、関東以西）〜九州、琉球

山地の岩上や山麓の石垣などに見られるシダで、石灰岩地に多い。常緑とされるが寒い地方では夏緑性になる。葉柄は長く褐色で光沢があり、もろくて折れやすい。葉身は五角形状、長さ幅ともに5〜10cmくらいで、裏は粉白色。胞子嚢群は辺縁につき、連続する偽包膜に覆われる。葉が小さく、裏が白いことからヒメウラジロの名がある。

石灰岩の多い地方の石垣の隙間に生えていたヒメウラジロ

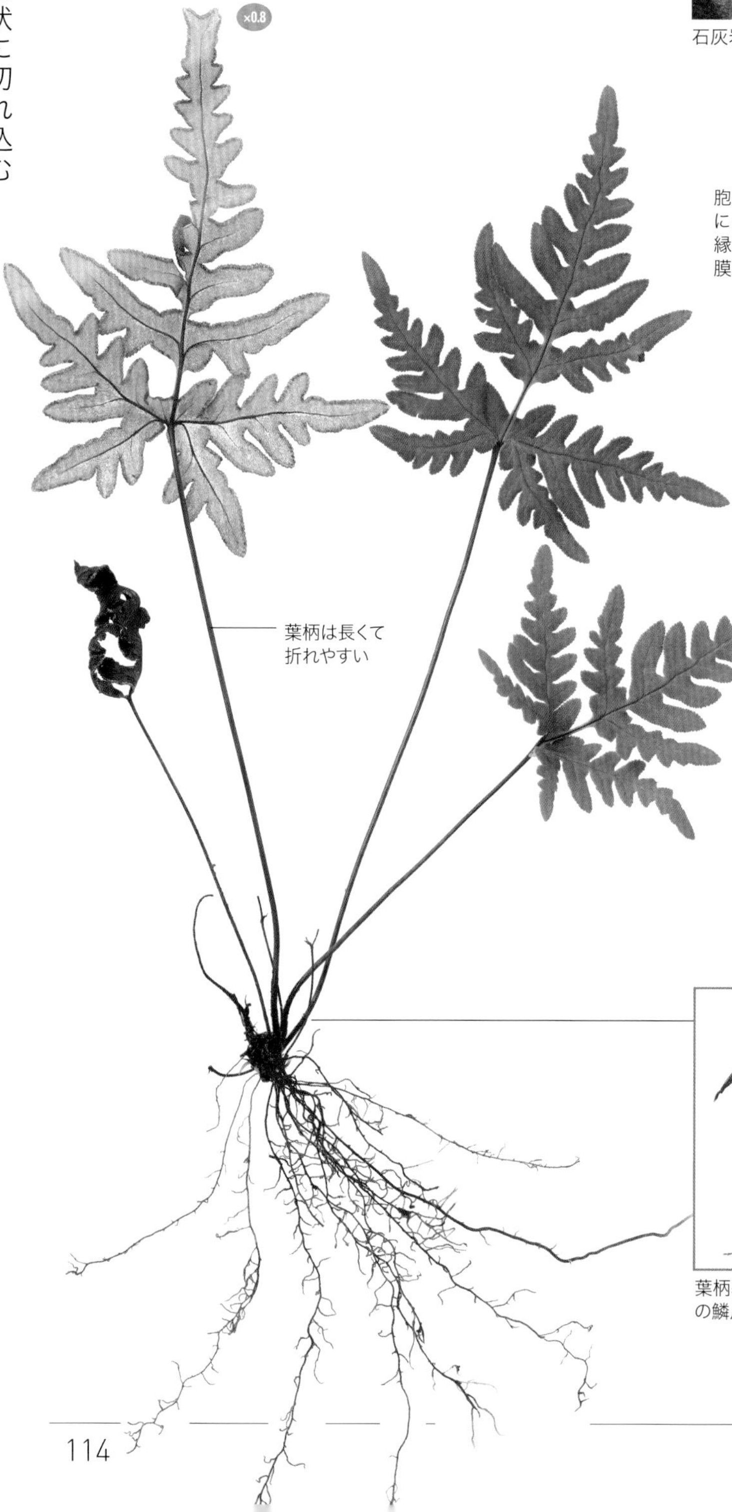

×0.8

葉柄は長くて折れやすい

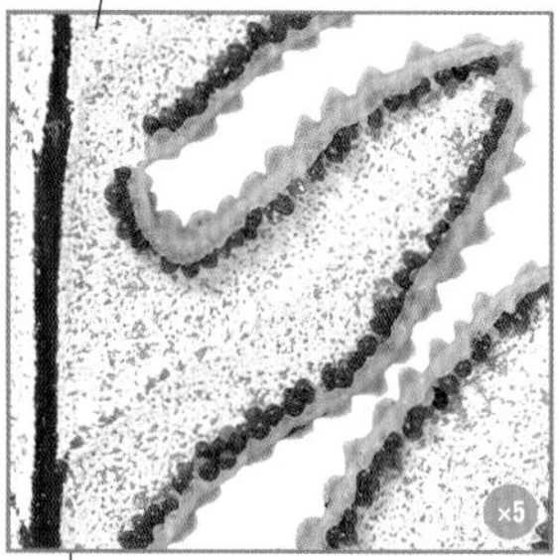

裏面は白い粉状の物が一面について白く見える

胞子嚢群は葉の縁に沿ってつき、葉縁が反転した偽包膜に覆われる

×5

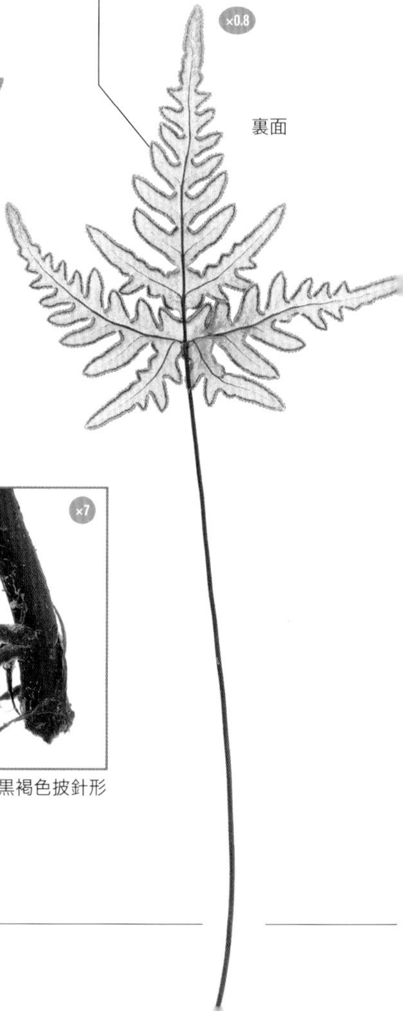

×0.8

裏面

×7

葉柄基部には黒褐色披針形の鱗片がある

胞子嚢群がつかない羽片は鋸歯縁となる

×0.35

側羽片は上側の幅が狭く、ときに小羽片の一部が欠けることがある

アマクサシダ【天草羊歯】

Pteris semipinnata

イノモトソウ科イノモトソウ属／
本州(関東以南)〜九州、琉球

暖地山麓のやや乾燥した斜面に生じることが多い常緑性のシダ。根茎は短く斜上する。葉身は2回羽状深裂〜全裂し、長さは20〜50cmくらいで、頂羽片が明瞭である。名前は熊本県の天草地方で最初に見いだされたことによる。

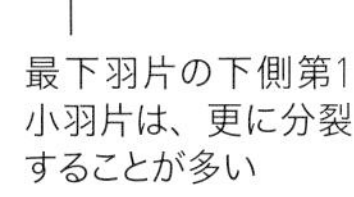

最下羽片の下側第1小羽片は、更に分裂することが多い

胞子嚢群は辺縁につき、偽包膜に包まれる

葉柄の基部には褐色の鱗片が多い

アマクサシダは暖地の路傍に多い

×0.15
羽片の先端
（頂小羽片）
が長く伸びる

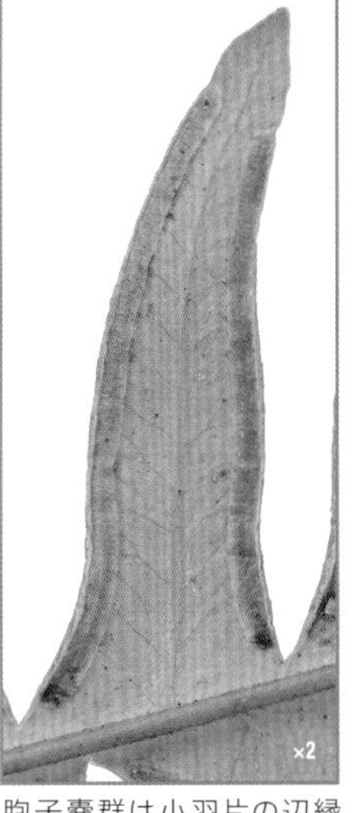
×2

胞子嚢群は小羽片の辺縁につき、偽包膜で覆われる

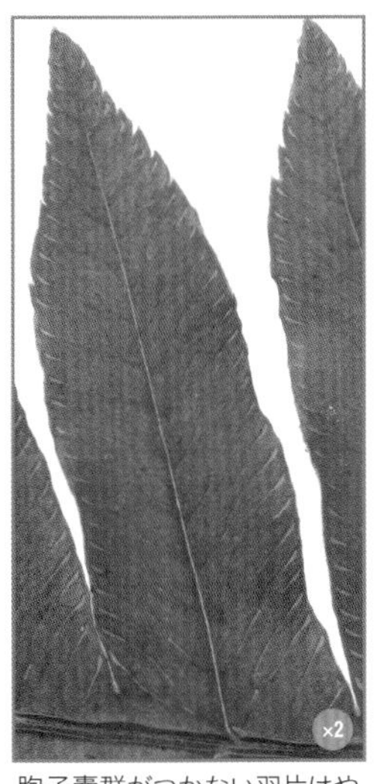
×2

胞子嚢群がつかない羽片はやや幅広くなり、上部には鋸歯がある

×0.15

幼植物では羽片の上側の小羽片が欠ける傾向がある

オオバノアマクサシダ【大葉の天草羊歯】

Pteris terminalis var. *fauriei*

イノモトソウ科イノモトソウ属／本州（関東以西）〜九州

オオバノハチジョウシダ（有性生殖種）の変種で無融合生殖種。母変種によく似ているが、羽片先端の頂小羽片が側小羽片と比べて著しく長いことが見分けるポイントになる。名前はアマクサシダに似て、葉が大きくなることによる。また、名前が似ているオオアマクサシダ（*P. alata*）が九州以南に分布するが、全くの別種である。

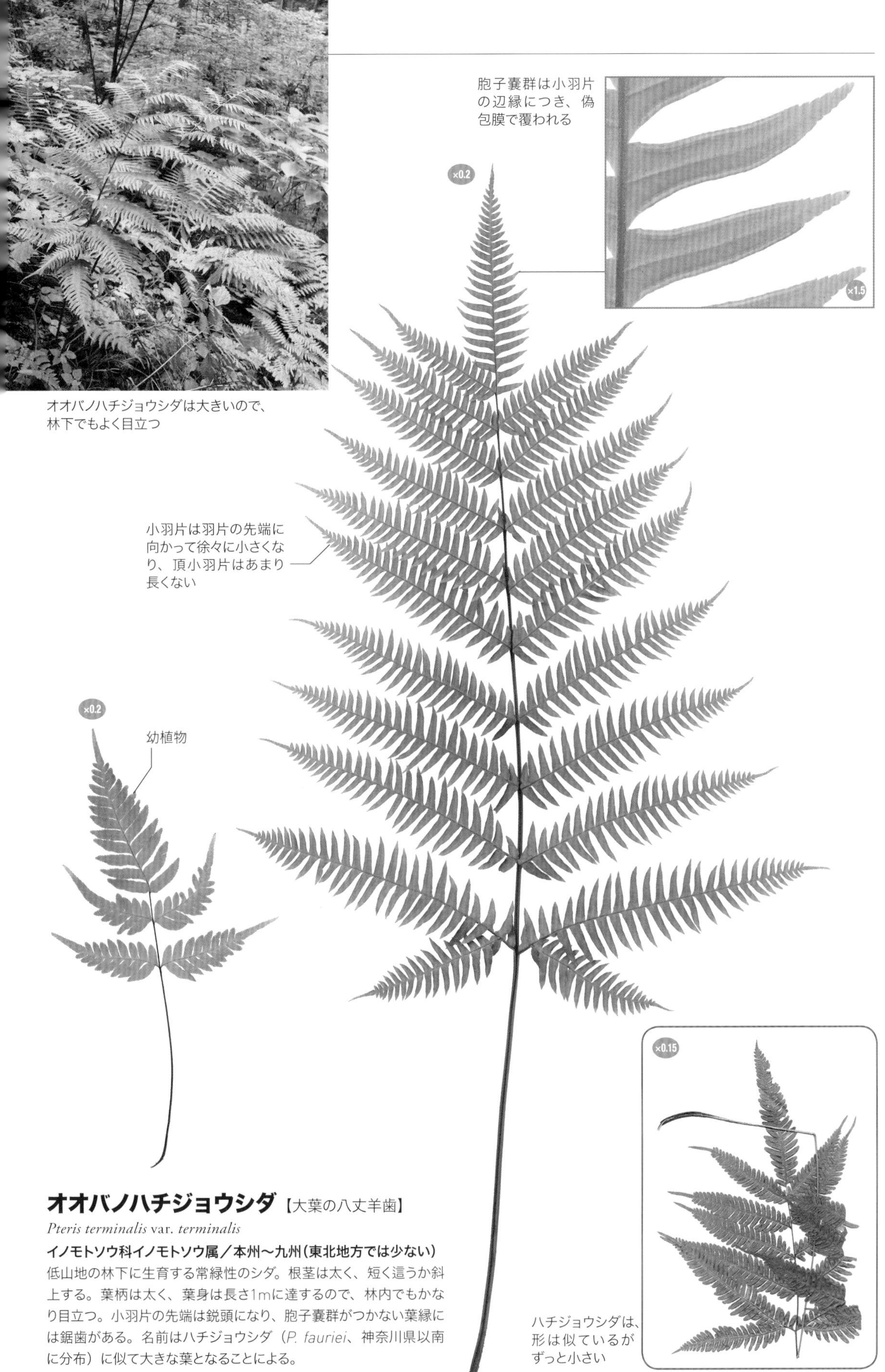
×0.2
×1.5
×0.2
×0.15

胞子嚢群は小羽片の辺縁につき、偽包膜で覆われる

オオバノハチジョウシダは大きいので、林下でもよく目立つ

小羽片は羽片の先端に向かって徐々に小さくなり、頂小羽片はあまり長くない

幼植物

ハチジョウシダは、形は似ているがずっと小さい

オオバノハチジョウシダ【大葉の八丈羊歯】

Pteris terminalis var. *terminalis*

イノモトソウ科イノモトソウ属／本州〜九州（東北地方では少ない）

低山地の林下に生育する常緑性のシダ。根茎は太く、短く這うか斜上する。葉柄は太く、葉身は長さ1mに達するので、林内でもかなり目立つ。小羽片の先端は鋭頭になり、胞子嚢群がつかない葉縁には鋸歯がある。名前はハチジョウシダ（*P. fauriei*、神奈川県以南に分布）に似て大きな葉となることによる。

2〜3回羽状に切れ込む

2回羽状複生〜3回羽状全裂までのシダを示す。実際には個体サイズの大小などによりこの範囲に収まらないものがあるかもしれないが、おおよその判断の目安としてほしい。

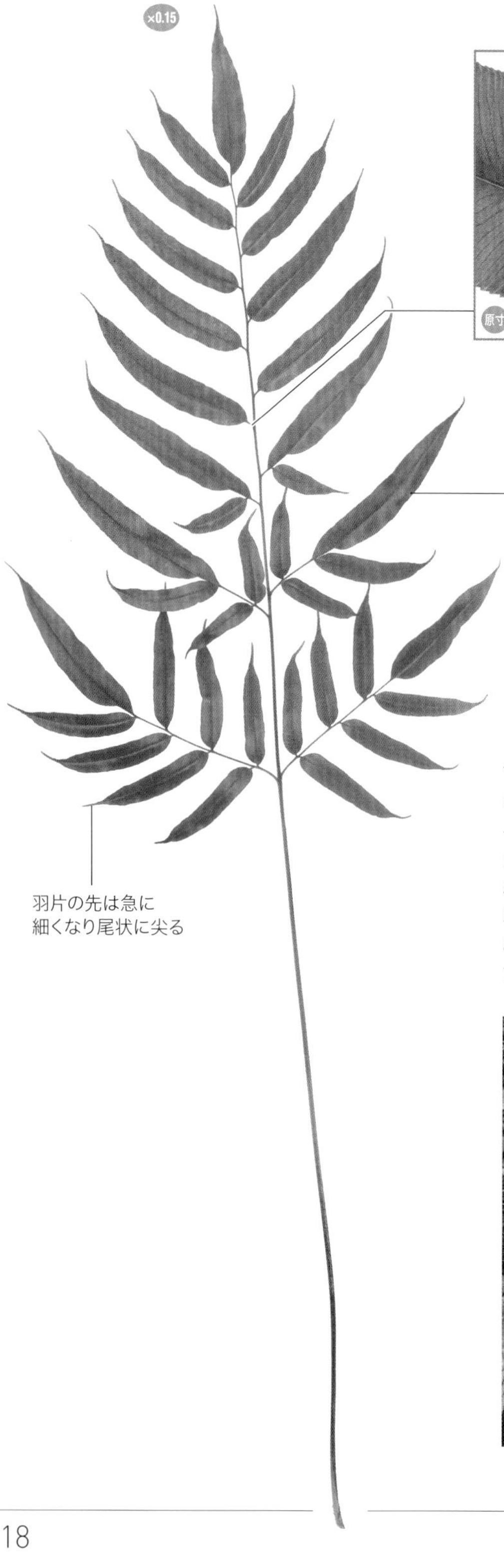

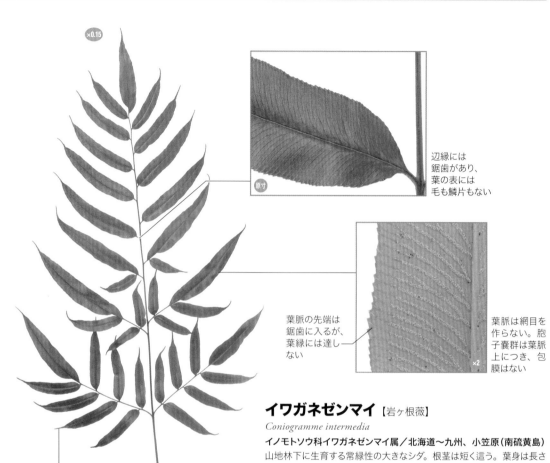

×0.15

原寸

辺縁には鋸歯があり、葉の表には毛も鱗片もない

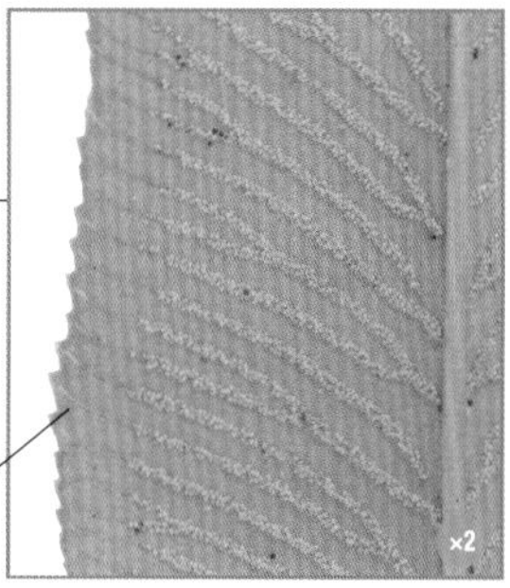

葉脈の先端は鋸歯に入るが、葉縁には達しない

×2

葉脈は網目を作らない。胞子嚢群は葉脈上につき、包膜はない

羽片の先は急に細くなり尾状に尖る

イワガネゼンマイ【岩ヶ根薇】

Coniogramme intermedia

イノモトソウ科イワガネゼンマイ属／北海道〜九州、小笠原（南硫黄島）

山地林下に生育する常緑性の大きなシダ。根茎は短く這う。葉身は長さ40〜60cmになり、葉柄もほぼ同長。葉身の下部は2回羽状に、上部は単羽状に分岐し、明確な頂羽片がある。基本の型は葉の両面が無毛であるが、裏面のみ有毛のウラゲイワガネ（f. *villosa*）、両面有毛のチチブイワガネ（f. *nosei*）を分けることがある。

イワガネゼンマイはやや湿り気のある林下に多い

×0.25
羽片の先は徐々に細くなる

イワガネソウの大きな葉は草むらの中でも目立っていた

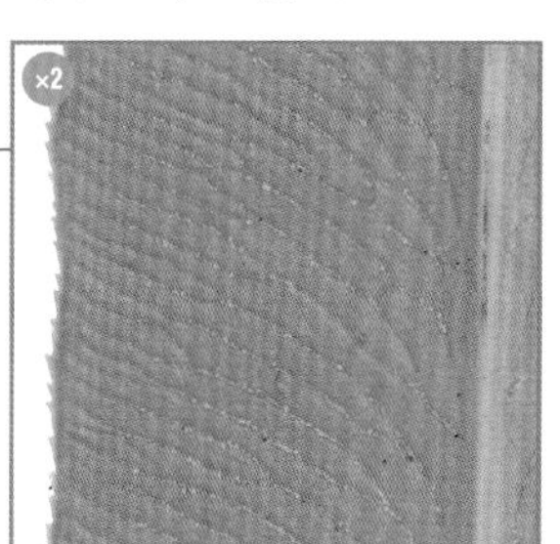
×2

葉脈は網目をつくる。胞子嚢群は葉脈上につき、包膜はない

イワガネソウ【岩ヶ根草】

Coniogramme japonica

イノモトソウ科イワガネゼンマイ属／
北海道〜九州、琉球(北海道、琉球では稀)

山地林下に生育する常緑性のシダ。イワガネゼンマイに似ているが、葉の緑色が濃く、葉脈がところどころで結合して網目をつくる点が異なる。また、葉脈の先端は鋸歯に入らない。羽片の中肋近くに黄緑色の斑が入るものがあり、フイリイワガネソウ（f. *flavomaculata*）と呼ばれる。

×0.2

幼個体は単葉

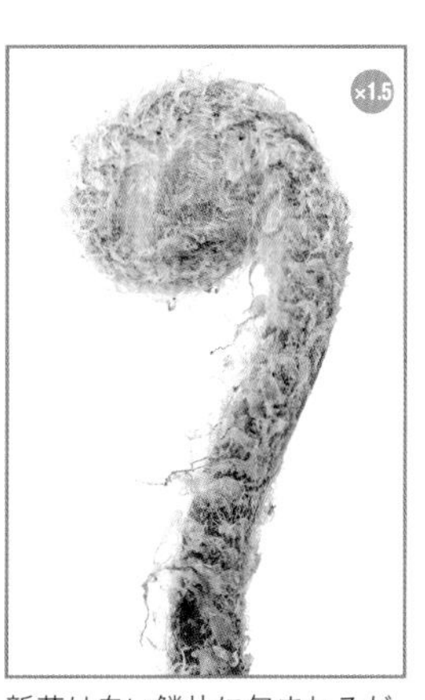
×1.5

新芽は白い鱗片に包まれるが、早落性で、成長した時にはほとんど残らない

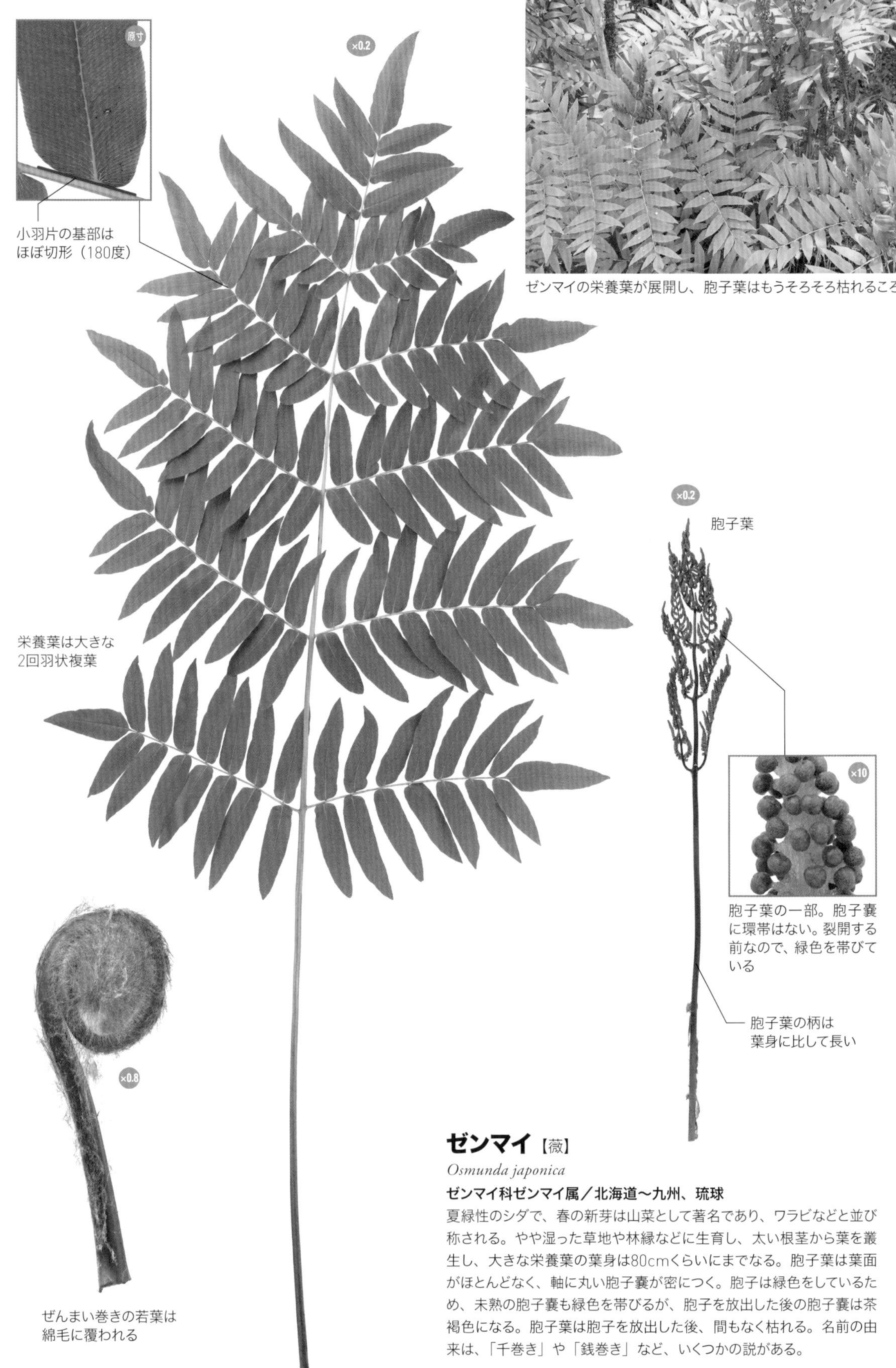
原寸
×0.2
×0.2
×10
×0.8
胞子葉

小羽片の基部はほぼ切形（180度）

ゼンマイの栄養葉が展開し、胞子葉はもうそろそろ枯れるころ

栄養葉は大きな2回羽状複葉

胞子葉の一部。胞子嚢に環帯はない。裂開する前なので、緑色を帯びている

胞子葉の柄は葉身に比して長い

ぜんまい巻きの若葉は綿毛に覆われる

ゼンマイ【薇】

Osmunda japonica

ゼンマイ科ゼンマイ属／北海道〜九州、琉球

夏緑性のシダで、春の新芽は山菜として著名であり、ワラビなどと並び称される。やや湿った草地や林縁などに生育し、太い根茎から葉を叢生し、大きな栄養葉の葉身は80cmくらいにまでなる。胞子葉は葉面がほとんどなく、軸に丸い胞子嚢が密につく。胞子は緑色をしているため、未熟の胞子嚢も緑色を帯びるが、胞子を放出した後の胞子嚢は茶褐色になる。胞子葉は胞子を放出した後、間もなく枯れる。名前の由来は、「千巻き」や「銭巻き」など、いくつかの説がある。

ヤシャゼンマイ【夜叉薇】

Osmunda lancea

ゼンマイ科ゼンマイ属／北海道〜九州

大水の時は水に浸かってしまうような川岸の岩場に生える夏緑性のシダ。ゼンマイから派生した渓流植物であり、葉はゼンマイよりも固く、小羽片は細い。遺伝子的にはゼンマイに非常に近く、そのためかゼンマイとの雑種のオオバヤシャゼンマイ（別名オクタマゼンマイ、*O.* ×*intermedia*）を時々見かける。ちなみにヤシャの語源は夜叉ではなく「やせ」がなまったという説がある。

栄養葉
×0.2
×0.2
胞子葉
この角度は
30〜45度
くらい
原寸
胞子葉の柄は長い

小羽片の基部は狭いくさび形

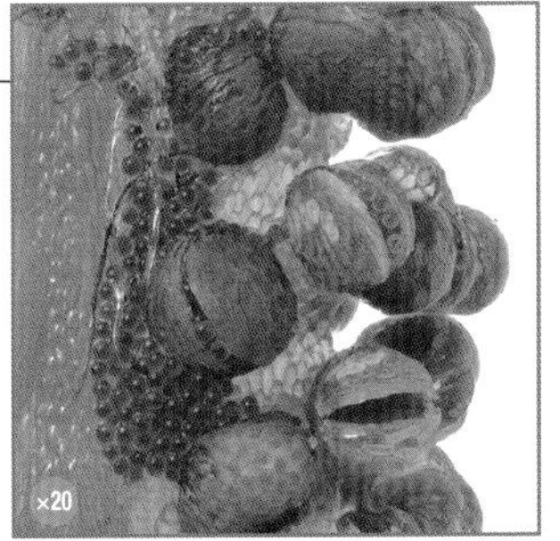
×20

胞子葉の一部。胞子嚢が裂開し、緑色の胞子がこぼれている

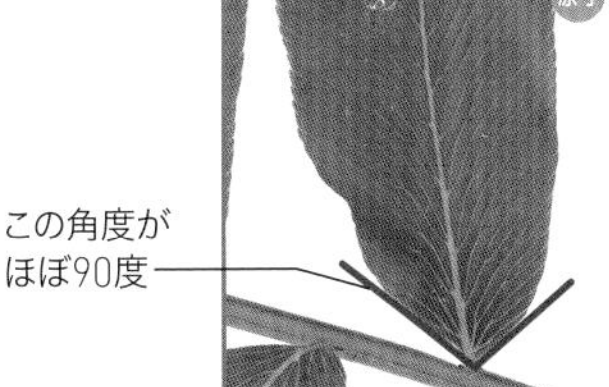
原寸
この角度がほぼ90度

ゼンマイとの雑種のオオバヤシャゼンマイは、小羽片の基部の角度が中間くらい

ヤシャゼンマイが渓流の岸辺に群落をつくっていた

渓流植物

洪水時に水没するような河川の岸辺に生息する植物で、渓流沿い植物ともいう。水の流れに逆らって生育する必要から、葉は葉身が細長く硬くなる、枝のつく角度が小さくなる、根が発達して基盤に固く付着する、毛が少ない等の特徴がある。シダではヤシャゼンマイの他にサイゴクホングウシダやヒメタカノハウラボシ、種子植物ではサツキやカワゴケソウ等がある。特に熱帯、亜熱帯地方の降水量の多い地方に多い。

×0.1
×15
葉脈
偽脈
胞子嚢壁
は厚い
胞子嚢群
偽脈が
ある
葉脈
×5
小羽片
中肋

2mくらいの大きな葉を広げていたリュウビンタイ

小羽片の一部

葉柄の基部は太くなり、根茎に残存する托葉に包まれる

リュウビンタイ【竜髭帯】

Angiopteris lygodiifolia

リュウビンタイ科リュウビンタイ属／本州（関東南部以西）〜九州、琉球

暖帯〜熱帯の湿った林床に2回羽状複葉の大きな葉を広げて生育し、葉は大きなものでは3mに達するという。葉脈の間に偽脈があり、辺縁と小羽片中肋の中間くらいまで伸びる。胞子嚢は独立し、単体胞子嚢群とはならない。

リュウビンタイの仲間（リュウビンタイ科）

地上生、常緑性の大きなシダ。根茎は塊状で肉質、耳状の托葉に覆われる。ハナヤスリ科、マツバラン科などとともに真嚢シダに属する。また胞子嚢が癒合して単体胞子嚢群となる属（リュウビンタイモドキ属など）とならない属（リュウビンタイ属など）がある。偽脈の有無や長さが種の判別の鍵になることがある。

真嚢シダと薄嚢シダ

大葉類のシダ植物は大きく真嚢シダと薄嚢シダに分けられる。真嚢シダの胞子嚢は多細胞起源で、胞子嚢壁は多細胞層で厚く、薄嚢シダの胞子嚢は単細胞起源で、胞子嚢壁は1細胞層と薄い。

亜熱帯のシダ

シダ植物が熱帯〜亜熱帯の多雨地域に多いのはよく知られている。日本列島は暖帯や温帯が主であるが、琉球列島は亜熱帯に属すると考えられ、台湾やフィリピンなどとの共通の種類が多数分布していて、南に行けば行くほどそのようなシダが多く見られる。そのような亜熱帯性のシダの一部は伊豆半島や紀伊半島にまで分布を広げている。どこまでを亜熱帯性のシダとするかは種々意見があると思うが、伊豆半島や紀伊半島まで分布を広げている亜熱帯性と思われるシダを思いつくままにあげてみた。

- ヒモヅル
- リュウビンタイ
- ツルホラゴケ
- エダウチホングウシダ
- ハチジョウシダ
- オオハシゴシダ
- イヌケホシダ
- カツモウイノデ
- ナンカクラン
- シロヤマゼンマイ
- スジヒトツバ
- ホングウシダ
- モエジマシダ
- アミシダ
- ハチジョウカグマ
- アツイタ
- ヒモラン
- リュウキュウコケシノブ
- ヘゴ
- サイゴクホングウシダ
- オオタニワタリ
- テツホシダ
- ヒロハノコギリシダ
- キクシノブ
- オニクラマゴケ
- オオハイホラゴケ
- クサマルハチ
- ユノミネシダ
- ナンゴクホウビシダ
- ケホシダ
- コクモウクジャク
- イワヒトデ

まだ他にもあるだろうが、かなりの種数であることがわかる。これらのうちのいくつかの種は房総半島でも見つかっている。温暖化の影響もあり、今後さらに広い範囲でこれらのシダが見られるようになるかもしれないので、注意して探してみよう。ちなみにモエジマシダやイヌケホシダは、最近東京都内でも見られるようになってきている。また、東南アジアなどを旅していると、コシダやナチシケシダ、ナガバノイタチシダなどを見かけることがある。したがって、これらも熱帯・亜熱帯性のシダと言えるのかもしれない。

シロヤマゼンマイ（ゼンマイ科）

スジヒトツバ（ヤブレガサウラボシ科）

ヘゴ（ヘゴ科）

モエジマシダ（イノモトソウ科）

オオタニワタリ（チャセンシダ科）

カツモウイノデ（オシダ科）

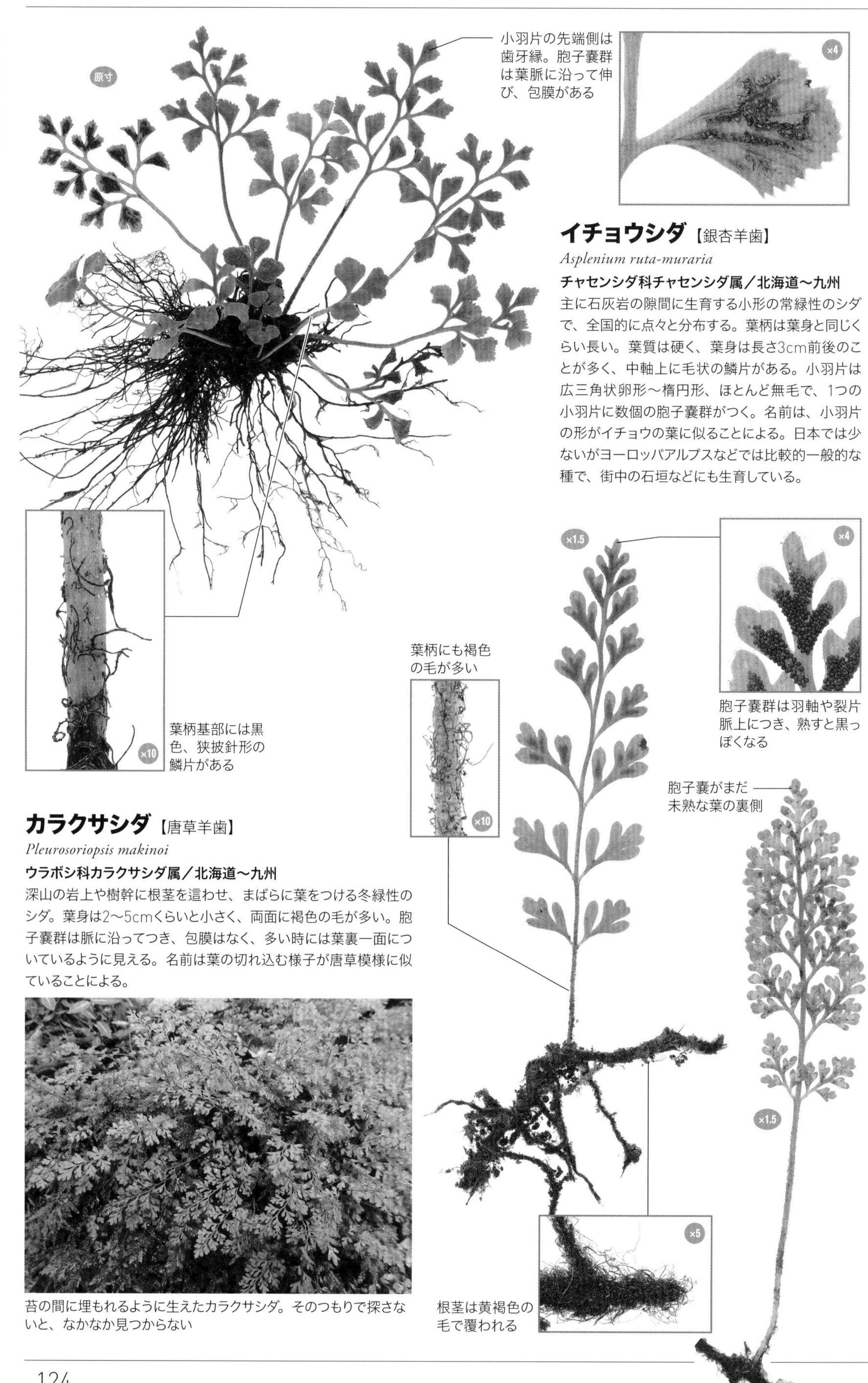
原寸
小羽片の先端側は歯牙縁。胞子嚢群は葉脈に沿って伸び、包膜がある
×4
葉柄基部には黒色、狭披針形の鱗片がある
×10
×1.5
×4
胞子嚢群は羽軸や裂片脈上につき、熟すと黒っぽくなる
葉柄にも褐色の毛が多い
×10
胞子嚢がまだ未熟な葉の裏側
×1.5
×5
根茎は黄褐色の毛で覆われる

イチョウシダ【銀杏羊歯】

Asplenium ruta-muraria

チャセンシダ科チャセンシダ属／北海道〜九州

主に石灰岩の隙間に生育する小形の常緑性のシダで、全国的に点々と分布する。葉柄は葉身と同じくらい長い。葉質は硬く、葉身は長さ3cm前後のことが多く、中軸上に毛状の鱗片がある。小羽片は広三角状卵形〜楕円形、ほとんど無毛で、1つの小羽片に数個の胞子嚢群がつく。名前は、小羽片の形がイチョウの葉に似ることによる。日本では少ないがヨーロッパアルプスなどでは比較的一般的な種で、街中の石垣などにも生育している。

カラクサシダ【唐草羊歯】

Pleurosoriopsis makinoi

ウラボシ科カラクサシダ属／北海道〜九州

深山の岩上や樹幹に根茎を這わせ、まばらに葉をつける冬緑性のシダ。葉身は2〜5cmくらいと小さく、両面に褐色の毛が多い。胞子嚢群は脈に沿ってつき、包膜はなく、多い時には葉裏一面についているように見える。名前は葉の切れ込む様子が唐草模様に似ていることによる。

苔の間に埋もれるように生えたカラクサシダ。そのつもりで探さないと、なかなか見つからない

ヒノキシダ【檜羊歯】

Asplenium prolongatum

チャセンシダ科チャセンシダ属／本州（伊豆半島以南）〜九州

暖地のやや湿った岩上に生育する常緑性のシダ。中軸の先端にできる無性芽でも繁殖し、大きな群落をつくることがある。根茎は短く、葉柄の基部とともに暗褐色の鱗片がある。葉身は10〜20cmくらいの披針形。小羽片は線形で、1個の胞子嚢群をつける。名前は葉の様子が檜に似ていることによる。

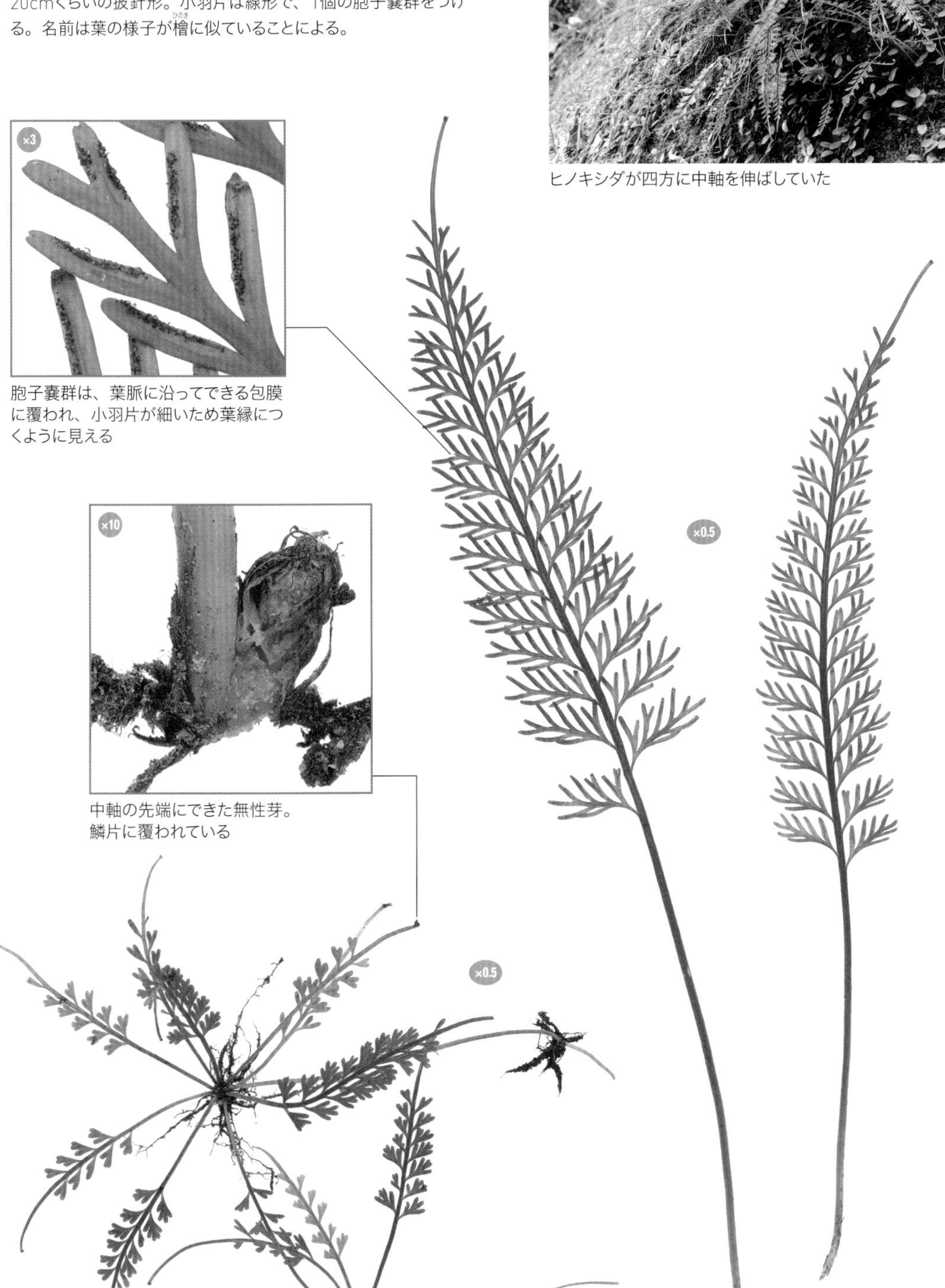
×3
×10
×0.5
×0.5

ヒノキシダが四方に中軸を伸ばしていた

胞子嚢群は、葉脈に沿ってできる包膜に覆われ、小羽片が細いため葉縁につくように見える

中軸の先端にできた無性芽。鱗片に覆われている

中軸の先端は伸びて無性芽がつき、地について新しい株ができる

×3
胞子嚢群は長楕円形で、中肋と辺縁の中間生

イワトラノオは小さくて華奢な感じのシダ

×1.2

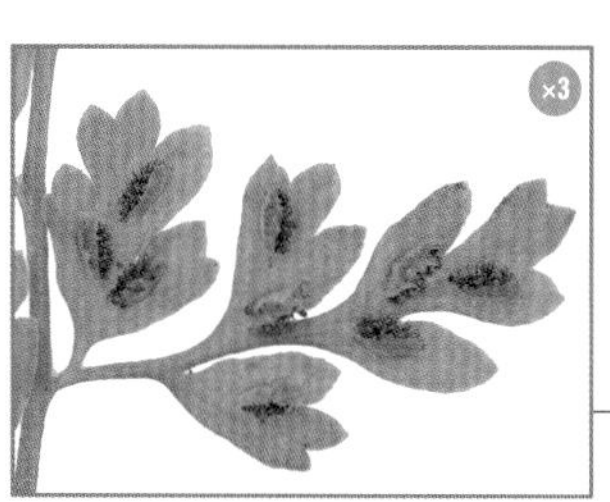
×3
胞子嚢群は裂片のやや中肋寄りにつき、包膜は長楕円形。裂片は円頭〜鈍頭

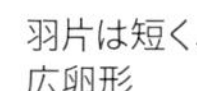

羽片は短く、広卵形

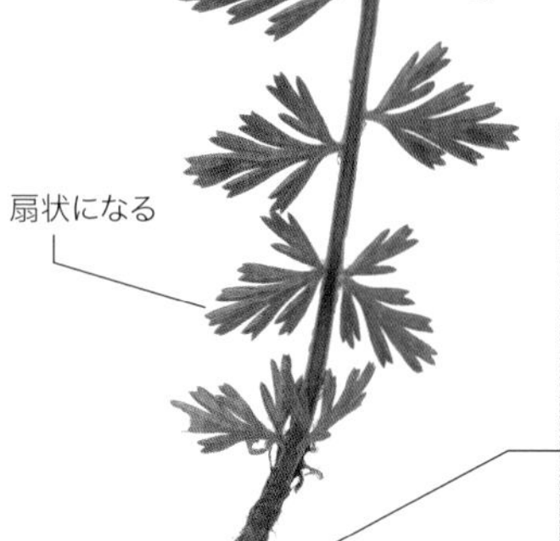
扇状になる

×5
葉柄基部の鱗片の基部には茶褐色の毛がある

×1.2
葉柄基部には黒褐色、格子状の鱗片がまばらにある

トキワトラノオ【常盤虎の尾】

Asplenium pekinense

チャセンシダ科チャセンシダ属／
本州〜九州、琉球(東北地方では稀)

山地や路傍のやや日当たりの良い岩上や石垣などに生育する常緑性のシダ。コバノヒノキシダに似ているが、葉質はやや厚く、葉の表は深緑色で光沢がある。また、下部羽片は短くなり、長さのわりに幅があって扇状になる。葉柄基部の鱗片に毛を生じることが本種を見分けるよい指標となる。名前はトラノオシダに似て、葉の色と光沢が常緑樹を思わせることによる。

イワトラノオ【岩虎の尾】

Asplenium tenuicaule

チャセンシダ科チャセンシダ属／
北海道〜九州

山地の陰湿な岩上や石垣に生育する常緑性のシダ。根茎は短く斜上または直立し、葉を叢生する。コバノヒノキシダに似ているがやや小さく、葉柄や中軸も細く、全体に華奢な感じがする。葉質は薄い草質。類似種のヒメイワトラノオ（*A. capillipes*）は湿った石灰岩地に見られ、イワトラノオよりさらに小さく繊細で、中軸上に無性芽ができる。

コバノヒノキシダ【小葉の檜羊歯】

Asplenium anogrammoides

チャセンシダ科チャセンシダ属／本州（福島県以南）〜九州

山地や山麓の岩上、石垣などに生育する常緑性のシダ。根茎は短く斜上し、葉を叢生する。葉身は2回羽状複生〜3回羽状深裂、長さ5〜20cmくらいで、下部羽片はやや短くなる。裂片には少数の鋸歯があり、先端は鈍頭〜鋭頭となる。大きな個体はアオガネシダ（P179）に似てくるが、コバノヒノキシダでは中軸と羽軸の溝の中央が盛り上がるのに対し、アオガネシダでは盛り上がらない。

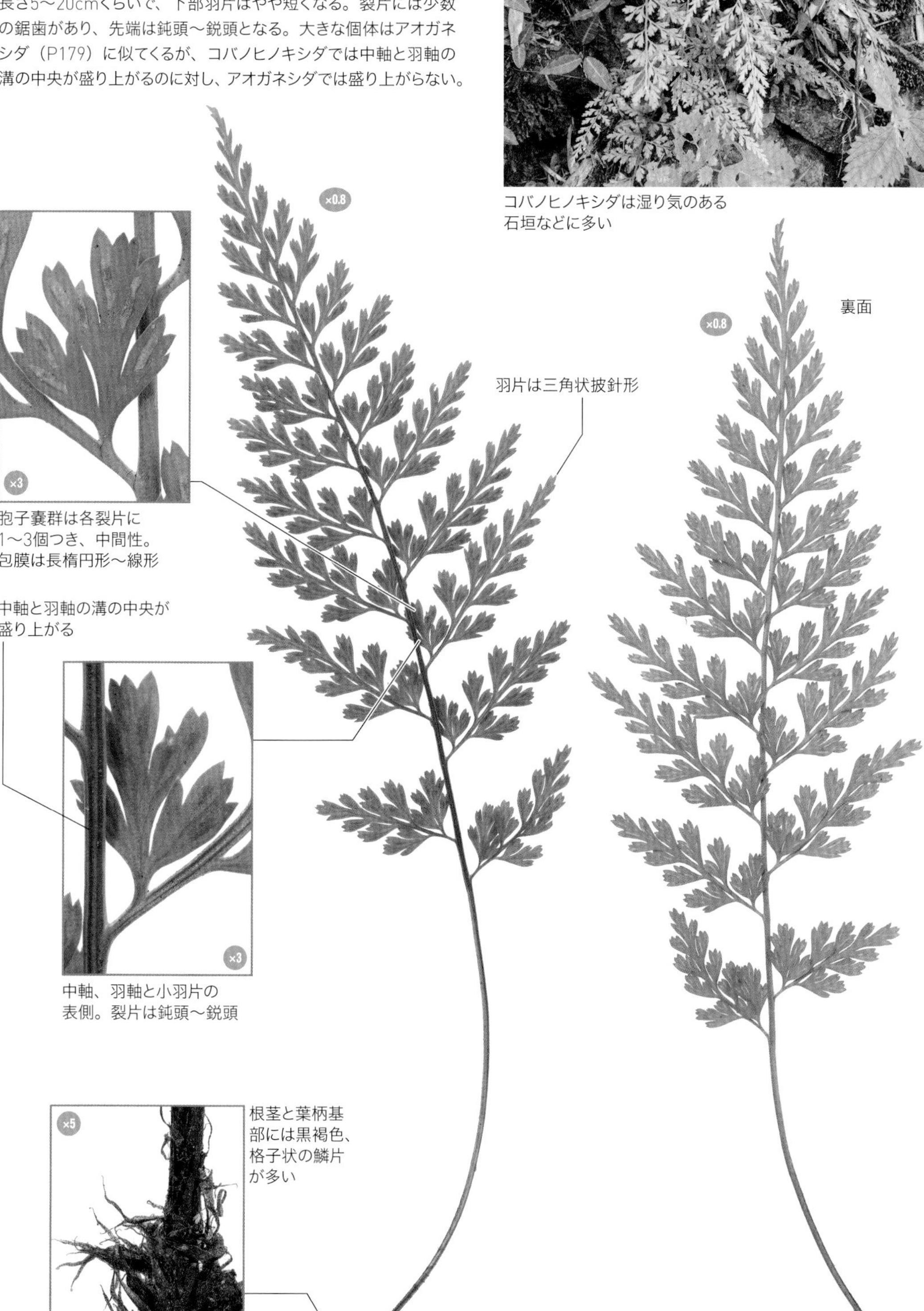

×0.8
×3
×3
×5
×0.8
裏面

コバノヒノキシダは湿り気のある石垣などに多い

羽片は三角状披針形

胞子嚢群は各裂片に1〜3個つき、中間性。包膜は長楕円形〜線形

中軸と羽軸の溝の中央が盛り上がる

中軸、羽軸と小羽片の表側。裂片は鈍頭〜鋭頭

根茎と葉柄基部には黒褐色、格子状の鱗片が多い

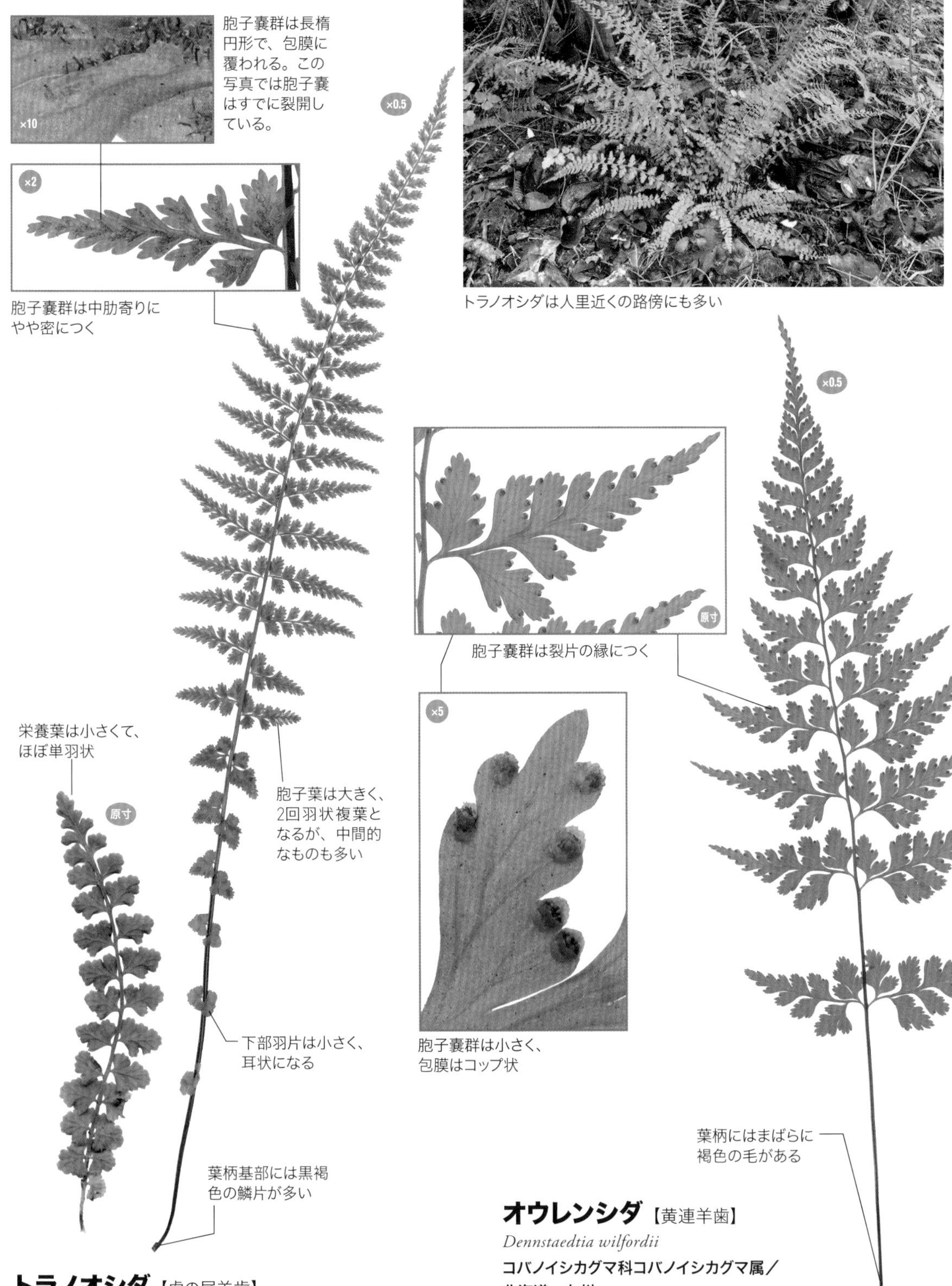
胞子嚢群は長楕円形で、包膜に覆われる。この写真では胞子嚢はすでに裂開している。
×10
×2
×0.5
胞子嚢群は中肋寄りにやや密につく
栄養葉は小さくて、ほぼ単羽状
原寸
胞子葉は大きく、2回羽状複葉となるが、中間的なものも多い
下部羽片は小さく、耳状になる
葉柄基部には黒褐色の鱗片が多い
×0.5
原寸
胞子嚢群は裂片の縁につく
×5
胞子嚢群は小さく、包膜はコップ状
葉柄にはまばらに褐色の毛がある

トラノオシダは人里近くの路傍にも多い

トラノオシダ【虎の尾羊歯】

Asplenium incisum

チャセンシダ科チャセンシダ属／北海道〜九州、琉球

低地の山野や路傍、石垣などに多い常緑性のシダ。根茎は短く斜上し、披針形の葉を叢生する。葉はやや二形となり、胞子葉は大きくて切れ込みが深く、栄養葉は小さくて切れ込みも浅い。中軸の表側は緑色だが、裏側では褐色となる。名前は葉形が虎の尾に似ている（？）ことによる。

オウレンシダ【黄連羊歯】

Dennstaedtia wilfordii

コバノイシカグマ科コバノイシカグマ属／北海道〜九州

山地林下に生育する夏緑性のシダで、石灰岩地に多い印象がある。根茎は長く匍匐し、まばらに葉を出す。根茎、葉柄、中軸に毛はあるが鱗片はない。葉身は30cmくらいになり、2回羽状複生〜3回羽状深裂、両面にまばらに毛がある。名前は葉がキンポウゲ科のオウレンに似ていることによる。

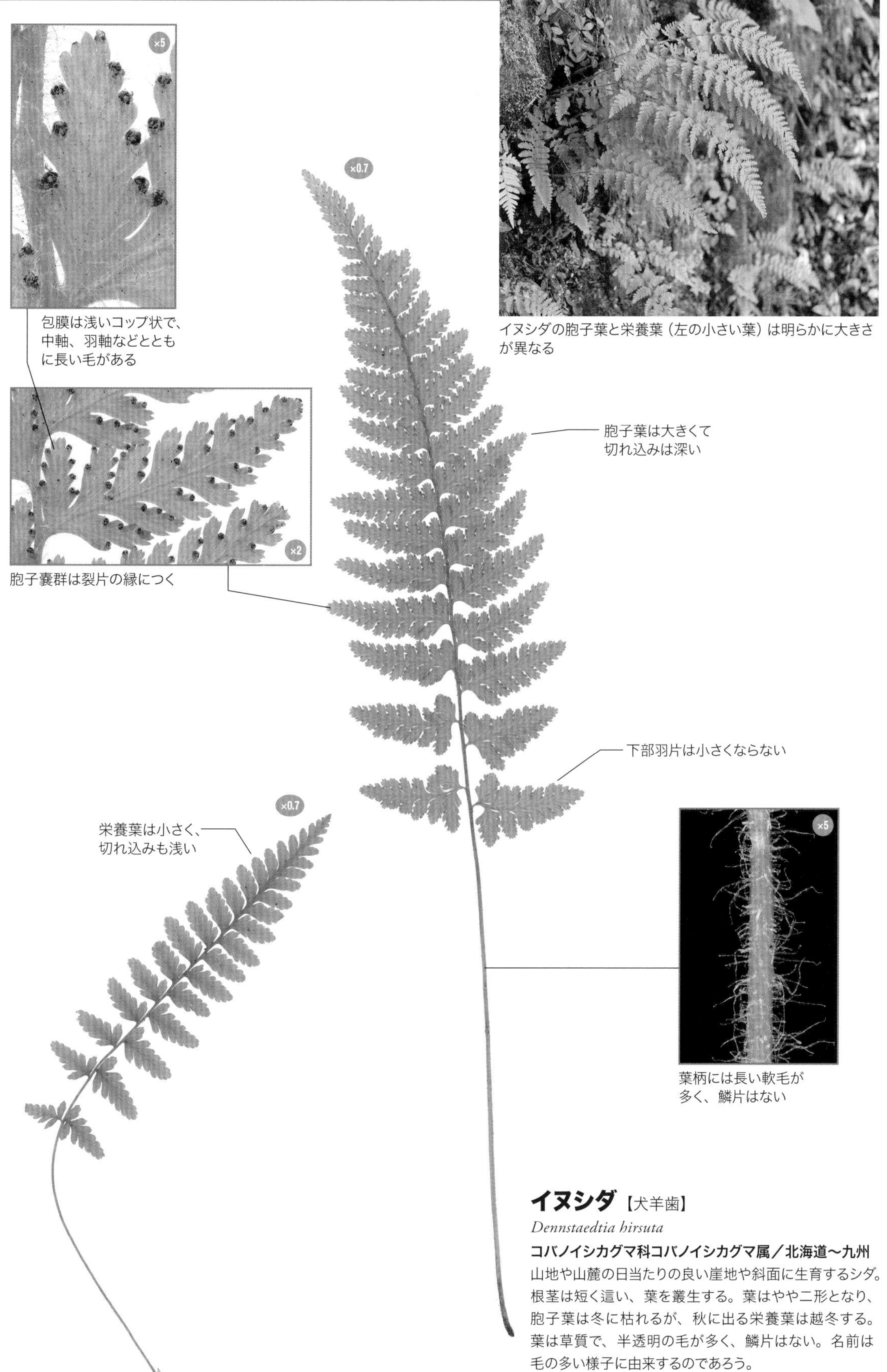
×5
×0.7
×2
×0.7
×5
包膜は浅いコップ状で、中軸、羽軸などとともに長い毛がある
胞子嚢群は裂片の縁につく
胞子葉は大きくて切れ込みは深い
下部羽片は小さくならない
栄養葉は小さく、切れ込みも浅い
葉柄には長い軟毛が多く、鱗片はない

イヌシダの胞子葉と栄養葉（左の小さい葉）は明らかに大きさが異なる

イヌシダ【犬羊歯】

Dennstaedtia hirsuta

コバノイシカグマ科コバノイシカグマ属／北海道〜九州

山地や山麓の日当たりの良い崖地や斜面に生育するシダ。根茎は短く這い、葉を叢生する。葉はやや二形となり、胞子葉は冬に枯れるが、秋に出る栄養葉は越冬する。葉は草質で、半透明の毛が多く、鱗片はない。名前は毛の多い様子に由来するのであろう。

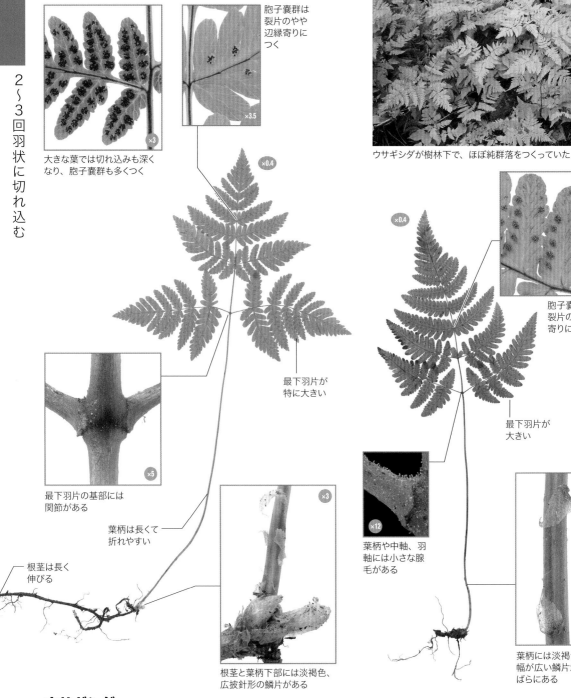

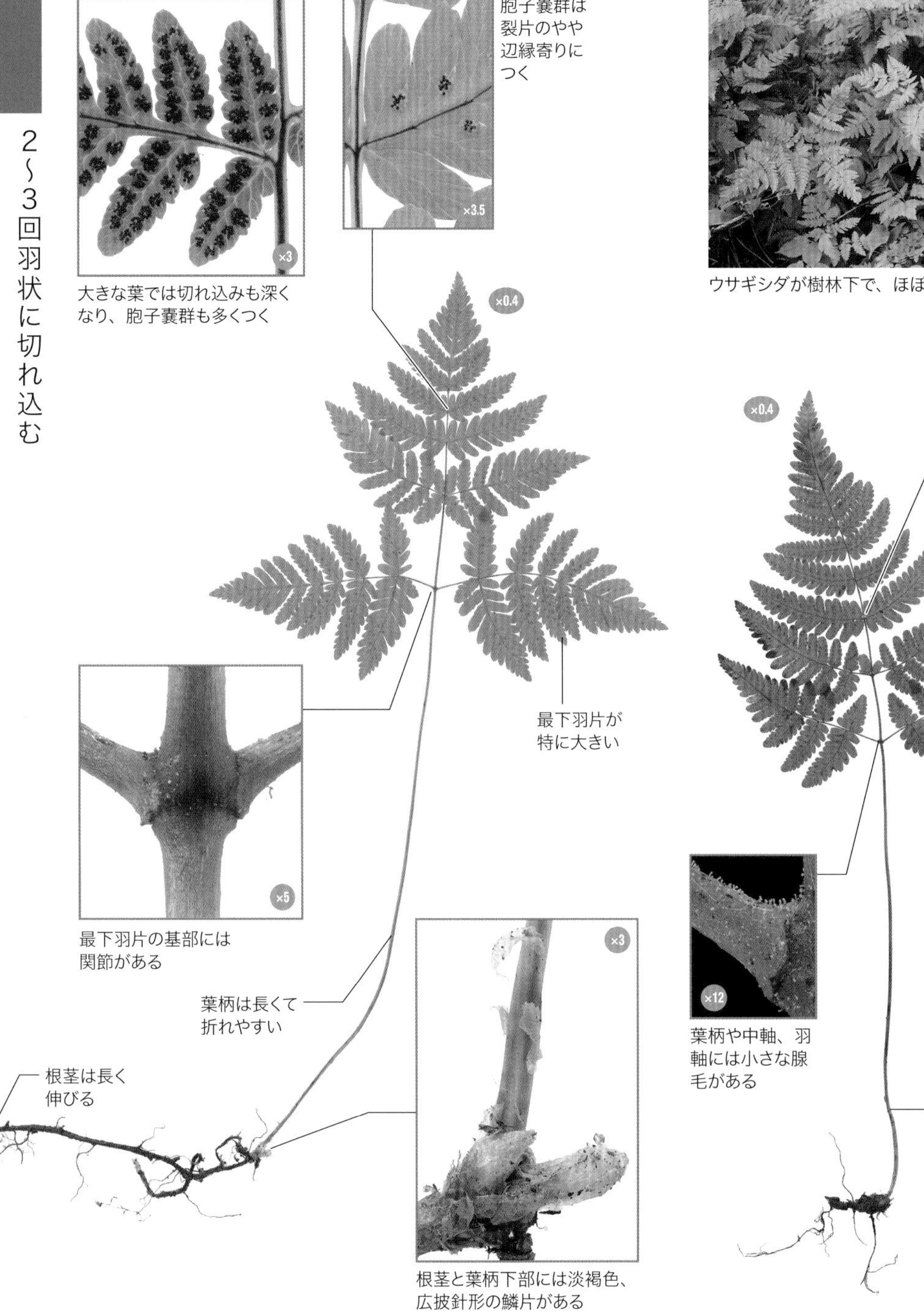
×3
大きな葉では切れ込みも深くなり、胞子嚢群も多くつく
×3.5
胞子嚢群は裂片のやや辺縁寄りにつく
ウサギシダが樹林下で、ほぼ純群落をつくっていた
×0.4
最下羽片が特に大きい
×5
最下羽片の基部には関節がある
葉柄は長くて折れやすい
根茎は長く伸びる
×3
根茎と葉柄下部には淡褐色、広披針形の鱗片がある
×0.4
×3
胞子嚢群は裂片の辺縁寄りにつく
最下羽片が大きい
×12
葉柄や中軸、羽軸には小さな腺毛がある
×5
葉柄には淡褐色の幅が広い鱗片がまばらにある

ウサギシダ【兎羊歯】

Gymnocarpium dryopteris

ナヨシダ科ウサギシダ属／北海道、本州(岐阜県以東)

涼しい地方の山地林下にやや稀に見られる夏緑性のシダ。根茎は長く地中を匍匐し、葉をまばらにつける。葉身は最下羽片が他より著しく大きく長い柄があるため、三出複葉のように見える。下から2番目の羽片は無柄または短い柄があり、柄があるものはアオキガハラウサギシダ（var. *aokigaharaense*）と呼ばれる。葉質は薄い草質でほとんど無毛。胞子嚢群は円形で包膜はない。名前は最下羽片が関節のところで落葉した跡が兎の口に似ているからという説がある。

イワウサギシダ【岩兎羊歯】

Gymnocarpium robertianum

ナヨシダ科ウサギシダ属／
北海道、本州、四国(近畿以西では稀)

石灰岩や蛇紋岩地帯の岩石地でやや稀に見られる夏緑性のシダ。多くの点でウサギシダに似ているが、葉柄や中軸に腺毛があること、葉身はやや長くてあまり三出複葉的にならないことなどが異なる。名前はウサギシダに似て岩場に生えるから。

特殊な環境に生育するシダ

日本は雨が多く、山が多く、森が多い国である。こうした環境はシダ植物の好むところで、都会の石垣から高山まで、ありとあらゆる場所でシダが育っている。特に杉の植林地や低山の沢筋などには多くの種類が生育し、観察会などもそのような場所で行われることが多い。しかし、シダ植物の育ちにくいような環境には、その環境に適応した特有なシダが生育していることが多い。ここではその代表例として石灰岩の岩場と海岸に着目し、そこに生育するシダについて見てみたい。

●石灰岩の岩場

石灰岩は海生生物の殻などが堆積してできた炭酸カルシウムを主成分とする岩石で、弱アルカリ性を示すため、アルカリ性土壌でも生育可能な植物が生育する。シダではヤマクラマゴケ、ヒメウラジロ、イワウラジロ、ミヤマウラジロ、イワウサギシダ、ヒメイワトラノオ、イチョウシダ、クモノスシダ、アオチャセンシダ、トガクシデンダ、キンモウワラビ等があるが、これらのシダの生育地が石灰岩の岩場ではないこともある。上記以外にもオウレンシダ、ツルデンダなども石灰岩が好きらしく、奥多摩や秩父などの石灰岩地帯で個体数が多い。

イチョウシダ（チャセンシダ科）

イワウサギシダ（ナヨシダ科）

イワウラジロ（イノモトソウ科）

●海岸の岩場

海岸の岩場は直射日光（紫外線）にさらされ、ときには塩分を含んだ海水の波しぶきを浴び、シダの生育にとって非常に過酷な環境である。そのような環境にも耐えて生育するシダ植物としてはオニヤブソテツ、ヒメオニヤブソテツ、ハマホラシノブ、コウラボシなどがある。その他、海岸から少し離れた林内を好んで生育する種類としては、イシカグマ、ホソバカナワラビ、ナガバヤブソテツ、アスカイノデ、オリヅルシダなどがある。

オニヤブソテツ（オシダ科）

ヒメオニヤブソテツ（オシダ科）

ハマホラシノブ（ホングウシダ科）

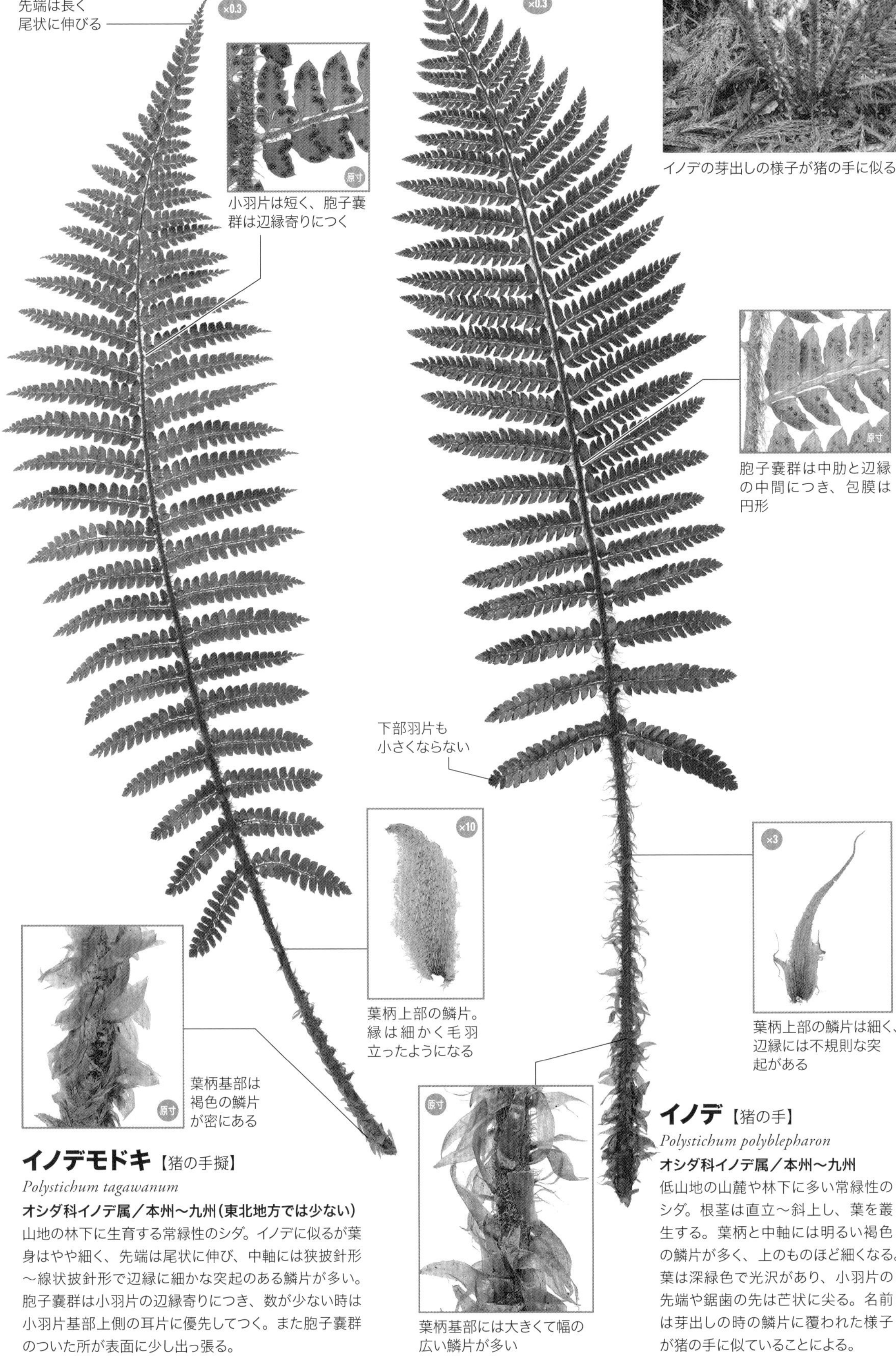
先端は長く
尾状に伸びる
×0.3
原寸
小羽片は短く、胞子嚢
群は辺縁寄りにつく
×0.3
胞子嚢群は中肋と辺縁
の中間につき、包膜は
円形
原寸
下部羽片も
小さくならない
×10
葉柄上部の鱗片。
縁は細かく毛羽
立ったようになる
×3
葉柄上部の鱗片は細く、
辺縁には不規則な突
起がある
原寸
葉柄基部は
褐色の鱗片
が密にある
原寸
葉柄基部には大きくて幅の
広い鱗片が多い

イノデの芽出しの様子が猪の手に似る？

イノデモドキ【猪の手擬】

Polystichum tagawanum

オシダ科イノデ属／本州〜九州（東北地方では少ない）

山地の林下に生育する常緑性のシダ。イノデに似るが葉身はやや細く、先端は尾状に伸び、中軸には狭披針形〜線状披針形で辺縁に細かな突起のある鱗片が多い。胞子嚢群は小羽片の辺縁寄りにつき、数が少ない時は小羽片基部上側の耳片に優先してつく。また胞子嚢群のついた所が表面に少し出っ張る。

イノデ【猪の手】

Polystichum polyblepharon

オシダ科イノデ属／本州〜九州

低山地の山麓や林下に多い常緑性のシダ。根茎は直立〜斜上し、葉を叢生する。葉柄と中軸には明るい褐色の鱗片が多く、上のものほど細くなる。葉は深緑色で光沢があり、小羽片の先端や鋸歯の先は芒状に尖る。名前は芽出しの時の鱗片に覆われた様子が猪の手に似ていることによる。

チャボイノデ

【矮鶏猪の手】

Polystichum igaense

オシダ科イノデ属／本州(関東以西)〜九州

太平洋側の山地林下に生育する常緑性のシダ。イノデモドキに似ているがやや小さく、鱗片の縁がほつれたように細かく切れ込むことはない。葉は幅が狭く、立ち上がらないで低く開出する。名前は葉の様子がチャボの尾羽に似ていることによる。

×0.3

×0.4

チャボイノデは小さめの葉を地表近くにひろげる

原寸

胞子嚢群は小羽片のごく辺縁近くにつく

原寸

中軸には細い鱗片が多く、胞子嚢群は中肋寄りにつく

×4

葉柄下部鱗片の1枚

原寸

葉柄から中軸下部には、褐色で乾くとねじれる鱗片が多い

ホソイノデ

【細猪の手】

Polystichum braunii

オシダ科イノデ属／北海道、本州(近畿以西では稀)

ブナ帯以上の深山の林下に分布する夏緑性のシダ。根茎は直立し、葉を叢生する。葉身は披針形で、中軸には披針形〜線形の鱗片が多い。小羽片の先端と鋸歯の先は芒状に伸びる。胞子嚢群は葉身の上部外側からつき、小羽片の中肋寄りにつく。包膜は円形で全縁。名前はイノデの仲間で葉が細いことによる。

下部羽片は縮小する

原寸

葉柄は短く、淡褐色の鱗片が多い

イノデの仲間

イノデ属は大きくイノデ亜属（P132〜139）とタチデンダ亜属に分けられる。イノデ亜属のシダは互いによく似ており、葉柄基部や中軸の鱗片の色や形、胞子嚢群の位置、葉の光沢などが識別点となる。また雑種をよくつくるので野外での観察では注意が必要である。なお、タチデンダ亜属には、ツルデンダ（P66）、オリヅルシダ（P73）、ジュウモンジシダ（P43）などがある。

胞子嚢群は小羽片の中肋と辺縁の中間につき、円形

原寸

×0.3

アスカイノデの葉は大きくて光沢がある

葉柄基部の鱗片には栗色のものが混ざることがある

葉柄中部の鱗片。細くてねじれる

葉柄上部の鱗片は毛状

アスカイノデ

【飛鳥猪の手】

Polystichum fibrillosopaleaceum

オシダ科イノデ属／本州、四国(関東、東海以外では少ない)

海岸近くの山地林下に多いが、内陸にも生育することがある常緑性の大きなシダ。イノデに似るが、葉はより緑が濃く、光沢がある。葉柄の鱗片は、全縁でややねじれ、下部では披針形、上部のものほど細くなる。小羽片は三角状長楕円形で鋭尖頭、先端は芒状になる。名前の飛鳥は、東京の飛鳥山に由来する。

×0.3

原寸

胞子嚢群は小羽片の辺縁寄りにつく

アイアスカイノデ

【合飛鳥猪の手】

Polystichum longifrons

オシダ科イノデ属／本州〜九州

低山地の林下や山麓に多い常緑性のシダ。イノデに似るが、葉身はより細長く、羽片が直角に近い角度で出る。葉柄は長く、基部の鱗片は披針形でほぼ全縁、栗色のものが多く混じることが特徴である。胞子嚢群は葉身の上の方からつきはじめる。名前はイノデとアスカイノデの中間的な形態を示すからであるが、雑種というわけではない。

葉柄上部の鱗片は非常に細く、線状披針形

原寸

葉柄基部の鱗片に栗色のものが多く混じる

×0.3
原寸
胞子嚢群は小羽片の中肋と辺縁の中間につく
サイゴクイノデの葉はあまり光沢がない
×0.3
原寸
胞子嚢群が少ない時には、小羽片の耳片の両側に優先してつく
葉柄上部の鱗片は淡褐色で細い
原寸
葉柄基部の鱗片は栗色のものが混じる
原寸
葉柄下部の大きな鱗片は黒褐色で光沢がある

カタイノデ【硬猪の手】

Polystichum makinoi

オシダ科イノデ属／本州(関東以西)〜九州

低山地の林下の川の側などに見られることが多い常緑性のシダ。葉柄下部の黒い鱗片（辺縁は淡褐色）が特徴的。また、葉身は長楕円状披針形ですっきりした感じがする。葉の表は暗緑色で鈍い光沢があり、胞子嚢群は葉身の上部外側からつく。名前は葉の色や質感が硬そうであることによる。

サイゴクイノデ【西国猪の手】

Polystichum pseudomakinoi

オシダ科イノデ属／本州〜九州(東北地方では稀)

低山地の林下に生育する常緑性のシダで、西日本に多い。葉柄基部の鱗片はやや細く、栗色（辺縁は淡褐色）のものが混じるが、カタイノデの鱗片ほど黒くはない。中軸の鱗片は披針形で黒褐色にはならない。葉は黄緑色で光沢がなく、やや幅が広く、先は急に細くなって伸びる傾向がある。胞子嚢群は葉身の上部からつき、小羽片の辺縁寄りにつく。

ツヤナシイノデ【艶無猪の手】

Polystichum ovatopaleaceum var. *ovatopaleaceum*

オシダ科イノデ属／本州〜九州

山地の林下に生育するシダで、夏緑性だが暖地では冬も枯れずに残ることがある。名前の通り葉の表面に光沢がなく、葉柄上部〜中軸の鱗片が卵形で幅広く、淡褐色で開出するようにつくのが特徴。根茎は斜上〜直立し、葉を叢生する。葉身は卵状長楕円形で、葉柄は比較的短い。胞子嚢群は葉身および羽片の先端部から優先してつく。

ツヤナシイノデの葉は名前の通り艶がなく、長さのわりに幅が広い

×0.3

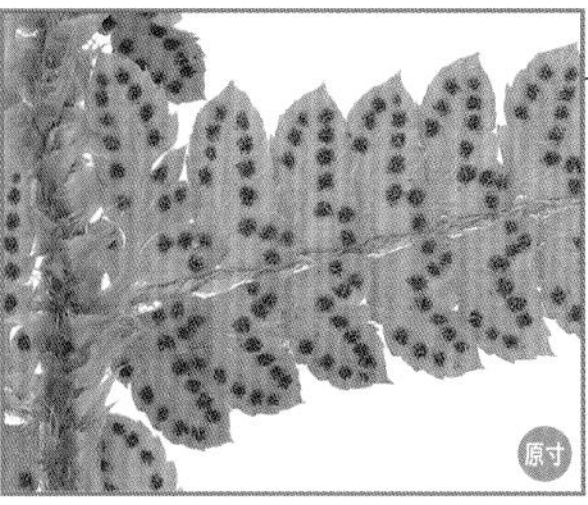
原寸

中軸には淡褐色の鱗片が多い。胞子嚢群は小羽片の中肋と辺縁の中間につく

葉柄上部〜中軸下部には幅の広い鱗片が開出してつく

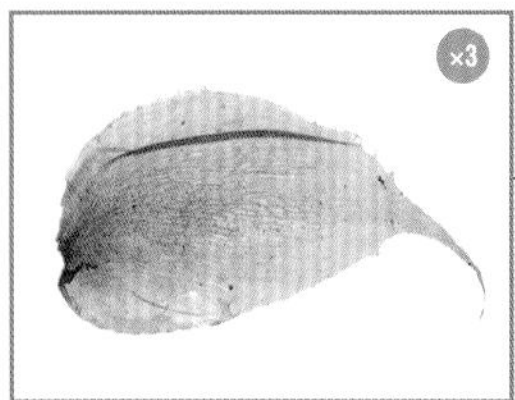
×3

葉柄上部の鱗片。卵形で先端は急に細くなり尾状に尖る

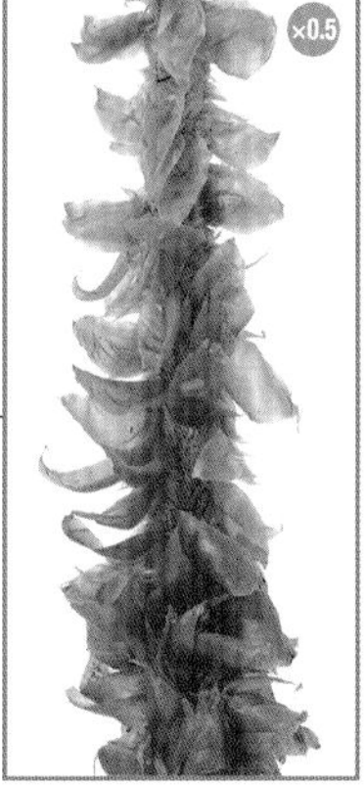
×0.5

葉柄下部には淡褐色の幅が広い鱗片が多い

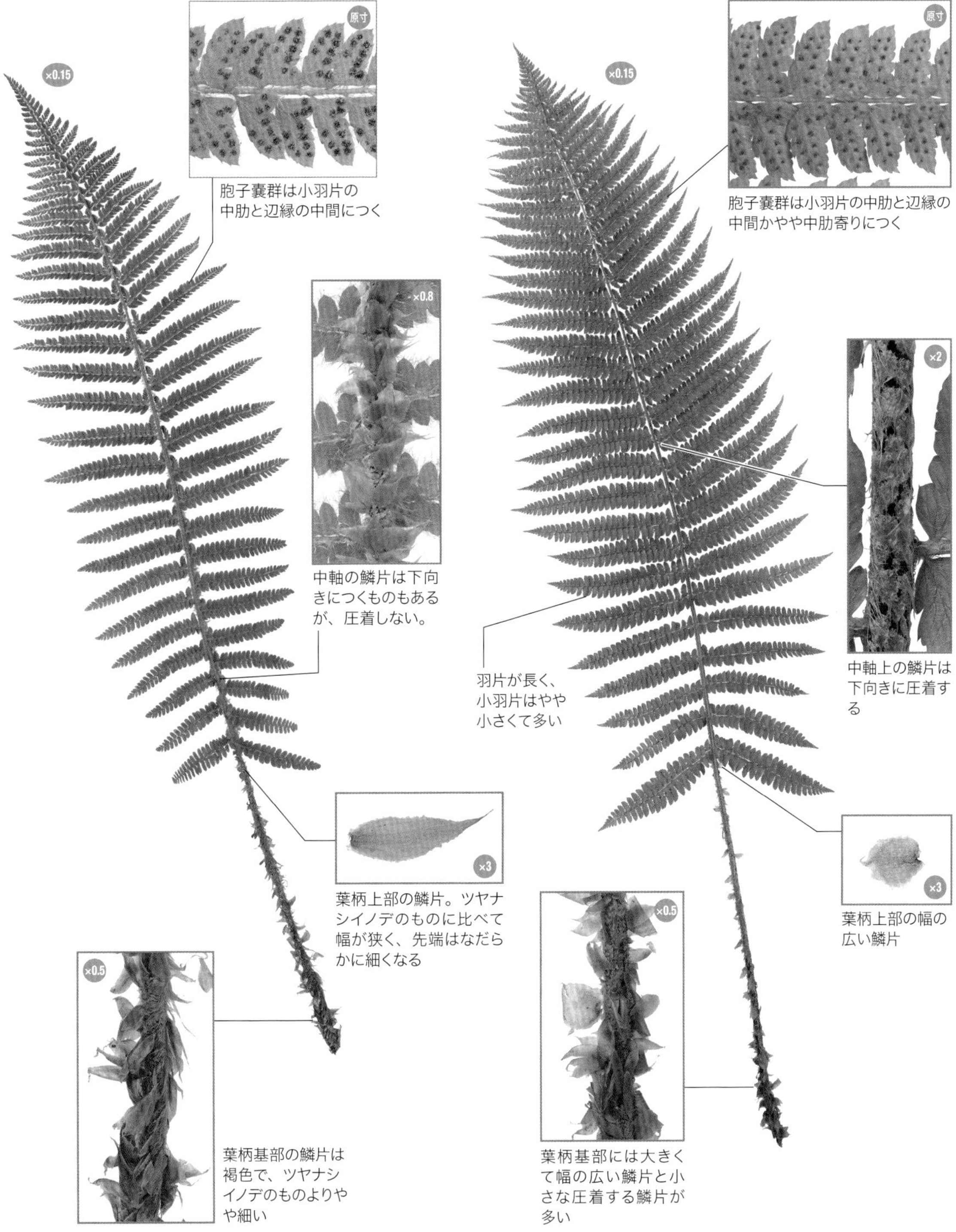
×0.15
原寸
胞子嚢群は小羽片の
中肋と辺縁の中間につく
×0.8
中軸の鱗片は下向
きにつくものもある
が、圧着しない。
×3
葉柄上部の鱗片。ツヤナ
シイノデのものに比べて
幅が狭く、先端はなだら
かに細くなる
×0.5
葉柄基部の鱗片は
褐色で、ツヤナシ
イノデのものよりや
や細い
×0.15
原寸
胞子嚢群は小羽片の中肋と辺縁の
中間かやや中肋寄りにつく
×2
中軸上の鱗片は
下向きに圧着す
る
羽片が長く、
小羽片はやや
小さくて多い
×3
葉柄上部の幅の
広い鱗片
×0.5
葉柄基部には大きく
て幅の広い鱗片と小
さな圧着する鱗片が
多い

イワシロイノデ【岩代猪の手】

Polystichum ovatopaleaceum var. *coraiense*

オシダ科イノデ属／北海道、本州(近畿以東)

ツヤナシイノデの変種で、より北地または標高の高いところに多い。山地林下に生じ、夏緑性。葉柄上部〜中軸の鱗片はツヤナシイノデのものより幅が狭く卵状披針形となり、葉の表はわずかに光沢がある。

サカゲイノデ【逆毛猪の手】

Polystichum retrosopaleaceum

オシダ科イノデ属／北海道〜九州(九州では稀)

主にブナ帯の林下に生育する夏緑性のシダ。ツヤナシイノデに似るが、葉柄上部と中軸裏側の鱗片は広卵形、淡褐色で、下向きに軸に圧着する。この様子からサカゲの名がある。葉身は大きなものでは1mに達し、葉の表に光沢はない。胞子嚢群は葉身および羽片の先端部から優先してつく。

オニイノデ【鬼猪の手】

Polystichum rigens

オシダ科イノデ属／

本州（関東以西）、四国（四国では稀）

山地の林下や石垣などに生育する常緑性のシダ。根茎は短く斜上または直立する。葉柄には褐色の鱗片が多く、葉柄上部〜中軸の鱗片はオオキヨズミシダやヒメカナワラビより幅が広い。葉身は長さ50cmくらいになり、硬い紙質で光沢があり、小羽片の先端や鋸歯の先は硬い刺状になる。胞子嚢群は葉身の上部から優先してつく。名前は、硬い葉質と鋭い鋸歯から鬼を連想したことによる。

オニイノデの葉はかたく、触ると痛いくらいで、いかにもオニという感じ

×0.3

葉質は硬く、羽片の上向き第1小羽片が大きい

中軸には褐色の鱗片が多い。胞子嚢群は小羽片のやや中肋寄りにつき、包膜はやや大きな円形

原寸

葉柄下部には褐色〜淡褐色の大きな鱗片が多い

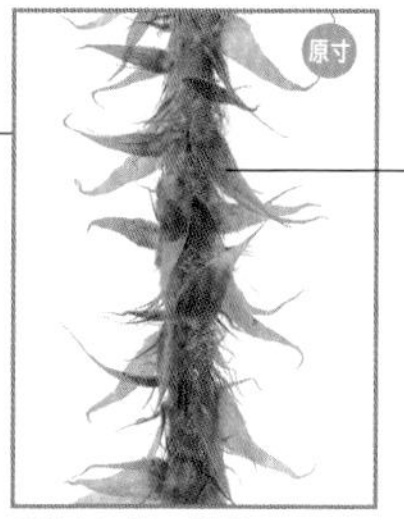
原寸

葉柄上部の鱗片

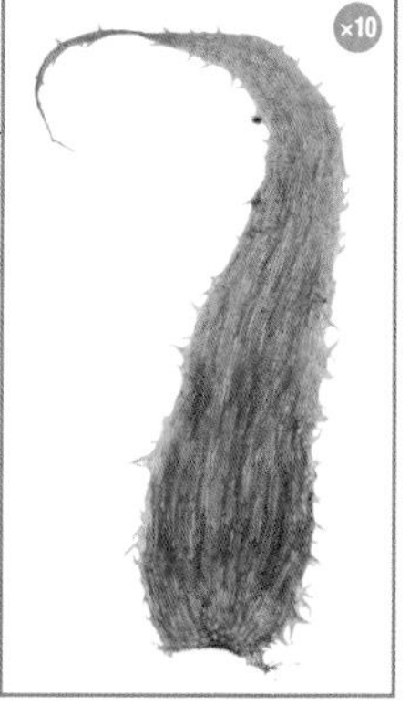
×10

葉柄上部の鱗片は褐色で披針形。基部の色が少し濃くなる

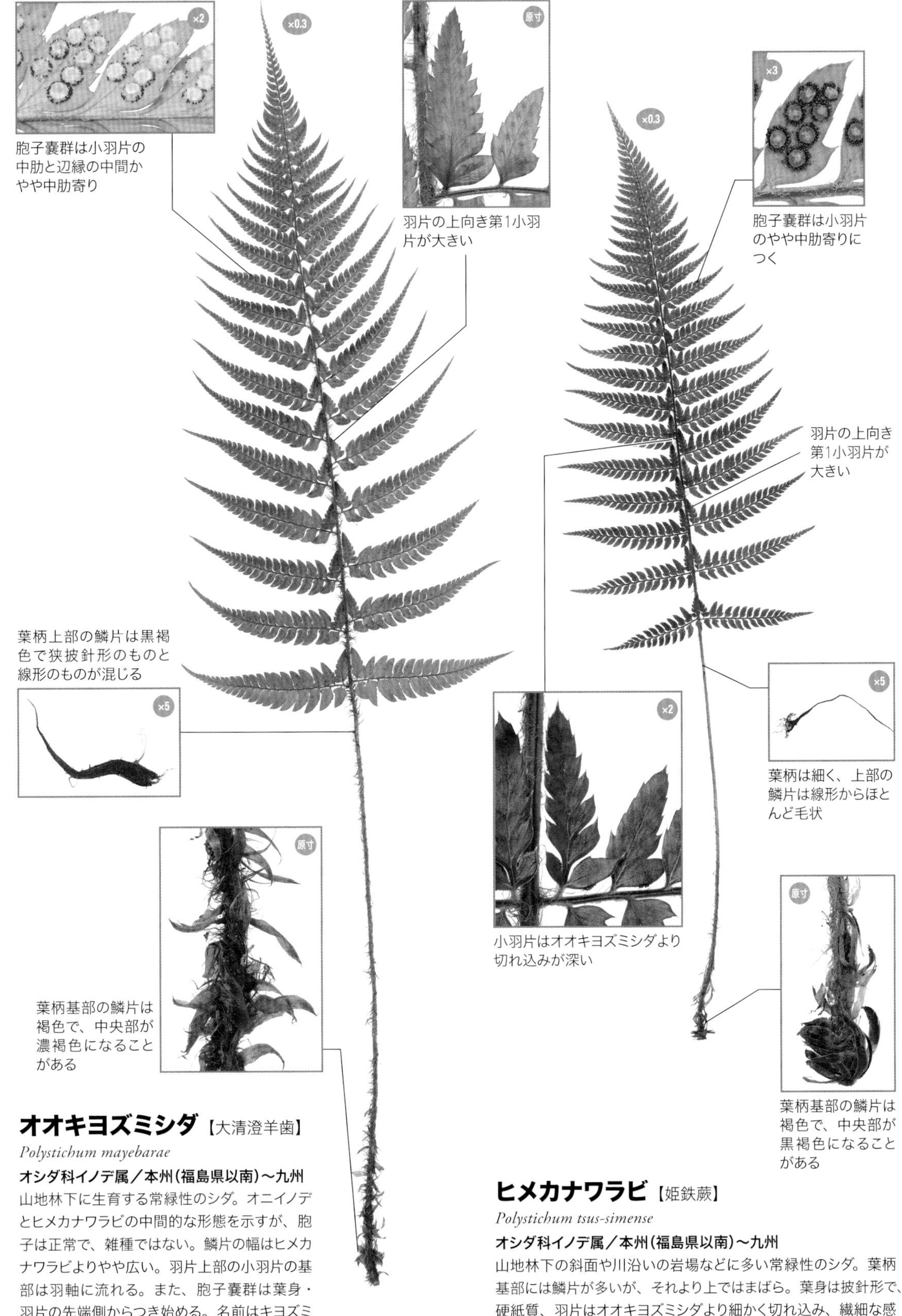
×2
胞子嚢群は小羽片の
中肋と辺縁の中間か
やや中肋寄り
×0.3
原寸
羽片の上向き第1小羽
片が大きい
×3
×0.3
胞子嚢群は小羽片
のやや中肋寄りに
つく
羽片の上向き
第1小羽片が
大きい
葉柄上部の鱗片は黒褐
色で狭披針形のものと
線形のものが混じる
×5
×2
×5
葉柄は細く、上部の
鱗片は線形からほと
んど毛状
原寸
原寸
小羽片はオオキヨズミシダより
切れ込みが深い
葉柄基部の鱗片は
褐色で、中央部が
濃褐色になること
がある
葉柄基部の鱗片は
褐色で、中央部が
黒褐色になること
がある

オオキヨズミシダ【大清澄羊歯】

Polystichum mayebarae

オシダ科イノデ属／本州(福島県以南)～九州

山地林下に生育する常緑性のシダ。オニイノデとヒメカナワラビの中間的な形態を示すが、胞子は正常で、雑種ではない。鱗片の幅はヒメカナワラビよりやや広い。羽片上部の小羽片の基部は羽軸に流れる。また、胞子嚢群は葉身・羽片の先端側からつき始める。名前はキヨズミシダ（ヒメカナワラビの別名）に似てやや大きいことから。

ヒメカナワラビ【姫鉄蕨】

Polystichum tsus-simense

オシダ科イノデ属／本州(福島県以南)～九州

山地林下の斜面や川沿いの岩場などに多い常緑性のシダ。葉柄基部には鱗片が多いが、それより上ではまばら。葉身は披針形で、硬紙質、羽片はオオキヨズミシダより細かく切れ込み、繊細な感じがする。胞子嚢群は葉身下部の中軸寄りからつき始める。名前はヒメカナワラビだが、カナワラビ属ではなく、イノデ属である。

イノデの仲間の見分け方

和名	カタイノデ (P135)	サイゴクイノデ (P135)	イノデモドキ (P132)	チャボイノデ (P133)	ホソイノデ (P133)	イノデ (P132)	アイアスカイノデ (P134)
各部分の写真	 中軸と胞子嚢群のついた小羽片  葉柄基部	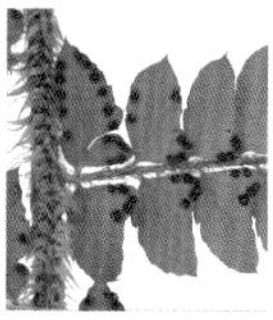 中軸と胞子嚢群のついた小羽片  葉柄基部	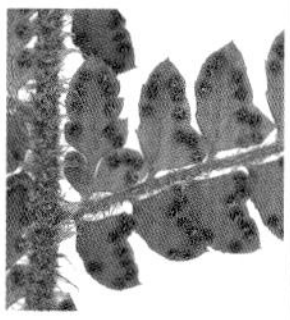 中軸と胞子嚢群のついた小羽片  葉柄上部の鱗片  葉柄基部	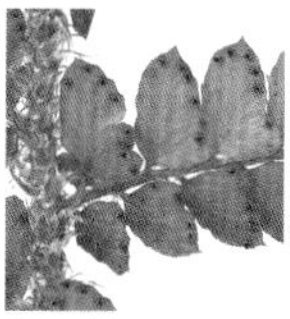 中軸と胞子嚢群のついた小羽片  葉柄上部の鱗片  葉柄下部	 中軸と胞子嚢群のついた小羽片  葉柄基部	 中軸と胞子嚢群のついた小羽片  葉柄上部の鱗片  葉柄下部	 中軸と胞子嚢群のついた小羽片  葉柄基部
胞子嚢群の位置	中肋と辺縁の中間生。葉身の上部外側からつく	辺縁寄り。葉身下部では小羽片基部の耳片の先端近くに優先してつく	辺縁寄り。葉身の下部中央から順に外に向かってつく。葉身下部では耳の上端につく	ごく辺縁寄り	中肋寄り	中肋と辺縁の中間生。葉身の上部からつく	やや辺縁寄り
中軸の鱗片	淡褐色で狭披針形〜線状披針形。突起縁	淡褐色で披針形〜線状披針形。小突起縁	淡褐色で中心部が褐色のものが混じる。狭披針形〜線状披針形で、著しい不斉突起がある	淡褐色で披針形〜線状披針形。突起縁でややねじれる	淡褐色で披針形〜線状披針形。ほぼ全縁	淡褐色で狭披針形〜線状披針形。突起縁	淡褐色で線状披針形。突起縁
葉柄の鱗片	葉柄下部では黒褐色で光沢があり、淡褐色の狭いヘリがある。やや硬い	卵状披針形〜披針形で黒褐色のものが混じるが、カタイノデのものより光沢は少ない	卵状披針形〜披針形で淡褐色、黒味を帯びることもある。辺縁は著しい不斉突起がある	褐色の鱗辺が多く、辺縁には不斉突起は少ない。乾くとねじれる	淡褐色の鱗片が多い	褐色の鱗片が多く、不斉突起はあるがイノデモドキほど多くはない	淡褐色で、葉柄基部では中央が栗色のものが混じる。イノデよりも細くて全縁に近い。葉柄中〜上部では鱗辺がやや少ない感じがする
葉の光沢	ややある	ない	ややある	ややある	なし	ある	ある
その他	葉質は硬紙質で葉の表は暗緑色	葉の表は黄色味を帯びた薄緑色	葉身の先は尾状に伸びる。胞子嚢がつく位置の表面はやや突出する	イノデモドキに似るが、小型で幅が狭い	ブナ帯より上に分布。葉柄が短い	上部の羽片は中軸に対しやや鋭角につく	葉柄が長く、葉はやや立つ感じ

アスカイノデ (P134)	ツヤナシイノデ (P136)	イワシロイノデ (P137)	サカゲイノデ (P137)	オニイノデ (P138)	オオキヨズミシダ (P139)	ヒメカナワラビ (P139)
 中軸と胞子嚢群のついた小羽片	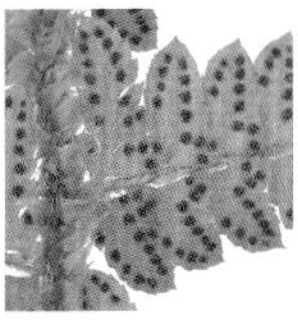 中軸と胞子嚢群のついた小羽片	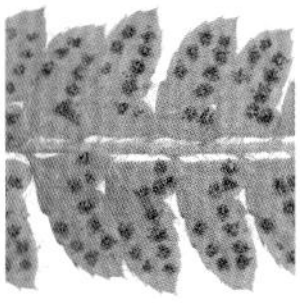 胞子嚢群のついた小羽片	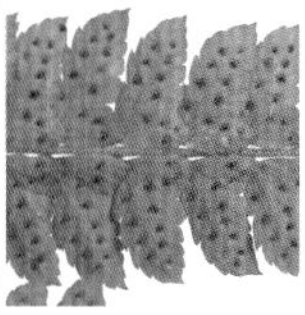 胞子嚢群のついた小羽片	 中軸と胞子嚢群のついた小羽片	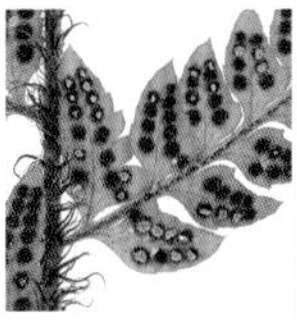 中軸と胞子嚢群のついた小羽片	 中軸と胞子嚢群のついた小羽片
 葉柄上部	 中軸裏側	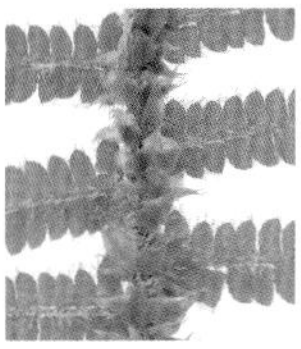 中軸裏側	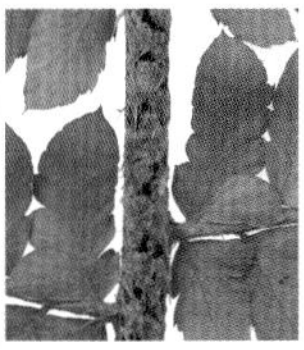 中軸裏側	 葉柄上部の鱗片	 葉柄上部の鱗片	 葉柄上部の鱗片
 葉柄基部	 葉柄基部	 葉柄基部	 葉柄基部	 葉柄基部	 葉柄基部	 葉柄基部
中肋と辺縁の中間生	中肋と辺縁の中間生。葉身の上部からつく	中肋と辺縁の中間生。葉身の上部からつく	中肋と辺縁の中間かやや中肋寄り。葉身の上部からつく	やや中肋寄り。葉身の上部からつく	中肋と辺縁の中間かやや中肋寄り。**葉身や羽片の上部からつく**	やや中肋寄り。**葉身下部の中軸寄りからつく**
淡褐色で線状披針形。全縁	淡褐色で幅の広い鱗片が開出してつく	ツヤナシイノデのものよりやや幅が狭く、開出〜下向きにつく。中軸に圧着しない	中軸裏側では広卵形、淡褐色〜褐色で、**下向きに中軸に圧着してつく**	淡褐色〜黒褐色で光沢がある。卵状披針形〜狭披針形	黒褐色で三角状披針形〜線状披針形	褐色〜黒褐色で線状披針形
淡褐色で、葉柄基部では中央が栗色のものが混じる。イノデよりも**細くて狭披針形、全縁でややねじれる**	淡褐色、**長卵形で先の尖る鱗片が多い**	淡褐色、全体的にツヤナシイノデのものより幅が狭い	淡褐色〜褐色卵形で先端は尾状に尖る	**上部でも卵状披針形〜披針形**	基部では広披針形、上部では狭披針形のものと線形のものが混じる	基部では披針形、**上部では線形〜毛状**
ある	ない	わずかにある	ない	ある	ややある	ややある
海岸近くに多い	中軸中部〜上部の鱗片が下向きに圧着してつくことはない	ツヤナシイノデとサカゲイノデの中間的な形態を示す	温帯性森林の林床に多い	葉質は硬い。小羽片の先は刺状	葉質は硬い。羽片上部の小羽片の基部が羽軸に流れる	葉質は硬い。オオキヨズミシダより切れ込みが細かい

湿った谷間に群生していたフモトカグマ

小羽片の裏側は軸（中軸、羽軸、葉脈）上にやや密に毛がある

原寸

×3

胞子嚢群は縁から少し離れ、包膜には毛が多い

×0.2

×3

小羽片の表側はほとんど無毛だが、羽軸上は有毛

葉柄基部には密に毛があるが、それ以外では早落性

フモトカグマ【麓かぐま】

Microlepia pseudostrigosa

コバノイシカグマ科フモトシダ属／本州（関東～東海）

暖地の山地林下に生育する常緑性のシダ。イシカグマに似ているが、切れ込みはそれよりも浅く、小羽片は鈍鋸歯または浅裂程度で、羽軸上には表側も毛がある。また、包膜の前縁は小羽片の縁から離れている点も異なる。名前はフモトシダとイシカグマの中間的な形態を示すことによる。

原寸

根茎には毛が多く、長く這って、短い間隔で葉をつける

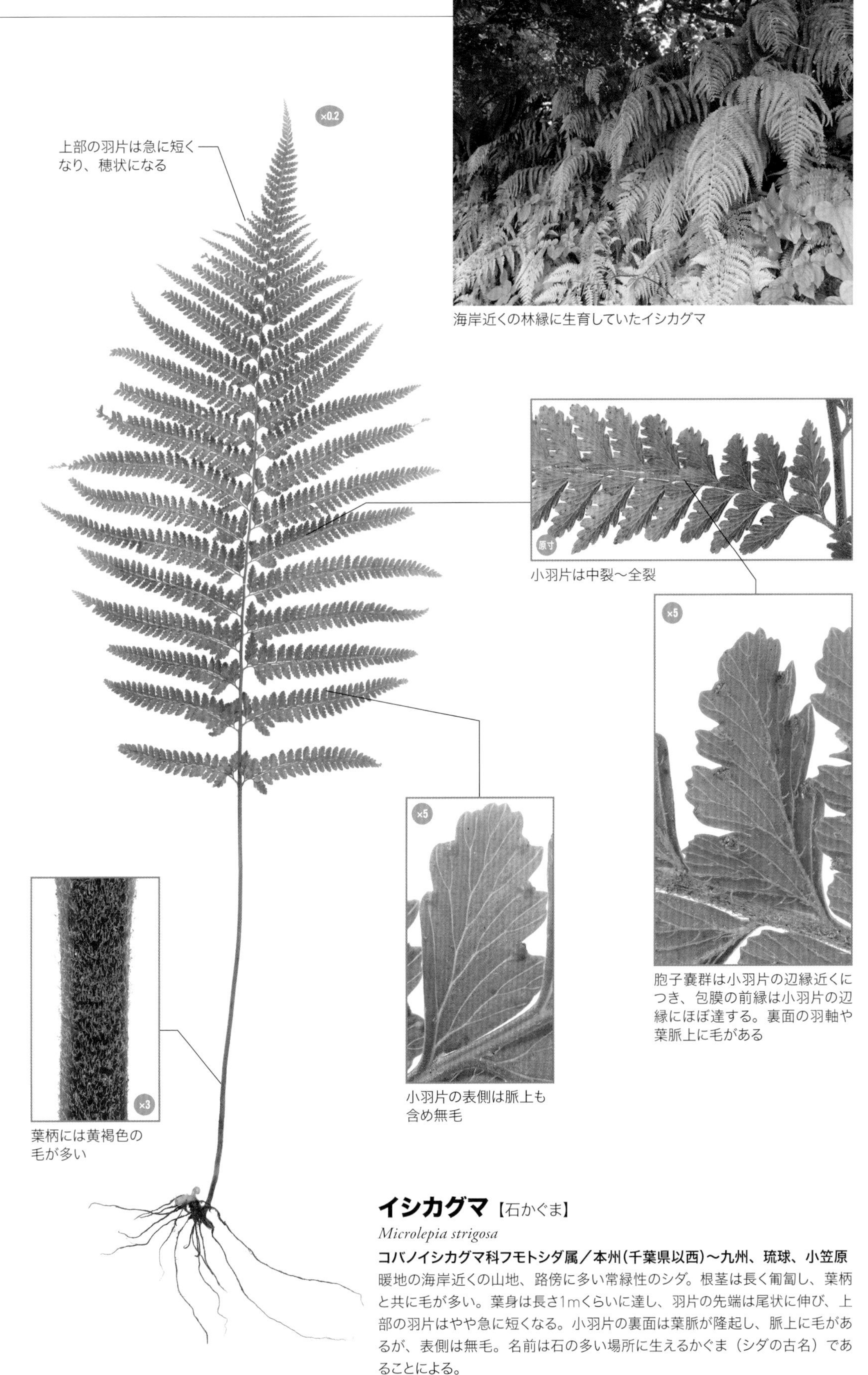

×0.2
上部の羽片は急に短くなり、穂状になる
海岸近くの林縁に生育していたイシカグマ
原寸
小羽片は中裂〜全裂
×5
胞子嚢群は小羽片の辺縁近くにつき、包膜の前縁は小羽片の辺縁にほぼ達する。裏面の羽軸や葉脈上に毛がある
×5
小羽片の表側は脈上も含め無毛
×3
葉柄には黄褐色の毛が多い

イシカグマ【石かぐま】

Microlepia strigosa

コバノイシカグマ科フモトシダ属／本州(千葉県以西)〜九州、琉球、小笠原

暖地の海岸近くの山地、路傍に多い常緑性のシダ。根茎は長く匍匐し、葉柄と共に毛が多い。葉身は長さ1mくらいに達し、羽片の先端は尾状に伸び、上部の羽片はやや急に短くなる。小羽片の裏面は葉脈が隆起し、脈上に毛があるが、表側は無毛。名前は石の多い場所に生えるかぐま（シダの古名）であることによる。

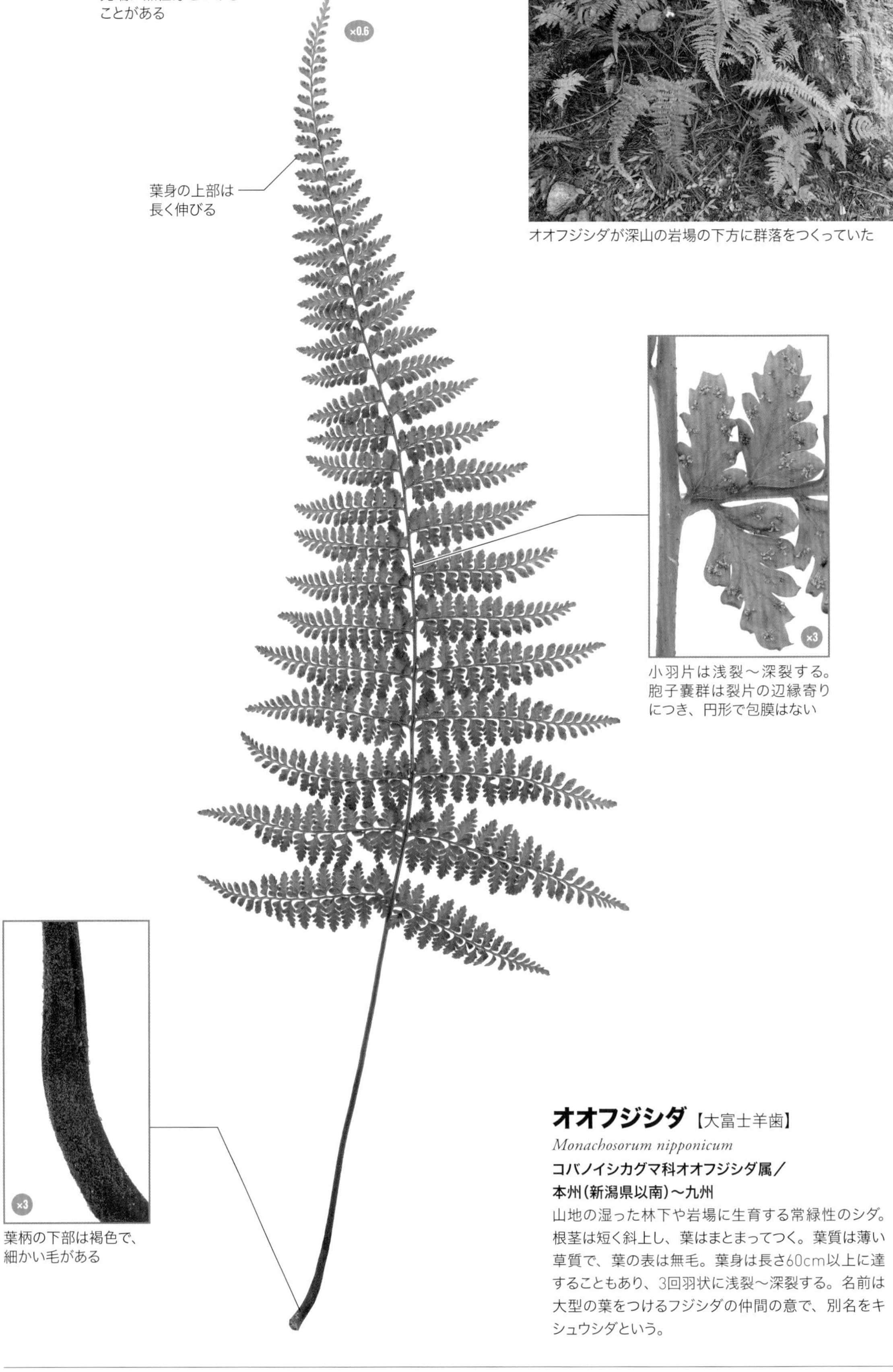

先端に無性芽をつけることがある
×0.6
葉身の上部は長く伸びる
×3
×3

オオフジシダが深山の岩場の下方に群落をつくっていた

小羽片は浅裂〜深裂する。胞子嚢群は裂片の辺縁寄りにつき、円形で包膜はない

葉柄の下部は褐色で、細かい毛がある

オオフジシダ【大富士羊歯】

Monachosorum nipponicum

コバノイシカグマ科オオフジシダ属／本州（新潟県以南）〜九州

山地の湿った林下や岩場に生育する常緑性のシダ。根茎は短く斜上し、葉はまとまってつく。葉質は薄い草質で、葉の表は無毛。葉身は長さ60cm以上に達することもあり、3回羽状に浅裂〜深裂する。名前は大型の葉をつけるフジシダの仲間の意で、別名をキシュウシダという。

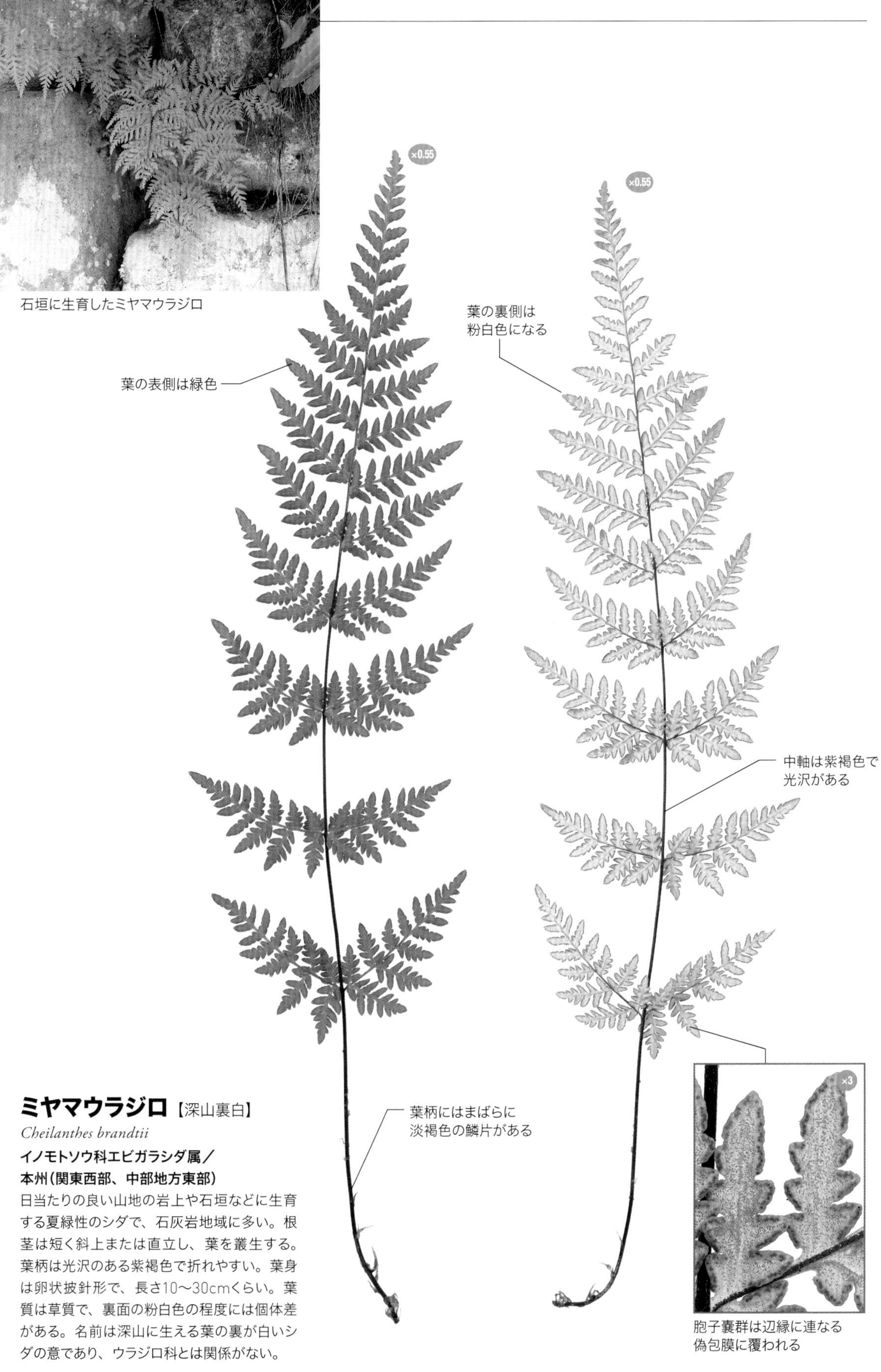
×0.55
×0.55
葉の表側は緑色
葉の裏側は
粉白色になる
中軸は紫褐色で
光沢がある
葉柄にはまばらに
淡褐色の鱗片がある
×3

石垣に生育したミヤマウラジロ

胞子嚢群は辺縁に連なる
偽包膜に覆われる

ミヤマウラジロ【深山裏白】

Cheilanthes brandtii

イノモトソウ科エビガラシダ属／
本州(関東西部、中部地方東部)

日当たりの良い山地の岩上や石垣などに生育する夏緑性のシダで、石灰岩地域に多い。根茎は短く斜上または直立し、葉を叢生する。葉柄は光沢のある紫褐色で折れやすい。葉身は卵状披針形で、長さ10〜30cmくらい。葉質は草質で、裏面の粉白色の程度には個体差がある。名前は深山に生える葉の裏が白いシダの意であり、ウラジロ科とは関係がない。

イヌワラビ【犬蕨】

Anisocampium niponicum

メシダ科ウラボシノコギリシダ属／北海道〜九州

平地〜山地路傍までふつうに見られる夏緑性のシダ。根茎は短く這い、やや密に葉をつける。葉はやや二形となり、春に出る栄養葉は羽片の幅がやや広い。葉質は柔らかい草質で、葉の形には変化が大きい。胞子嚢群は裂片の中肋と辺縁の中間かやや中肋寄りにつき、包膜の辺縁には不規則な突起がある。名前はワラビのようなシダで役に立たないことによる。

×4
胞子嚢群は楕円形や鉤型など形は様々

イヌワラビは最も ふつうに見られるシダの一つ

×0.3
栄養葉は羽片の幅がやや広い

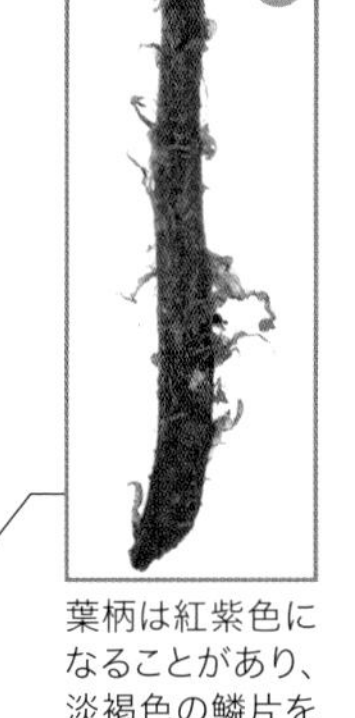
原寸
葉柄は紅紫色になることがあり、淡褐色の鱗片をまばらにつける

×0.5
×0.3
胞子葉
裏側一面に胞子嚢群がつくことがある

葉身の上部は急に細くなり穂状に伸びる

やや長い柄がある

イヌワラビについて

イヌワラビは以前メシダ属（*Athyrium*）の代表的な種であった。しかしイヌワラビはウラボシノコギリシダ（P75）との間で雑種をつくるだけで、他の種とは雑種を作らない。分子系統解析の結果、ウラボシノコギリシダとは近縁だが、それ以外の種とはだいぶ隔たりがあることが確認され、ウラボシノコギリシダ属（*Anisocampium*）として区別されることになった。

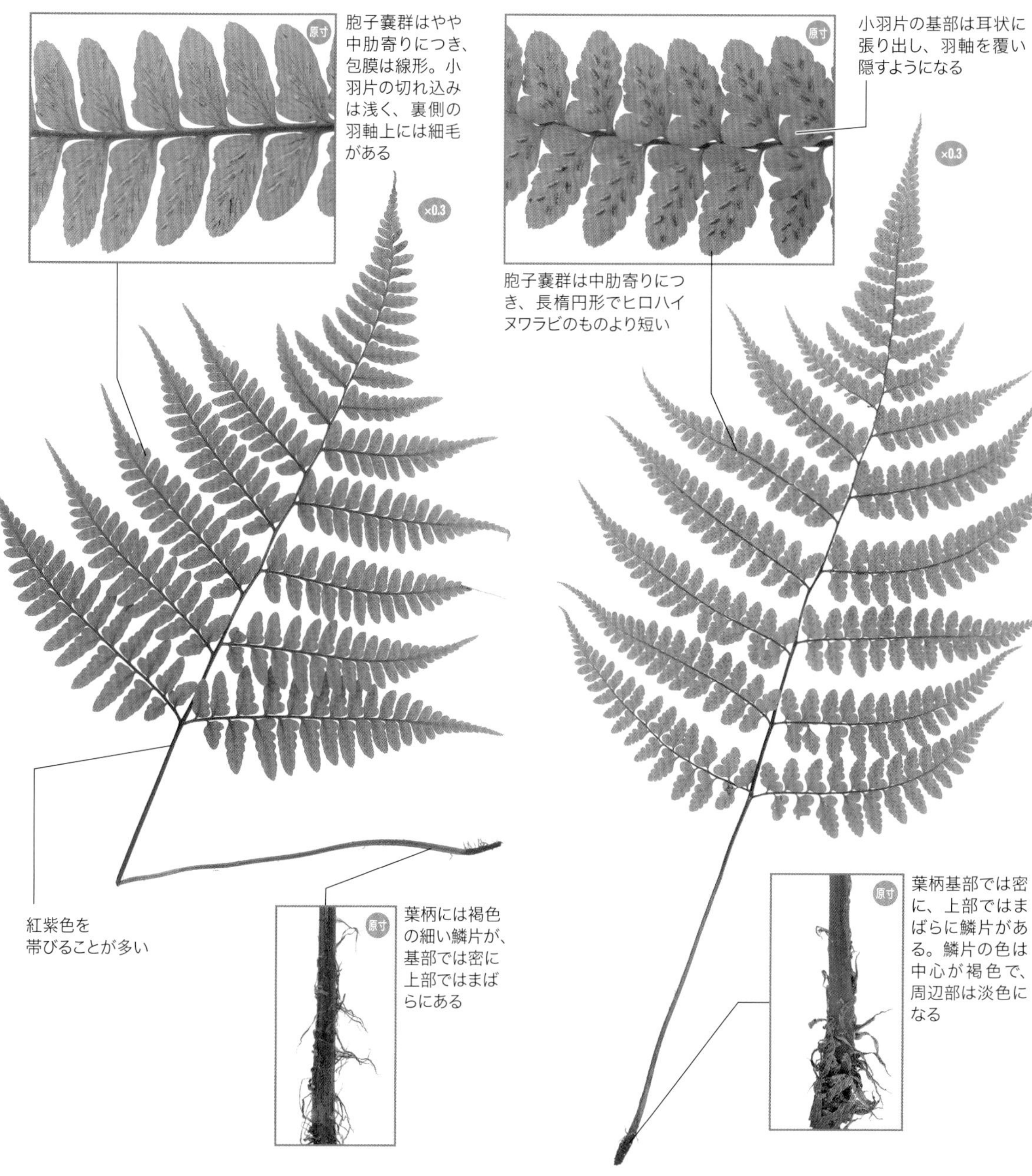
原寸
胞子嚢群はやや中肋寄りにつき、包膜は線形。小羽片の切れ込みは浅く、裏側の羽軸上には細毛がある
×0.3
紅紫色を帯びることが多い
原寸
葉柄には褐色の細い鱗片が、基部では密に上部ではまばらにある
原寸
小羽片の基部は耳状に張り出し、羽軸を覆い隠すようになる
×0.3
胞子嚢群は中肋寄りにつき、長楕円形でヒロハイヌワラビのものより短い
原寸
葉柄基部では密に、上部ではまばらに鱗片がある。鱗片の色は中心が褐色で、周辺部は淡色になる

ヒロハイヌワラビ【広葉犬蕨】

Athyrium wardii

メシダ科メシダ属／本州〜九州

山地林下に生育する夏緑性のシダで、暖地に多い。葉身は黄緑色のやや厚い草質で、広三角形〜三角状広卵形、長さ30cm前後のことが多く、上部羽片は急に短くなる。小羽片は鈍鋸歯縁または浅裂し、胞子嚢群は長くて、鉤形や馬蹄形のものは混ざらない。名前は葉の広い（ヤマ）イヌワラビの仲間ということ。

カラクサイヌワラビ【唐草犬蕨】

Athyrium clivicola

メシダ科メシダ属／北海道〜九州

山地林下に生育する夏緑性のシダ。ヤマイヌワラビに似るが、胞子嚢群の包膜は鉤型のものがほとんどないこと、小羽片の基部上側が耳状に張り出して羽軸を覆い隠すようになることなどがよい区別点となる。名前は葉の切れ込み具合が唐草模様に似ることによる。

メシダの仲間

メシダ科メシダ属の多くの種はよく似ていて、根茎は斜上〜直立して葉を叢生し、胞子嚢群は葉脈に沿って伸びることが多く、長楕円形や鉤形、馬蹄形、稀に円形となる。しかも各種間で雑種をつくることが多いため、同定に際しては注意が必要である。

ヤマイヌワラビは低山地の林下でよく見かける

原寸
胞子嚢群は
色々な形のも
のが混じる
×0.2
葉柄や中軸
は紅紫色を
帯びること
が多い
原寸
葉柄基部には
淡褐色〜褐色
の細い鱗片が
密にあり、上
部ではまばら

×2

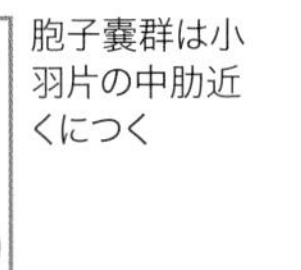
胞子嚢群は小
羽片の中肋近
くにつく
×0.3
葉柄や中軸は
紅紫色を帯びる

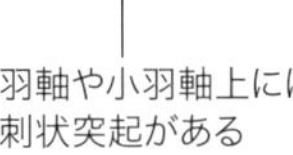
羽軸や小羽軸上には
刺状突起がある

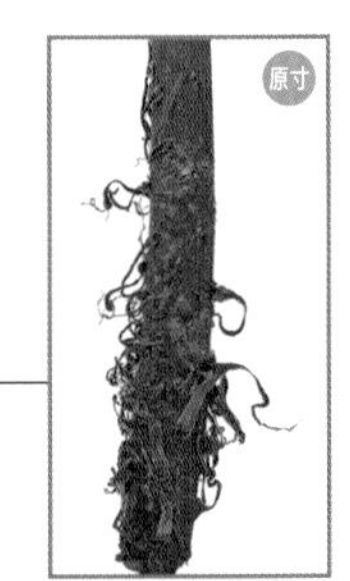
原寸
葉柄基部の鱗片は
黒褐色

ヤマイヌワラビ【山犬蕨】

Athyrium vidalii

メシダ科メシダ属／北海道〜九州

山地の林下に多い夏緑性のシダ。葉身の形と大きさには変異が大きく、大きな個体では長さ50cmに達する。小羽片は三角状長楕円形で先端はやや尖る。胞子嚢群は中肋寄り、包膜は長楕円形や鉤形、馬蹄形などがあり、辺縁は全縁または不規則な突起縁となる。

タニイヌワラビ【谷犬蕨】

Athyrium otophorum

メシダ科メシダ属／本州（山形県以南）〜九州

主に西日本の山地林下に生育する常緑性のシダ。葉柄の基部は暗褐色で、黒褐色の細い鱗片を密につけるが、葉柄上部ではまばらとなる。葉身は三角状長楕円形で、やや硬い草質、小羽片の先端は鋭頭。胞子嚢群は長楕円形で、鉤形が少し混じる。名前は谷間の近くでよく見られることによる。

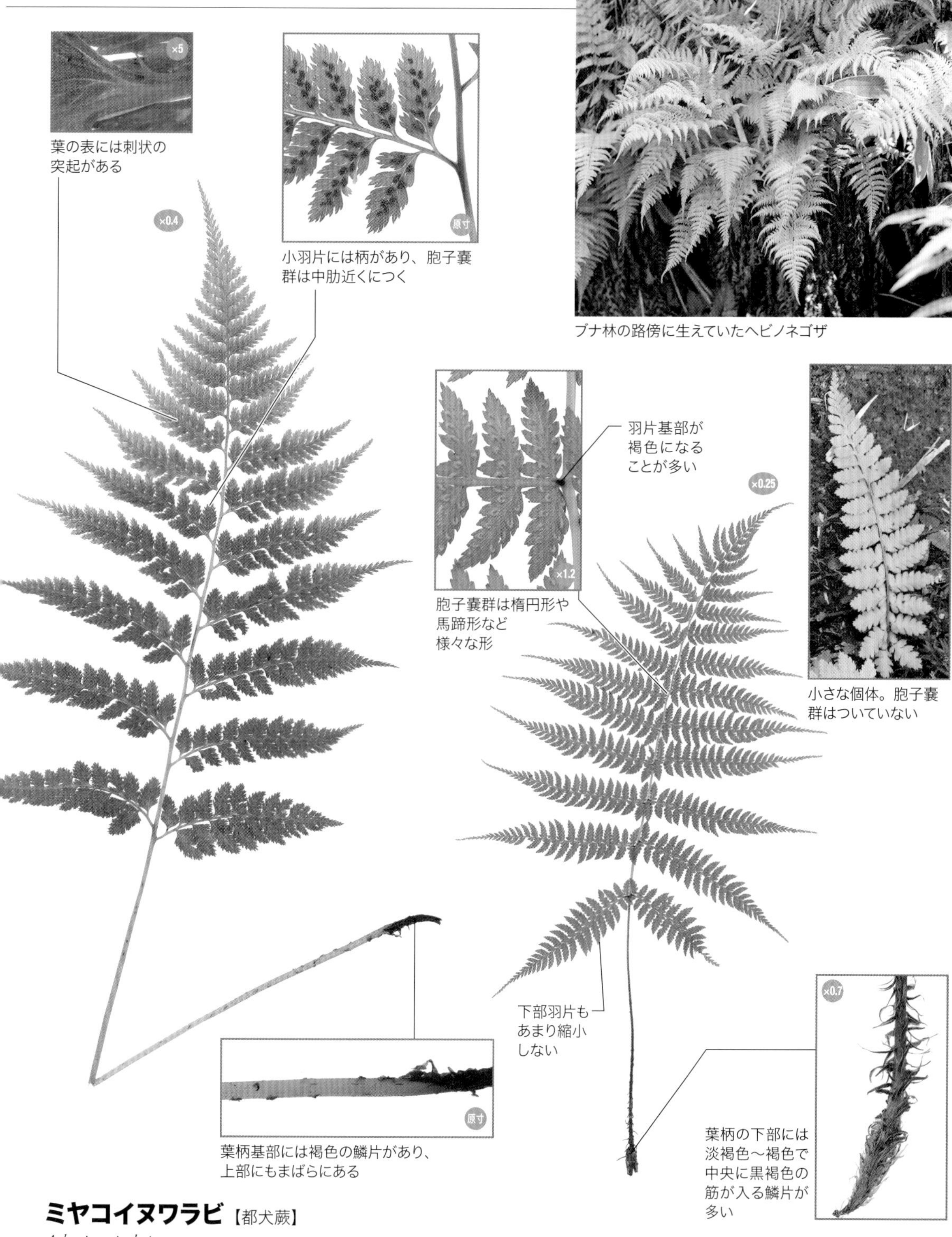
×5
葉の表には刺状の突起がある
原寸
小羽片には柄があり、胞子嚢群は中肋近くにつく
×0.4
ブナ林の路傍に生えていたヘビノネゴザ
羽片基部が褐色になることが多い
×1.2
胞子嚢群は楕円形や馬蹄形など様々な形
×0.25
小さな個体。胞子嚢群はついていない
下部羽片もあまり縮小しない
×0.7
原寸
葉柄基部には褐色の鱗片があり、上部にもまばらにある
葉柄の下部には淡褐色～褐色で中央に黒褐色の筋が入る鱗片が多い

ミヤコイヌワラビ【都犬蕨】

Athyrium imbricatum

メシダ科メシダ属／本州(関東以西)～九州

山地の川沿いなど多湿な林下に生育する夏緑性のシダ。葉は三角状卵形で、柔らかくみずみずしい感じがする。葉柄や中軸は紫色を帯びることが多いが、緑色の個体もあり、ダンドイヌワラビ（f. *viride*）と呼ばれる（全形写真はこのタイプ）。胞子嚢群は長楕円形か鉤形が多く、包膜の縁には不規則な突起がある。名前は京都の比叡山で発見されたことにちなんでいる。

ヘビノネゴザ【蛇の寝茣蓙】

Athyrium yokoscense

メシダ科メシダ属／北海道～九州

低山～高地まで山地の林下に多い夏緑性のシダ。生育範囲が広く、形も変異が大きい。3回羽状浅裂～深裂の個体が多いが、小さな個体では2回羽状浅裂くらいのものもあり、そのような個体では羽片の先もあまり尖らない。小羽片は三角状長楕円形で鋭頭。名前は、葉が叢生している様子を蛇が寝る茣蓙（ござ）に見立てたことによる。

羽軸の上部には無性芽ができる

×0.6

胞子葉の葉柄は
比較的長い

ホソバイヌワラビはヤマイヌワラビなどに比べると羽片の切れ込みが深い

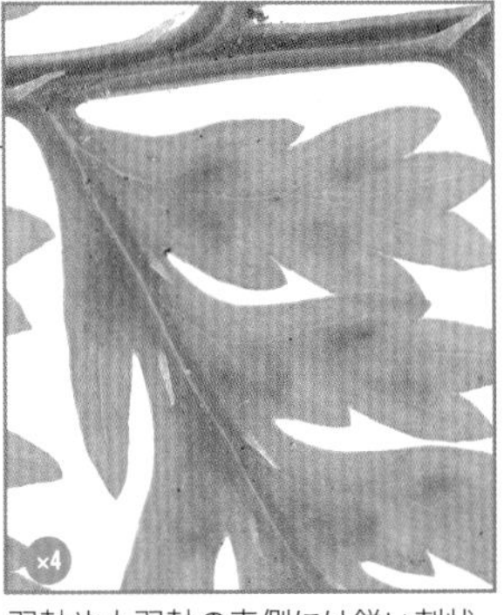
×4

羽軸や小羽軸の表側には鋭い刺状突起がある

×1.5

胞子嚢群は中肋寄りにつき、包膜は長楕円形、鉤形などが混ざる

葉柄基部には褐色の鱗片が多い

ホソバイヌワラビ【細葉犬蕨】

Athyrium iseanum var. *iseanum*

メシダ科メシダ属／本州～九州

湿り気のある山地林下に生育する夏緑性のシダ。葉はやや二形になり、胞子葉は葉柄が長く、立ち上がる。葉身は卵形～長楕円形、長さ20～50cmくらい、柔らかい草質で、繊細な感じがする。羽片は3回羽状に深裂～全裂し、裂片には鋸歯がある。秋に中軸の先端近くに無性芽をつけるのが大きな特徴である。変種のトガリバイヌワラビ（var. *angustisectum*）は裂片の幅が狭く、鋭尖頭で、小羽片や裂片の間隔が広くなり、通常無性芽はつけない。

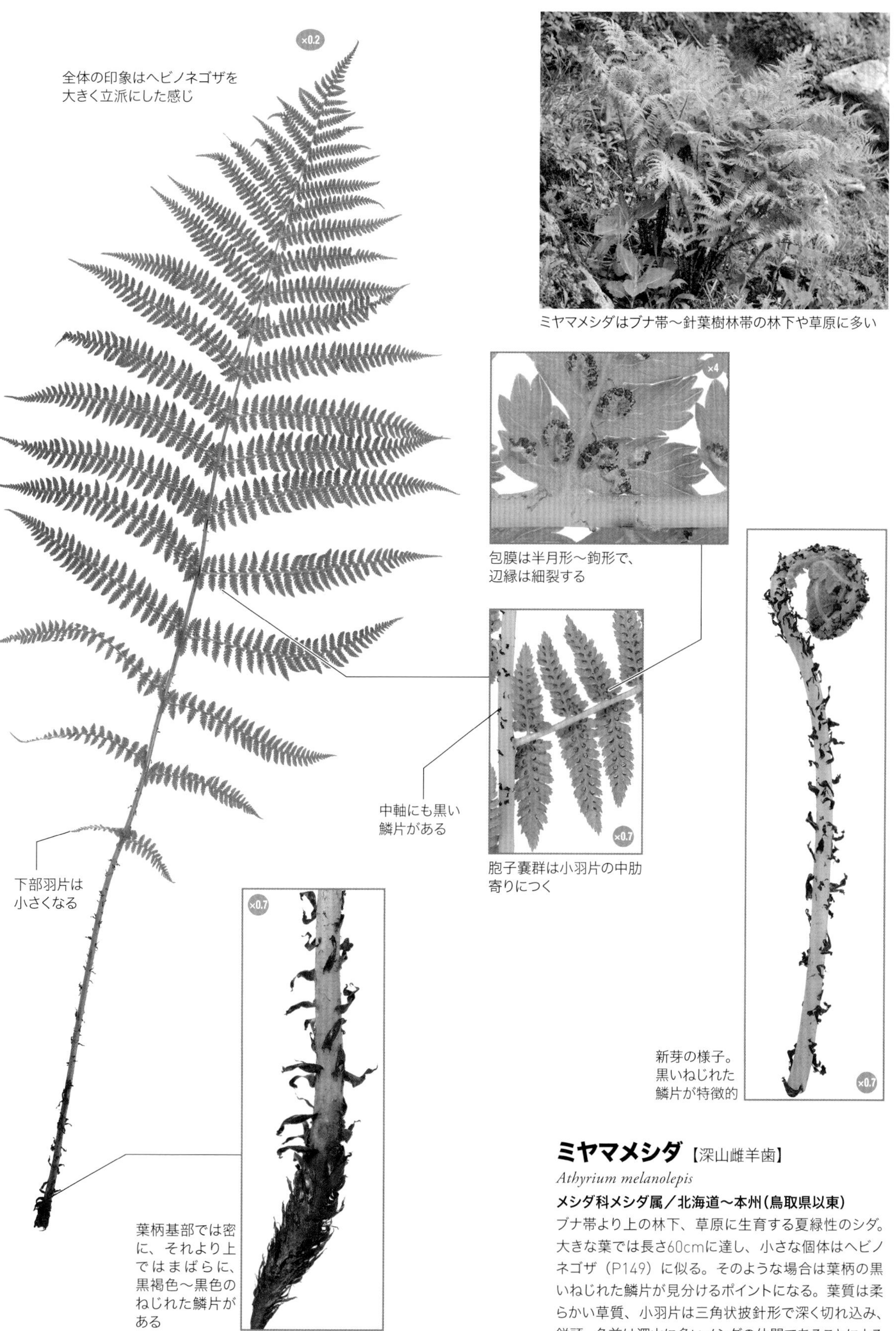
×0.2
全体の印象はヘビノネゴザを大きく立派にした感じ
下部羽片は小さくなる
×4
×0.7
中軸にも黒い鱗片がある
×0.7
葉柄基部では密に、それより上ではまばらに、黒褐色〜黒色のねじれた鱗片がある
×0.7

ミヤマメシダはブナ帯〜針葉樹林帯の林下や草原に多い

包膜は半月形〜鉤形で、辺縁は細裂する

胞子嚢群は小羽片の中肋寄りにつく

新芽の様子。黒いねじれた鱗片が特徴的

ミヤマメシダ【深山雌羊歯】

Athyrium melanolepis

メシダ科メシダ属／北海道〜本州(鳥取県以東)

ブナ帯より上の林下、草原に生育する夏緑性のシダ。大きな葉では長さ60cmに達し、小さな個体はヘビノネゴザ（P149）に似る。そのような場合は葉柄の黒いねじれた鱗片が見分けるポイントになる。葉質は柔らかい草質、小羽片は三角状披針形で深く切れ込み、鋭頭。名前は深山に多いメシダの仲間であることによる。

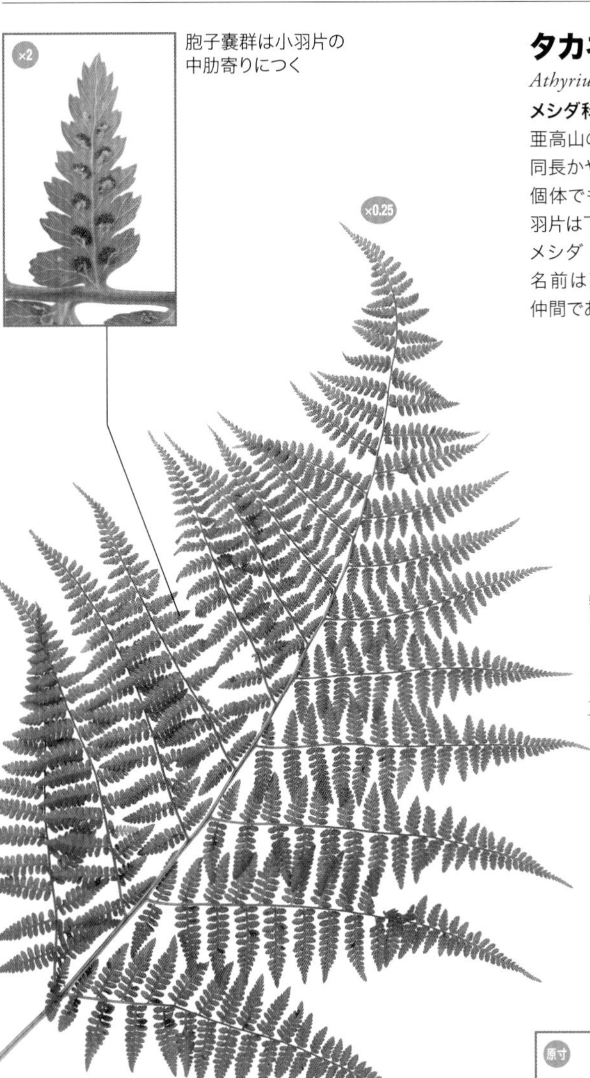
×2
×0.25

胞子嚢群は小羽片の中肋寄りにつく

タカネサトメシダ【高嶺里雌羊歯】

Athyrium pinetorum

メシダ科メシダ属／北海道、本州、四国（近畿以西では稀）

亜高山の針葉樹林下に生育することが多い夏緑性のシダ。葉柄は葉身と同長かやや長く、基部には鱗片が多い。葉身は三角状広卵形で、大きい個体でも長さ35cm程度。葉身中部羽片の第1小羽片は下側が先に出る（似た種類のコシノサトメシダ（*A. neglectum*）はほぼ対生）。名前は高山に生育するサトメシダの仲間であることによる。

×0.25

原寸

葉柄基部の鱗片は中央が黒褐色で、辺縁は淡色になる

×2

胞子嚢群は小羽片の中肋寄りに並ぶ。包膜は楕円形〜鉤形、縁は細裂して毛状縁となる

サトメシダ【里雌羊歯】

Athyrium deltoidofrons

メシダ科メシダ属／北海道〜九州

平地や山間の明るい湿地に生育する夏緑性のシダ。葉身は三角状卵形であることが多いが、変異が大きい。葉身が長楕円状披針形で最下羽片が縮小し切れ込みも浅い型はトガリバメシダ（f. *acutissimum*）と呼ばれる。葉質は草質で、鱗片や毛はほとんどない。包膜は楕円形〜鉤形、縁は細裂して毛状縁となる。名前はメシダの仲間で人里に多いことに由来する。

原寸

葉柄基部には淡褐色披針形の鱗片がある

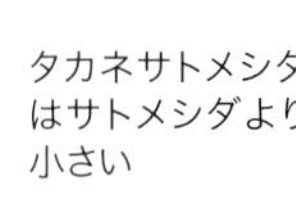

タカネサトメシダはサトメシダより小さい

ハコネシケチシダ【箱根湿気地羊歯】

Athyrium christensenianum

メシダ科メシダ属／本州～九州

やや陰湿な山地林下に生育する夏緑性のシダ。シケチシダとイッポンワラビの中間的な形態を示し、雑種起源の種と考えられている。葉身は三角状広卵形で、シケチシダより切れ込みが深く、長さ60cmくらいに達する。葉質は草質で、中軸や羽軸、小羽軸の裏側に細毛があり、裂片の小脈は単条。名前は最初に神奈川県の箱根で見出されたことによる。

×3 羽片分岐部に肉刺状の突起がある

×0.2

×0.8 胞子嚢群は裂片の中肋と辺縁の中間につき、楕円形～線形で包膜はない

葉柄には褐色で広披針形の鱗片がまばらにつく

ハコネシケチシダはシケチシダよりもだいぶ大きく、切れ込みも深い

×1.4 胞子嚢群は円形～楕円形で、中肋と辺縁の中間につき、包膜はない

×0.25

最下羽片の第一小羽片は小さくなる

×4 中軸上の羽片分岐点には肉刺状の小突起がある

×0.7 葉柄基部には密に、上部ではまばらに淡褐色の鱗片がある

イッポンワラビ【一本蕨】

Athyrium crenulatoserrulatum

メシダ科メシダ属／北海道、本州（近畿以西では稀）

やや寒冷で湿った山地林下に生育する夏緑性のシダ。根茎は短く匍匐し、やや密に葉をつける。葉柄は葉身と同程度の長さがある。葉身は三角状広楕円形で3回羽状に深裂する。中軸や羽軸にはまばらに細い鱗片と毛がある。名前は埼玉県の方言にちなむという。また、山菜のアブラコゴミとしても著名である。

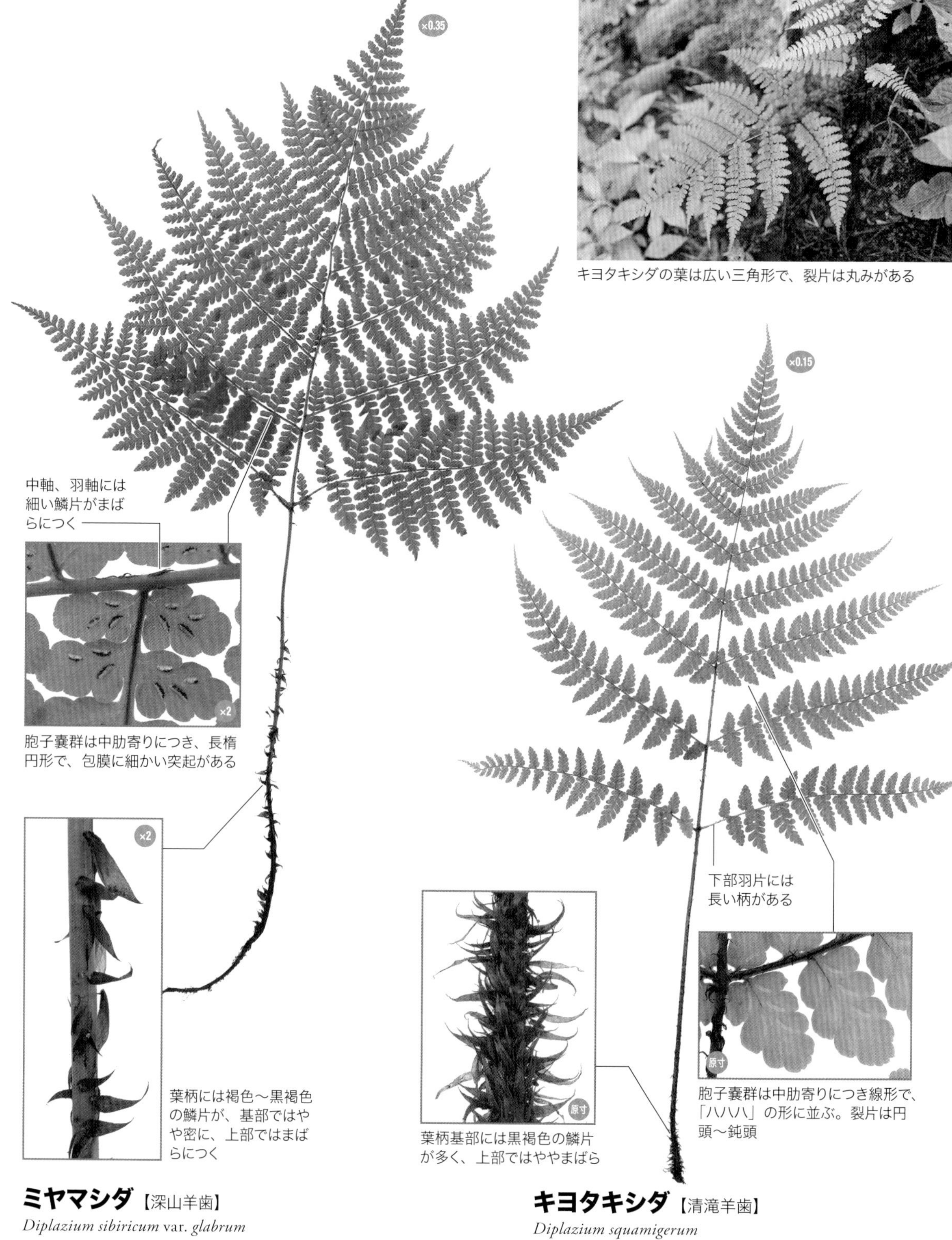
×0.35
中軸、羽軸には
細い鱗片がまば
らにつく
×2
胞子嚢群は中肋寄りにつき、長楕
円形で、包膜に細かい突起がある
×2
葉柄には褐色〜黒褐色
の鱗片が、基部ではや
や密に、上部ではまば
らにつく
×0.15
下部羽片には
長い柄がある
原寸
葉柄基部には黒褐色の鱗片
が多く、上部ではややまばら
原寸
胞子嚢群は中肋寄りにつき線形で、
「ハハハ」の形に並ぶ。裂片は円
頭〜鈍頭

キヨタキシダの葉は広い三角形で、裂片は丸みがある

ミヤマシダ【深山羊歯】

Diplazium sibiricum var. *glabrum*

メシダ科ノコギリシダ属／北海道〜四国(近畿以西では稀)

深山の林下に生育する夏緑性のシダ。より寒い地域に分布するキタノミヤマシダの変種で、母種に比べると羽片の切れ込みがやや浅く、羽軸や葉脈上が無毛である点が異なる。根茎は長く匍匐し、葉をまばらに出す。葉柄は葉身と同じくらい長く、鱗片がある。葉身は広三角形で長さ幅とも30cm前後、草質で裂片の先は円い。名前は深山に生えるシダであることによる。

キヨタキシダ【清滝羊歯】

Diplazium squamigerum

メシダ科ノコギリシダ属／北海道〜九州

やや陰湿な山地林下に生育する夏緑性のシダ。ミヤマシダに似ているが、根茎は短く匍匐または斜上し、葉がまとまって出る。また切れ込みはより浅く、裂片がやや大きい。葉柄や中軸にはミヤマシダのものよりやや細い鱗片が多く、羽軸にもまばらにある。葉身はミヤマシダよりもやや大きくなる。名前は京都市の清滝に由来する。

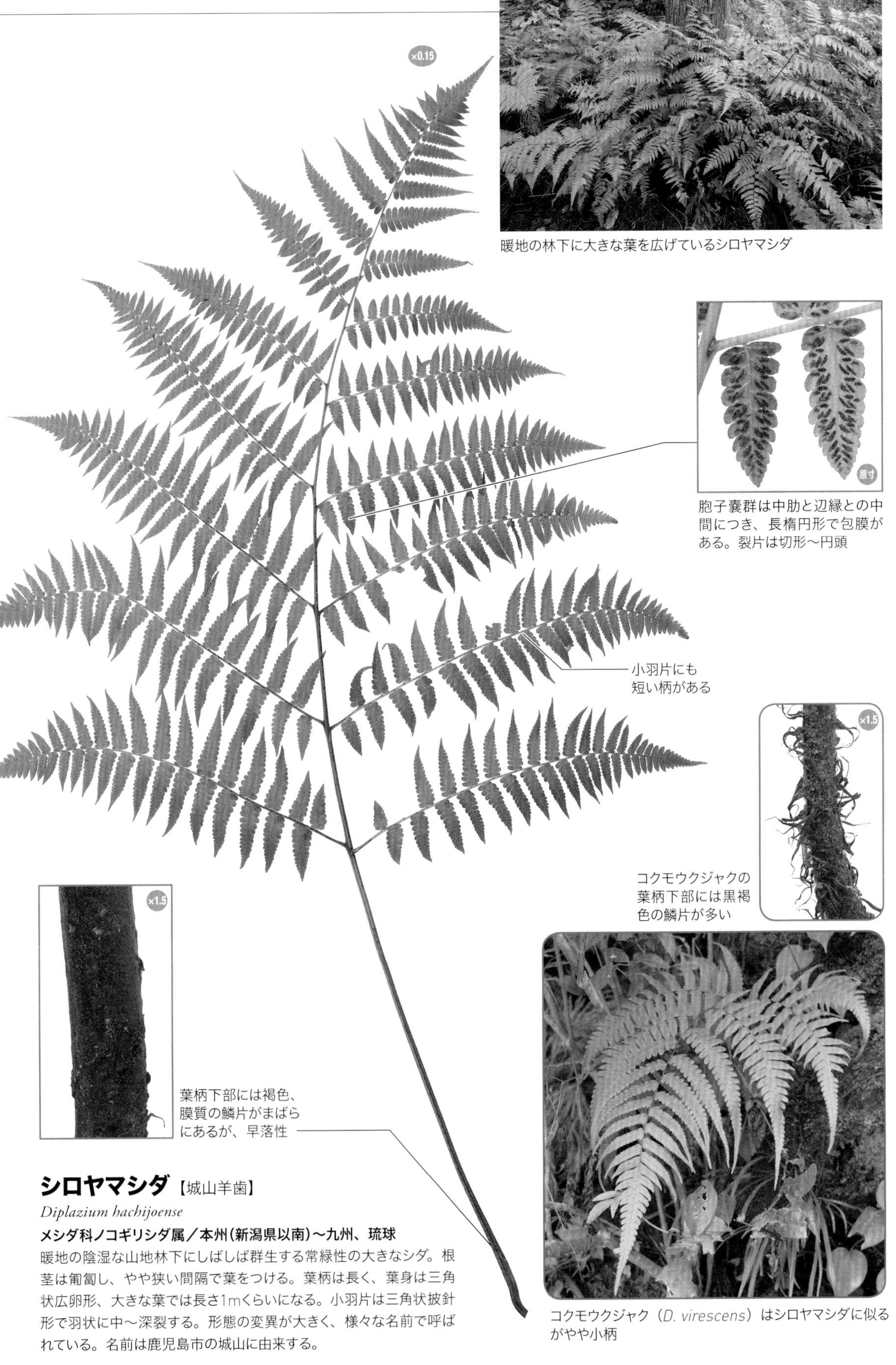
×0.15
原寸
×1.5
×1.5

暖地の林下に大きな葉を広げているシロヤマシダ

胞子嚢群は中肋と辺縁との中間につき、長楕円形で包膜がある。裂片は切形〜円頭

小羽片にも短い柄がある

コクモウクジャクの葉柄下部には黒褐色の鱗片が多い

葉柄下部には褐色、膜質の鱗片がまばらにあるが、早落性

コクモウクジャク（*D. virescens*）はシロヤマシダに似るがやや小柄

シロヤマシダ【城山羊歯】

Diplazium hachijoense

メシダ科ノコギリシダ属／本州（新潟県以南）〜九州、琉球

暖地の陰湿な山地林下にしばしば群生する常緑性の大きなシダ。根茎は匍匐し、やや狭い間隔で葉をつける。葉柄は長く、葉身は三角状広卵形、大きな葉では長さ1mくらいになる。小羽片は三角状披針形で羽状に中〜深裂する。形態の変異が大きく、様々な名前で呼ばれている。名前は鹿児島市の城山に由来する。

オオヒメワラビ【大姫蕨】

Deparia okuboana

メシダ科シケシダ属／本州〜九州

流れの脇などの明るい林縁や路傍に多い夏緑性のシダ。根茎は短く匍匐し、葉はややまとまってつく。葉身は三角状卵形で大きく、大きな葉では長さ70cmくらいになる。葉質は草質で、羽軸には翼がある。成熟した胞子嚢群は円形〜楕円形に見えるが、若い包膜を見ると楕円形やJ形、馬蹄形など様々な形であることがわかる。名前は大きいヒメワラビ（P188）の意であるが、ヒメワラビとは科が異なる

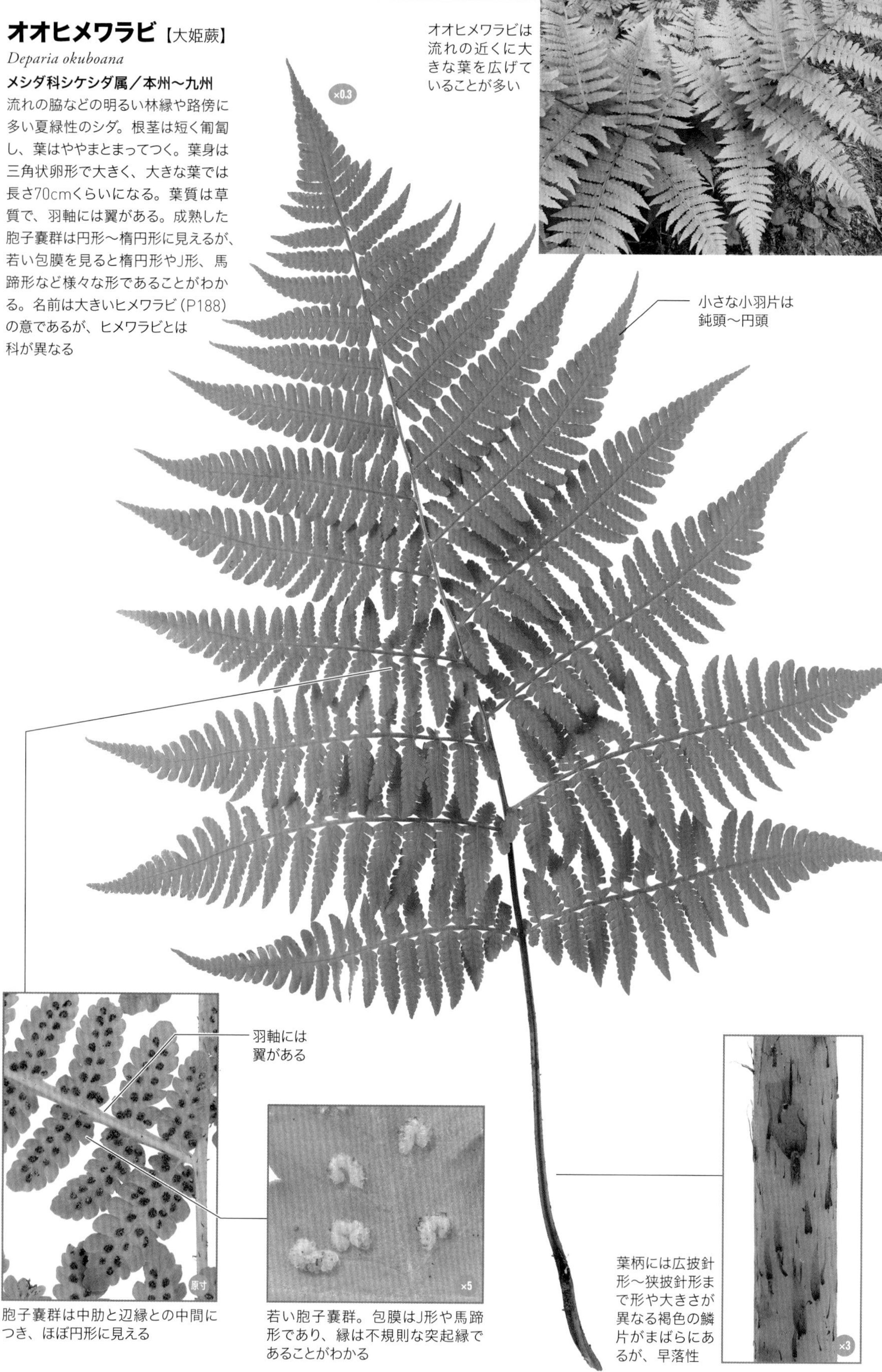
×0.3
原寸
×5
×3

オオヒメワラビは流れの近くに大きな葉を広げていることが多い

小さな小羽片は鈍頭〜円頭

羽軸には翼がある

胞子嚢群は中肋と辺縁との中間につき、ほぼ円形に見える

若い胞子嚢群。包膜はJ形や馬蹄形であり、縁は不規則な突起縁であることがわかる

葉柄には広披針形〜狭披針形まで形や大きさが異なる褐色の鱗片がまばらにあるが、早落性

羽軸には狭い
翼がある
×0.3
×1.5
×0.7
原寸

ミドリワラビの葉は柔らかく、秋には早めに枯れる

胞子嚢群は裂片の中肋と辺縁の中間かやや中肋寄りにつく

大きめの小羽片

葉柄には褐色の鱗片がまばらにある

ミドリワラビ【緑蕨】

Deparia viridifrons

メシダ科シケシダ属／本州～九州

低山の林下などに生育する夏緑性のシダで、オオヒメワラビに似るがもう少し切れ込みが深く、繊細な感じがする。葉身は三角状広卵形で、大きな葉では長さ70cmに達する。葉質はやや薄い草質で、名前の通り濃緑色である。小羽片は浅裂～深裂し、裂片は波状縁～鈍鋸歯縁。胞子嚢群の包膜は楕円形、鉤形などがあり、縁は毛状の突起がある。

×0.2
×2
×0.7
小羽片は羽軸に対しほぼ直角につく
下部の羽片はやや小さくなる
葉柄は太く、褐色の鱗片が、基部では密に、上部ではまばらにつく

オオメシダの葉は長さ1mに達することもある

羽片は深裂〜全裂し、小羽片はさらに浅裂〜中裂する。胞子嚢群は長楕円形〜鉤形で、包膜がある

オオメシダ【大雌羊歯】

Deparia pterorachis

メシダ科シケシダ属／北海道、本州(鳥取県以東)

温帯林の湿潤な林下に生育する夏緑性のシダ。根茎は短く匍匐し、葉を込み合ってつける。葉身は卵状広披針形で2回羽状深裂〜3回羽状中裂する。名前はメシダに似た大型のシダの意であるが、メシダ属ではなくシケシダ属である。ただ、ややミヤマメシダ(P151)などに似た印象はある。

高山のシダ

シダの多様性は熱帯地方で高く、特に標高1000m〜2000mの熱帯雲霧林と呼ばれる地域に種類数が多い。やはりシダは暖かくて空中湿度が高いところが生育に適しているのであろう。日本でも屋久島では320種以上のシダが分布しているが、屋久島の何十倍もの面積を持つ北海道では約140種程度が分布しているにすぎない。このように寒冷地や高山は多くのシダの生育には適していないのだが、だからといって高山にシダが全く生育していないわけではなく、種類数は少ないが高山という環境に適応した特有のシダが見られる。通常高山だけに見られるものだけだと種類も限られるが、亜高山帯に生育し高山帯にも生育するというものまで含めると結構種類は多い。日本の高山で見られる種類を以下に列記するが、ヒカゲノカズラ科やイワヒバ科等の小葉類のシダが多いことがわかる。これらのシダは分布が非常に限られた貴重なシダが多いので、山で見かけても、とるのは写真だけにしてそっと見守ってほしいと切に願う。

●生育が高山（ハイマツ帯）にほとんど限局されるもの

チシマヒカゲノカズラ、タカネヒカゲノカズラ、コスギラン、コケスギラン、ミヤマハナワラビ、ヒメハナワラビ、ヤツガタケシノブ、リシリシノブ、キタダケデンダ、ニオイシダ、ヒイラギデンダ、タカネシダなど

●高山にも生育するがそれよりも低標高の場所にも見られるもの

スギカズラ、アスヒカズラ、ヒモカズラ、ナヨシダ、イワウサギシダ、アオチャセンシダ、ミヤマイワデンダ、トガクシデンダ、ミヤマヘビノネゴザ、ミヤマメシダ、カラフトメンマなど

タカネヒカゲノカズラ（ヒカゲノカズラ科）

コスギラン（ヒカゲノカズラ科）

ヒモカズラ（イワヒバ科）

ヤツガタケシノブ
（イノモトソウ科）

ヒイラギデンダ（オシダ科）

タカネシダ（オシダ科）

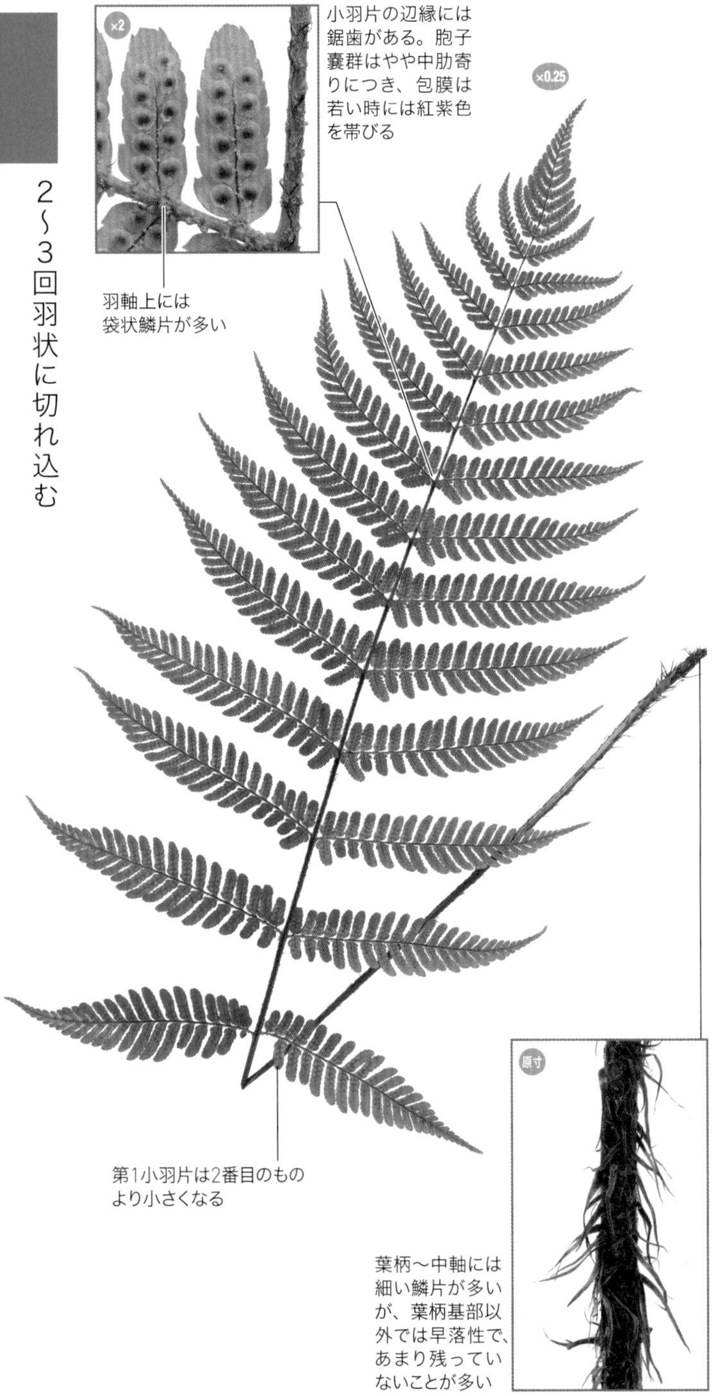

小羽片の辺縁には鋸歯がある。胞子嚢群はやや中肋寄りにつき、包膜は若い時には紅紫色を帯びる

羽軸上には袋状鱗片が多い

第1小羽片は2番目のものより小さくなる

葉柄〜中軸には細い鱗片が多いが、葉柄基部以外では早落性で、あまり残っていないことが多い

胞子嚢群は小羽片の中肋と辺縁の中間〜やや辺縁寄りにつくことが多い
羽軸上には袋状鱗片が多い
中軸上の鱗片は淡褐色
小羽片はベニシダより切れ込む
葉柄基部には褐色の鱗片が多い

ベニシダ【紅羊歯】

Dryopteris erythrosora

オシダ科オシダ属／本州〜九州、琉球（琉球では稀）

低山地の林下や路傍に多い常緑性のシダ。葉柄には褐色〜黒褐色の鱗片が多いが、基部を除いて早落性である。葉身は三角状長楕円形で、形や大きさはかなり変異が大きい。葉質は紙質で、やや光沢があり、若い時には紅紫色を帯びる。名前は若葉や包膜が紅色になることからであるが、ときに若葉も包膜も紅色にならないものがあり、ミドリベニシダと呼ばれる。無融合生殖種であり、1胞子嚢中の胞子数は32個。

キノクニベニシダ【紀ノ国紅羊歯】

Dryopteris kinokuniensis

オシダ科オシダ属／本州（関東以西）〜九州

低山地の林下に生育する常緑性のシダ。ベニシダによく似ているが、側羽片は中軸に対し直角に近い角度でつくことがあること、鱗片の色がやや明るいこと、中軸が紅紫色を帯びること、胞子嚢群が小羽片の中肋と辺縁の中間につくことが多いことなどの特徴がある。名前は和歌山県の古い名の紀ノ国に由来する。

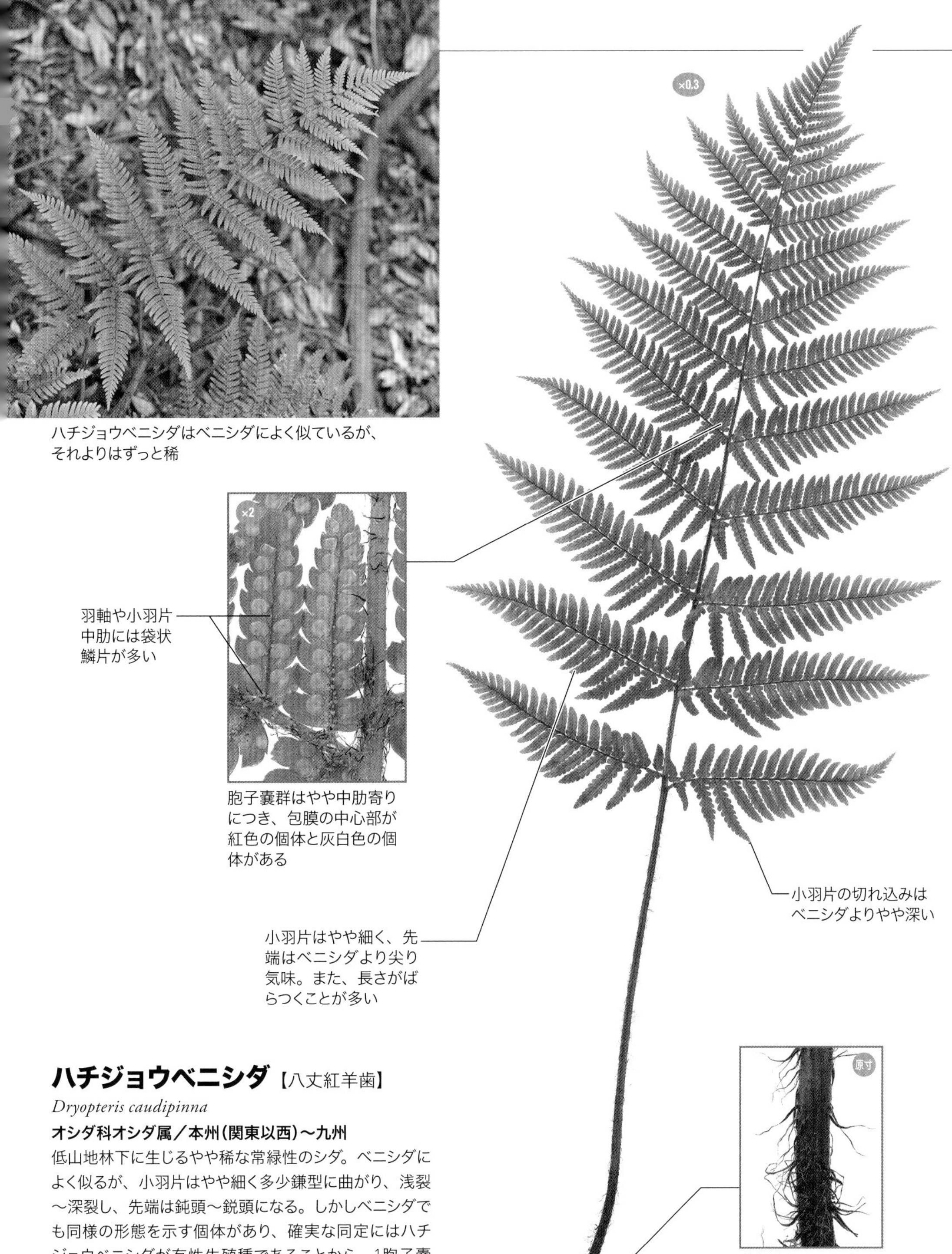
×0.3
×2
羽軸や小羽片
中肋には袋状
鱗片が多い
小羽片の切れ込みは
ベニシダよりやや深い
小羽片はやや細く、先
端はベニシダより尖り
気味。また、長さがば
らつくことが多い
原寸

ハチジョウベニシダはベニシダによく似ているが、それよりはずっと稀

胞子嚢群はやや中肋寄りにつき、包膜の中心部が紅色の個体と灰白色の個体がある

葉柄基部には褐色～黒褐色の鱗片が多いが上部ではまばら

ハチジョウベニシダ【八丈紅羊歯】

Dryopteris caudipinna

オシダ科オシダ属／本州（関東以西）～九州

低山地林下に生じるやや稀な常緑性のシダ。ベニシダによく似るが、小羽片はやや細く多少鎌型に曲がり、浅裂～深裂し、先端は鈍頭～鋭頭になる。しかしベニシダでも同様の形態を示す個体があり、確実な同定にはハチジョウベニシダが有性生殖種であることから、1胞子嚢当たりの胞子数が64個であることを確認することが必要。名前は八丈島で見出されたことによる。

ベニシダの仲間

オシダ科オシダ属のベニシダの仲間（P160～165）は種類が多く、本書に掲載できなかった種も多数あるので、それらについては他書を参照していただきたい。無融合生殖種が多く、また互いによく似ている。共通する性質として包膜が円腎形であること、根茎が短く斜上して葉を叢生すること、羽軸や裂片中肋の裏側に袋状鱗片が目立つこと、最下羽片の下側第1小羽片が第2小羽片と同程度またはより短いことなどがあげられるが、例外もある。

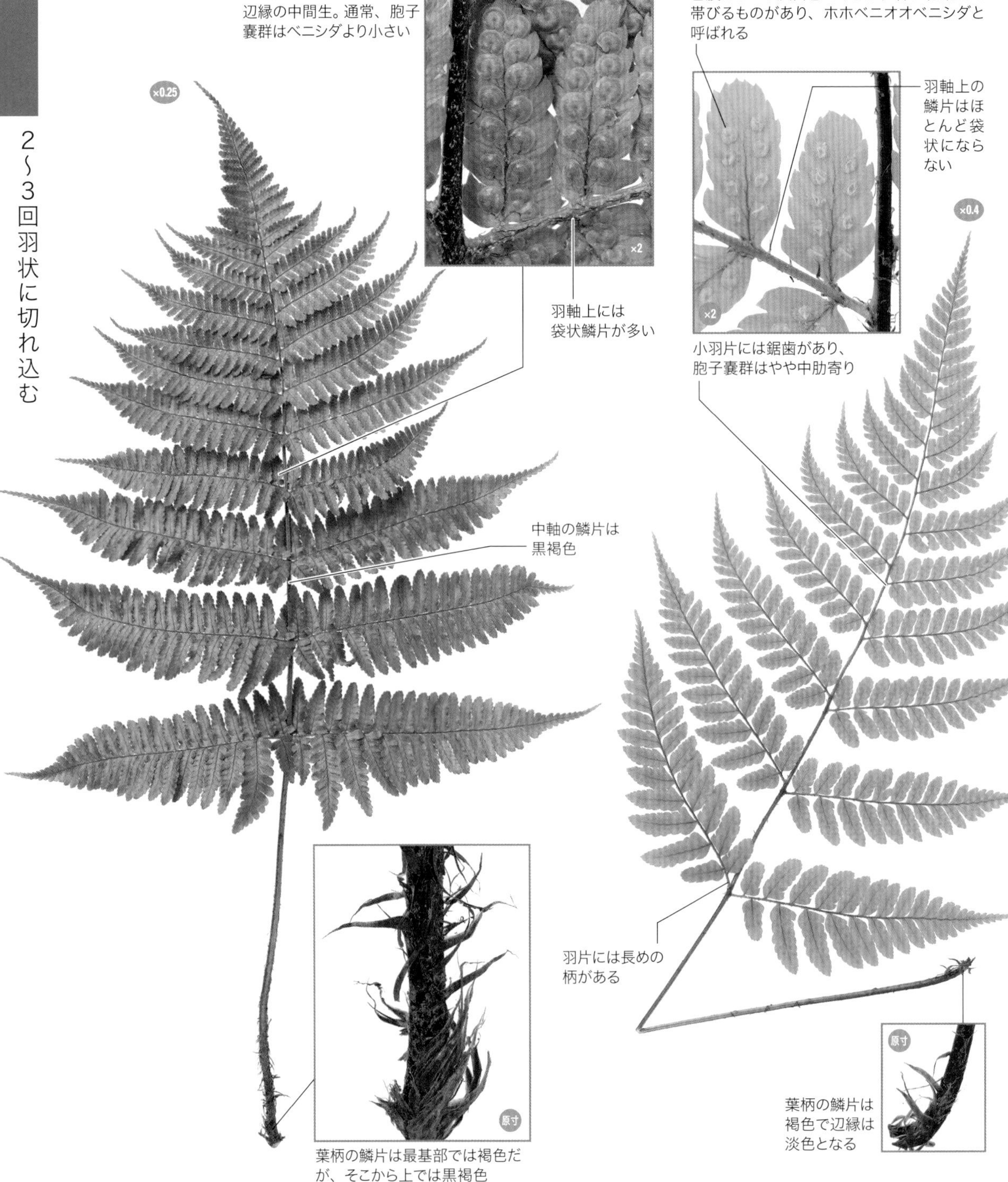
胞子嚢群は小羽片の中肋と
辺縁の中間生。通常、胞子
嚢群はベニシダより小さい
×0.25
×2
羽軸上には
袋状鱗片が多い
中軸の鱗片は
黒褐色
原寸
葉柄の鱗片は最基部では褐色だ
が、そこから上では黒褐色
包膜はふつう灰白色であるが、稀に紅紫色を
帯びるものがあり、ホホベニオオベニシダと
呼ばれる
羽軸上の
鱗片はほ
とんど袋
状になら
ない
×0.4
×2
小羽片には鋸歯があり、
胞子嚢群はやや中肋寄り
羽片には長めの
柄がある
原寸
葉柄の鱗片は
褐色で辺縁は
淡色となる

トウゴクシダ【東谷羊歯】

Dryopteris nipponensis

オシダ科オシダ属／本州〜九州、琉球(沖永良部島)

低山地の林下や路傍に生育する常緑性のシダで、形態の変異が大きい。ベニシダに似ているが、葉柄や中軸の鱗片が黒褐色であること、葉身上部の羽片は急に短くなること、最下羽片の下側の小羽片が浅裂〜深裂すること、胞子嚢群の包膜はふつう紅紫色を帯びないことなどの点で異なる。名前は東国ではなく、愛知県東谷山(とうごくさん)にちなんでいる。

オオベニシダ【大紅羊歯】

Dryopteris hondoensis

オシダ科オシダ属／本州〜九州

低山地の林下に生育する常緑性のシダ。ベニシダ(P160)とミサキカグマ(P194)の交雑に起源する無融合生殖種で、両者の形態的な特徴を有する。葉は三角状卵形、黄色味を帯びていて光沢はない。葉柄の鱗片は褐色、基部ではやや密だがそれより上ではまばらになり、羽軸上の鱗片はほとんど袋状にならない。名前は大きなベニシダの意だが、実際の大きさはベニシダと同程度。

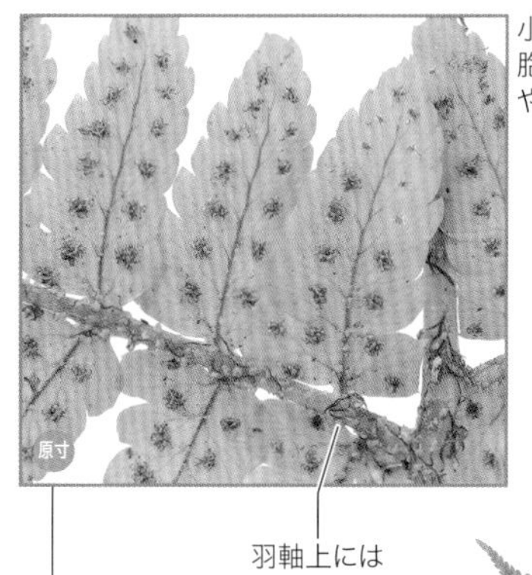
原寸

小羽片は無柄で少し切れ込む。胞子嚢群は中肋と辺縁の中間かやや辺縁寄りにつく

羽軸上には袋状鱗片が多い

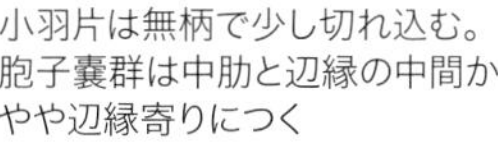
×0.35

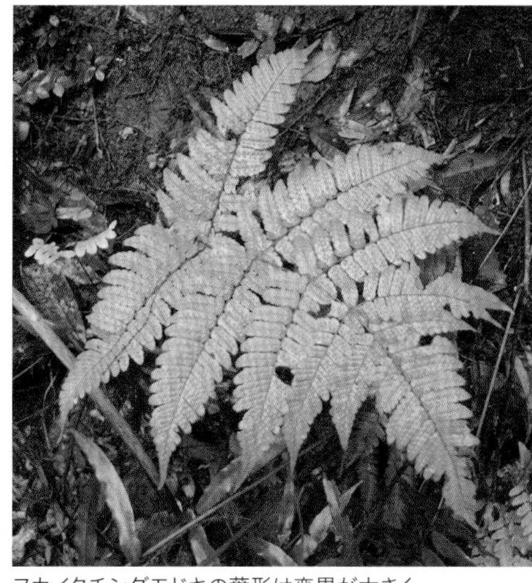

ヌカイタチシダモドキの葉形は変異が大きく、広い三角形状のものもある

ヌカイタチシダモドキ

【糠鼬羊歯擬】

Dryopteris indusiata

オシダ科オシダ属／

本州(伊豆半島以西)〜九州

暖地の低山地の林下に生育する常緑性のシダ。葉は三角状卵形。羽片はほぼ対生し、中軸に対し直角に近い角度でつき、ほとんど無柄。羽軸と小羽片中肋の鱗片は基部が袋状になる。名前はヌカイタチシダに似ているが別の種類であることによる。

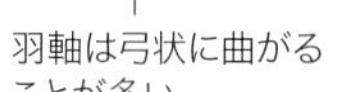

羽軸は弓状に曲がることが多い

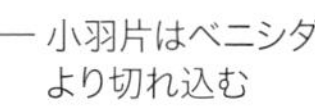

小羽片はベニシダより切れ込む

葉柄上部の鱗片は褐色で早落性

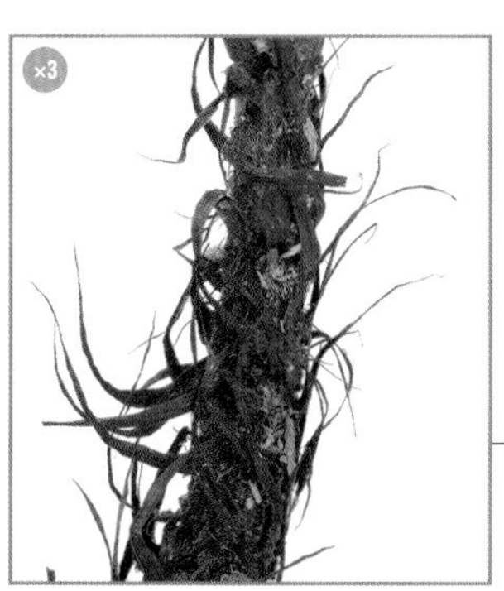
×3

葉柄下部には細くて黒色〜黒褐色の鱗片が多い。類似種のヌカイタチシダマガイ（*D. simasakii*）の鱗片は淡赤褐色〜褐色

ヌカイタチシダ（*D. gymnosora*）はヌカイタチシダモドキに似るが、胞子嚢群には包膜がない

中軸には線形
の鱗片が、羽
軸には基部が
袋状の鱗片が
ある
×2
×0.3
小羽片は丸みがあり、
鋸歯は目立たない。
胞子嚢群は中肋
寄りにつく
原寸
葉柄上部にも赤褐
色〜褐色の細い鱗
片が多い
原寸
葉柄基部には赤褐色〜
褐色の鱗片が密にある
中軸にも鱗片が多い
×0.25
×2
小羽片は基部がやや広くなる。
胞子嚢群は中肋と辺縁の中
間かやや辺縁寄りにつく
表側には
光沢がある
原寸
葉柄にはやや幅の
広い鱗片が多い

マルバベニシダ【丸葉紅羊歯】

Dryopteris fuscipes

オシダ科オシダ属／本州（新潟県以南）〜九州

暖地の山地林下に生育する常緑性のシダ。葉柄の鱗片はベニシダより多く残る。葉身は三角状卵形で、やや光沢があり、ベニシダよりややかたい。芽出しの頃は紅色を帯びる。小羽片は大きなものでは鋭頭、小さなものでは円頭で鋸歯は目立たない。名前は小羽片に丸みがあることによる。

サイゴクベニシダ【西国紅羊歯】

Dryopteris championii

オシダ科オシダ属／本州（山形県以南）〜九州

やや乾いた低山地の林下などに生育する常緑性のシダで、名前の通り西日本に多い。葉柄〜中軸に黄褐色〜赤褐色、卵状披針形の鱗片が多く、宿存する。葉身は三角状卵形、葉質はやや厚く柔らかい革質で緑色が濃く、光沢がある。小羽片は卵形〜卵状長楕円形で、基部がやや耳状に膨らむ。

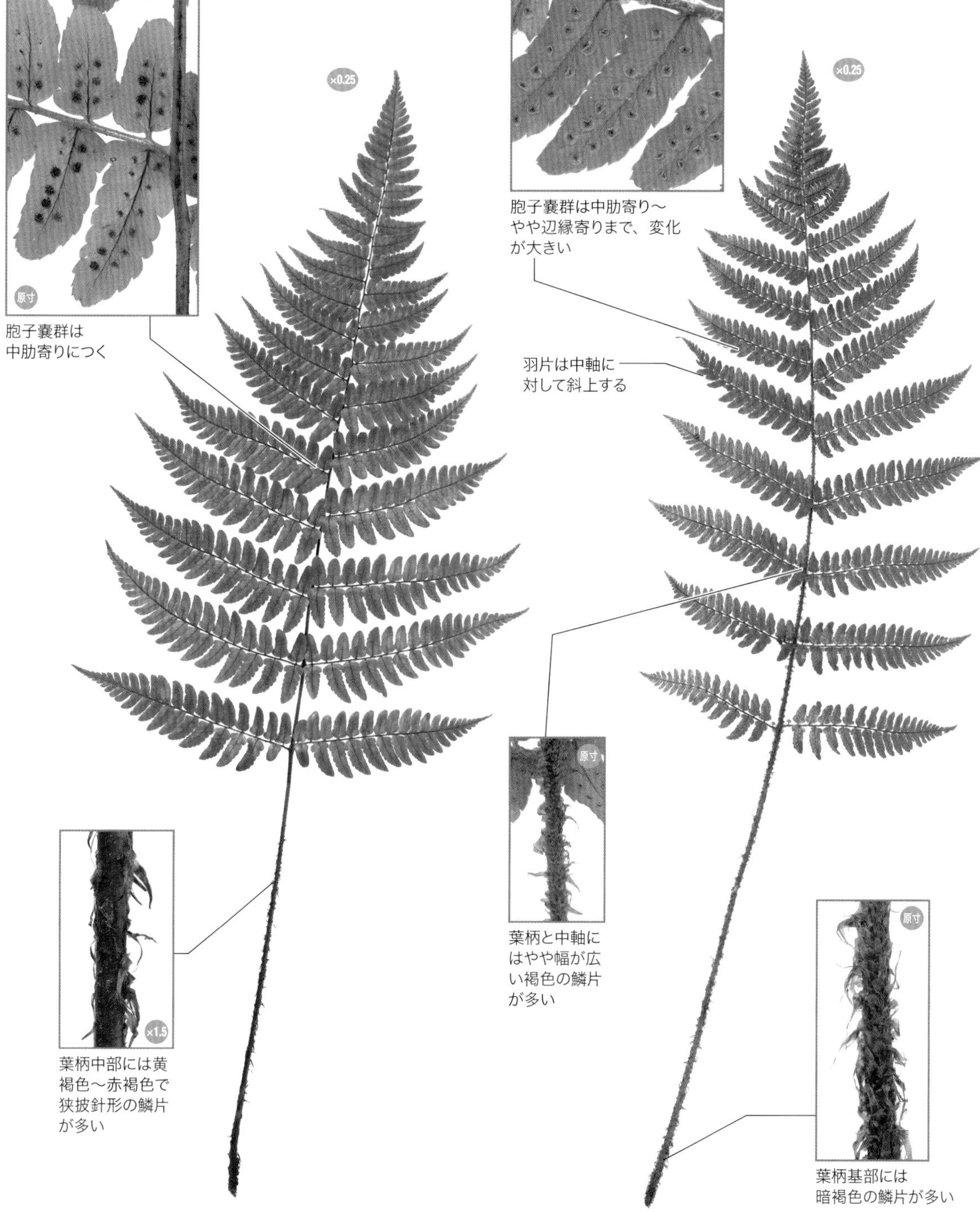
×0.25
原寸
胞子嚢群は
中肋寄りにつく
×1.5
葉柄中部には黄
褐色〜赤褐色で
狭披針形の鱗片
が多い
×0.25
胞子嚢群は中肋寄り〜
やや辺縁寄りまで、変化
が大きい
羽片は中軸に
対して斜上する
原寸
葉柄と中軸に
はやや幅が広
い褐色の鱗片
が多い
原寸
葉柄基部には
暗褐色の鱗片が多い

エンシュウベニシダ【遠州紅羊歯】

Dryopteris medioxima

オシダ科オシダ属／本州(関東以西)〜九州

低山地林下に生育する常緑性のシダ。マルバベニシダとサイゴクベニシダの中間的な形質を示し、全体の葉形や、葉柄と中軸の鱗片が多いこと、葉質がやや厚いことなどはサイゴクベニシダに、胞子嚢群が小羽片の中肋寄りにつくことや葉質が紙質であることなどはマルバベニシダに似る。名前は静岡県西部の古い名前(遠江の国＝遠州)に由来する。

ギフベニシダ【岐阜紅羊歯】

Dryopteris kinkiensis

オシダ科オシダ属／本州(秋田県以南)〜九州

山麓の林縁、路傍、石垣などやや人の手の入った環境に多い常緑性のシダ。根茎は斜上し、葉を叢生する。葉柄には長楕円状披針形の鱗片が多く、羽軸上の鱗片は基部が袋状になる。葉身はベニシダの仲間としては細長い。また、小羽片の側脈は羽状分岐する。名前は岐阜県で見いだされたことによるが、学名は「近畿の」となっている。

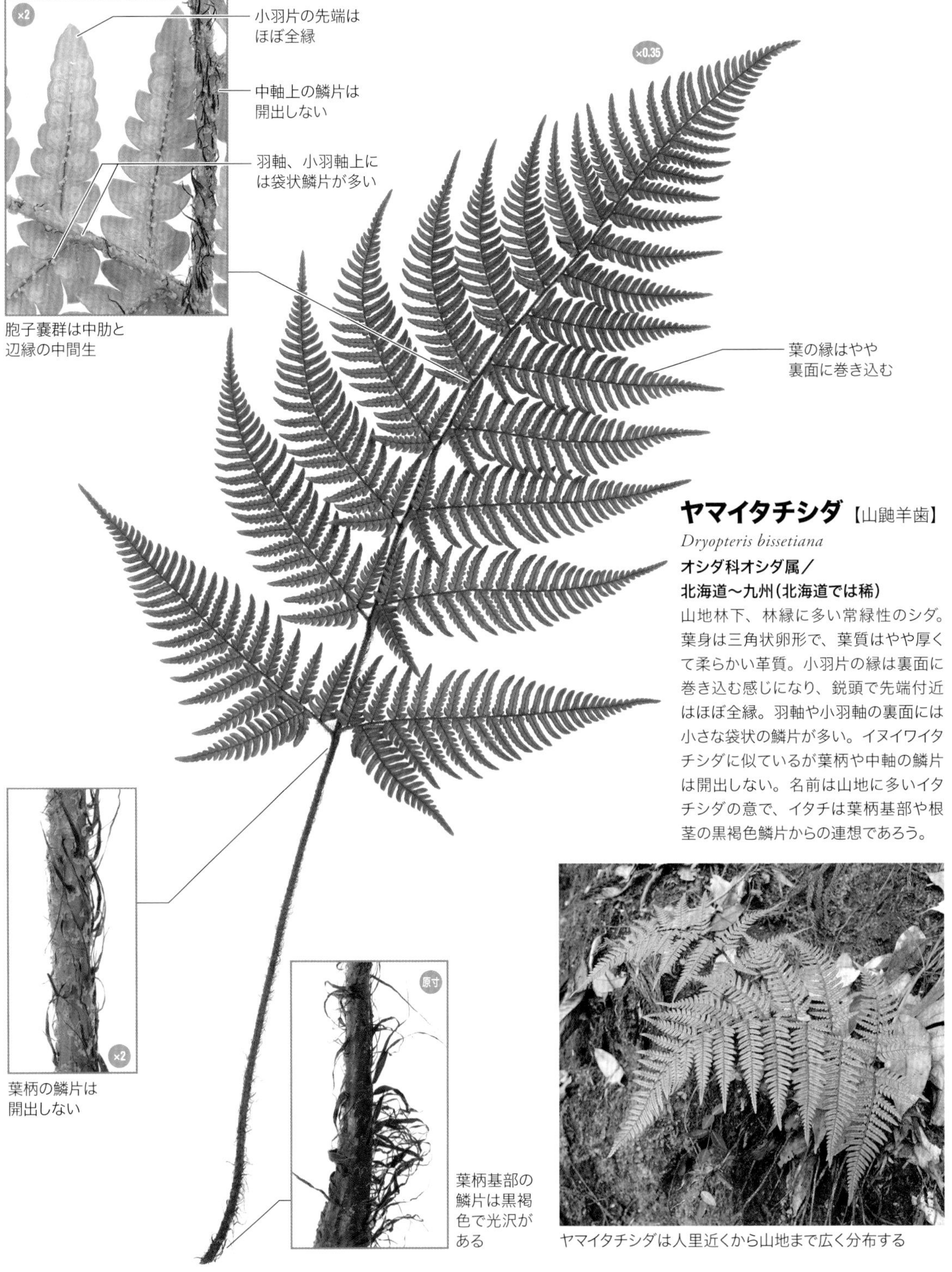
×2
小羽片の先端は
ほぼ全縁
中軸上の鱗片は
開出しない
羽軸、小羽軸上に
は袋状鱗片が多い
×0.35
葉の縁はやや
裏面に巻き込む
×2
原寸

胞子嚢群は中肋と
辺縁の中間生

葉柄の鱗片は
開出しない

葉柄基部の
鱗片は黒褐
色で光沢が
ある

ヤマイタチシダ【山鼬羊歯】

Dryopteris bissetiana

オシダ科オシダ属／
北海道〜九州（北海道では稀）

山地林下、林縁に多い常緑性のシダ。葉身は三角状卵形で、葉質はやや厚くて柔らかい革質。小羽片の縁は裏面に巻き込む感じになり、鋭頭で先端付近はほぼ全縁。羽軸や小羽軸の裏面には小さな袋状の鱗片が多い。イヌイワイタチシダに似ているが葉柄や中軸の鱗片は開出しない。名前は山地に多いイタチシダの意で、イタチは葉柄基部や根茎の黒褐色鱗片からの連想であろう。

ヤマイタチシダは人里近くから山地まで広く分布する

イタチシダの仲間

イタチシダという名前がつくのはオシダ科オシダ属で、根茎は短く斜上または直立して葉を叢生し、最下羽片の下側第1小羽片が他の小羽片より長くなるグループである。ただ系統的にはナガバノイタチシダ・ミヤマイタチシダのグループ（P172）と、ベニシダのグループ（ヌカイタチシダなど）、およびヤマイタチシダなど（P166〜171）のグループに分かれ、形態もだいぶ異なる。

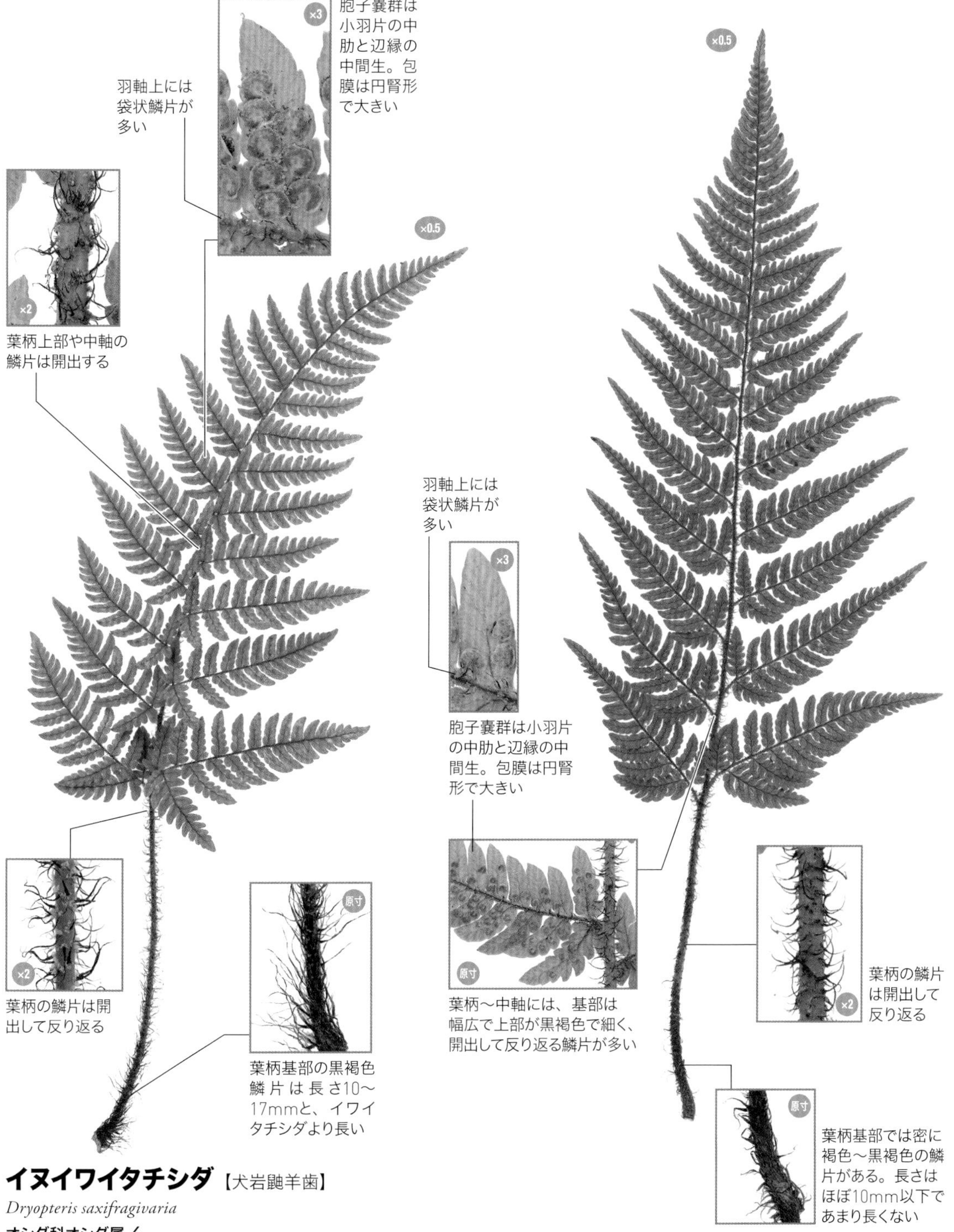

×3
胞子嚢群は小羽片の中肋と辺縁の中間生。包膜は円腎形で大きい
羽軸上には袋状鱗片が多い
×2
葉柄上部や中軸の鱗片は開出する
×0.5
×2
葉柄の鱗片は開出して反り返る
原寸
葉柄基部の黒褐色鱗片は長さ10〜17mmと、イワイタチシダより長い
×0.5
羽軸上には袋状鱗片が多い
×3
胞子嚢群は小羽片の中肋と辺縁の中間生。包膜は円腎形で大きい
原寸
葉柄〜中軸には、基部は幅広で上部が黒褐色で細く、開出して反り返る鱗片が多い
×2
葉柄の鱗片は開出して反り返る
原寸
葉柄基部では密に褐色〜黒褐色の鱗片がある。長さはほぼ10mm以下であまり長くない

イヌイワイタチシダ【犬岩鼬羊歯】

Dryopteris saxifragivaria

オシダ科オシダ属／
北海道(奥尻島)〜九州(近畿以西では少ない)

山地林下や岩上に生育する常緑性のシダ。ヤマイタチシダとイワイタチシダの中間的な形態をしている。ヤマイタチシダに含めるという説もあるが、葉身は三角状広披針形でヤマイタチシダよりやや幅が狭いことが多く、中軸の鱗片の様子はイワイタチシダに似ている。葉柄基部の鱗片が長いこと、無融合生殖種であるため胞子嚢1個当たりの胞子数が32個（イワイタチシダは64個）であることなどがイワイタチシダと異なる。

イワイタチシダ【岩鼬羊歯】

Dryopteris saxifraga

オシダ科オシダ属／北海道〜九州

イタチシダ類では雑種起源の網状進化が知られている（P171）が、その基本となった2倍体有性生殖種の一つ。全体的にはヤマイタチシダに似ているが、深山の湿った岩上に生育し、葉身は三角状披針形でヤマイタチシダよりもほっそりしている。また、葉柄〜中軸の鱗片が黒褐色で開出し上部が反り返る点も特徴的であるが、イヌイワイタチシダの鱗片も同様であるので、注意が必要である。

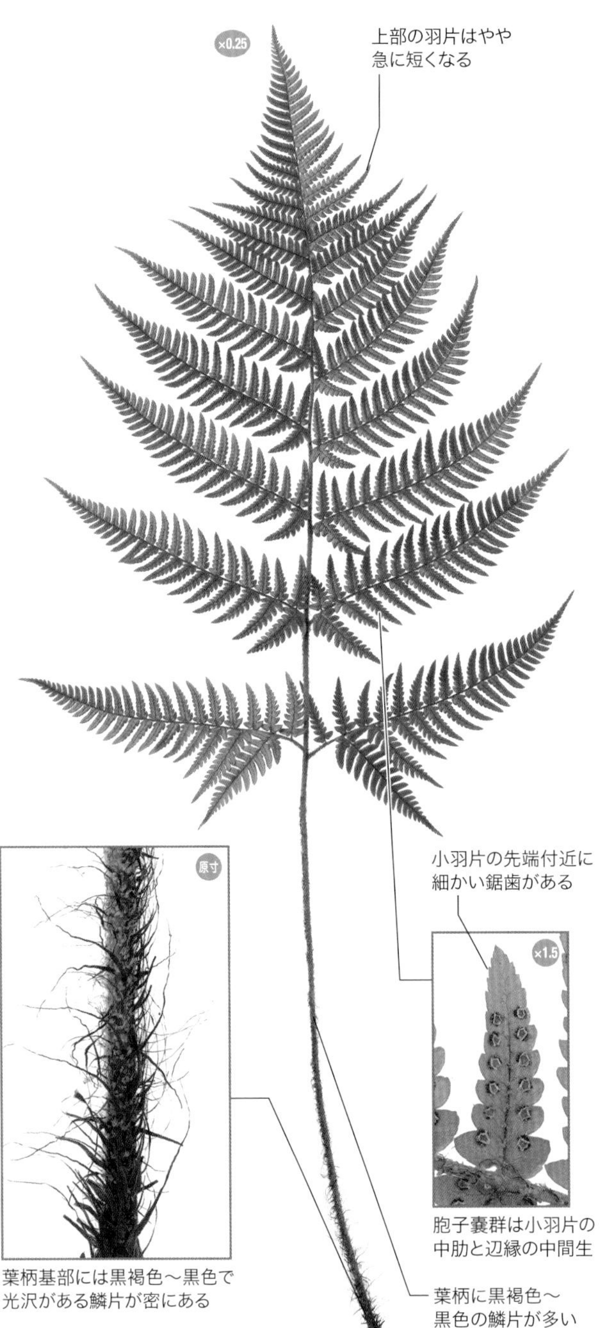
×0.25
上部の羽片はやや
急に短くなる
原寸
小羽片の先端付近に
細かい鋸歯がある
×1.5
胞子嚢群は小羽片の
中肋と辺縁の中間生
葉柄基部には黒褐色〜黒色で
光沢がある鱗片が密にある
葉柄に黒褐色〜
黒色の鱗片が多い

オオイタチシダの色々なタイプ

広葉型

厚葉型

艶なし型

オオイタチシダ【大鼬羊歯】

Dryopteris hikonensis

オシダ科オシダ属／本州(秋田県以南)〜九州、琉球

低山の林下や林縁に多い常緑性のシダ。形態の変異が大きく、葉身は五角状卵形〜三角状卵形で、一般にヤマイタチシダより幅が広い。また、葉の表の光沢があるものやないものがある。小羽片の縁は裏面に巻き込まないこと（厚葉型では多少裏面に巻き込む）、先端に小さな鋸歯があること、羽軸の鱗片基部の袋状が明確ではないことなどがヤマイタチシダと異なる。

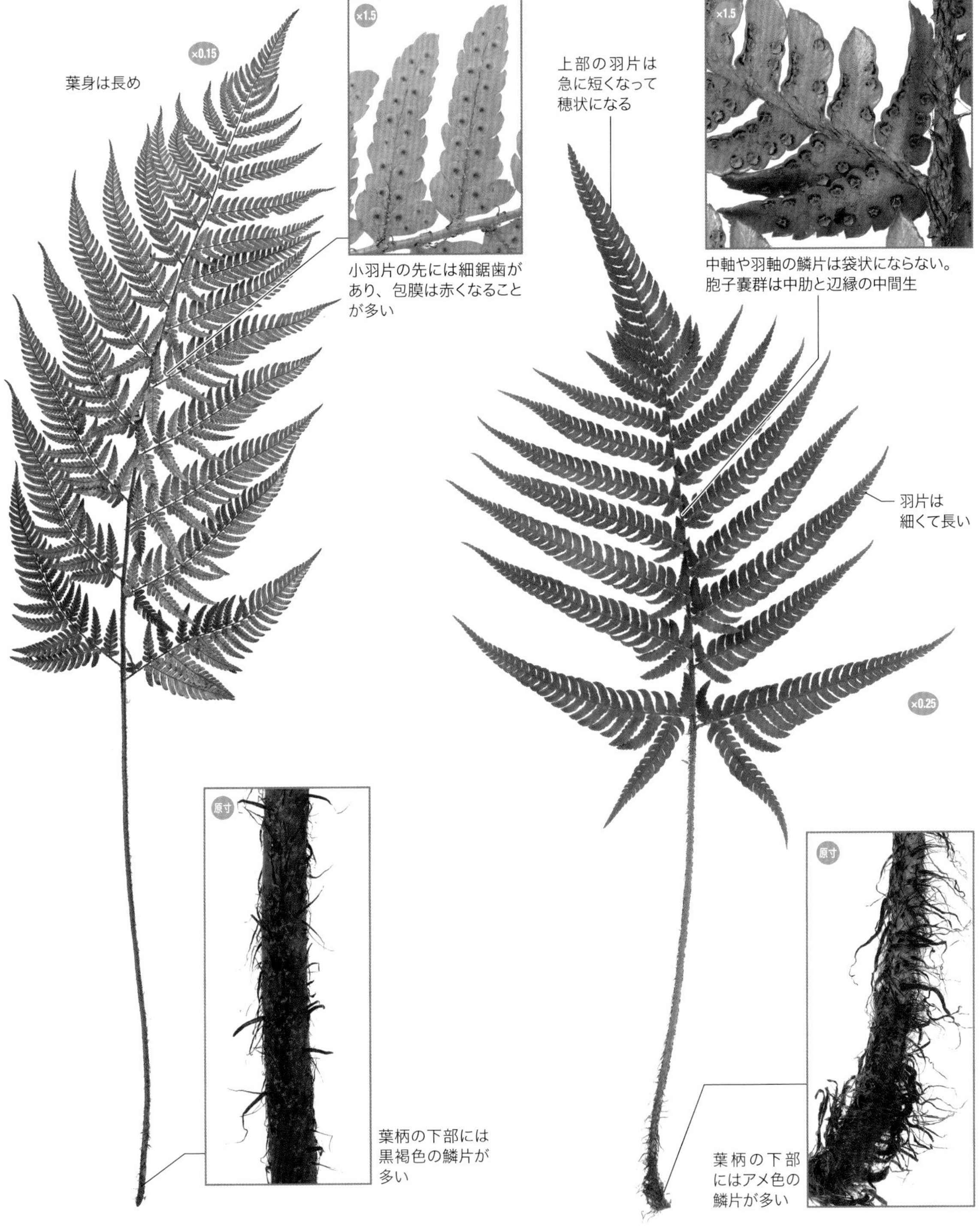
×0.15
葉身は長め
×1.5
小羽片の先には細鋸歯があり、包膜は赤くなることが多い
原寸
葉柄の下部には黒褐色の鱗片が多い
上部の羽片は急に短くなって穂状になる
×1.5
中軸や羽軸の鱗片は袋状にならない。胞子嚢群は中肋と辺縁の中間生
羽片は細くて長い
×0.25
原寸
葉柄の下部にはアメ色の鱗片が多い

ベニオオイタチシダ【紅大鼬羊歯】

Dryopteris erythrovaria

オシダ科オシダ属／本州(関東以西)～九州、琉球

低山の林下や林縁に多い常緑性のシダ。オオイタチシダとハチジョウベニシダの交雑起源による無融合生殖種。オオイタチシダに似るが、葉は紙質でやや薄く、葉身はやや細長くて大きくなることが多い。また、包膜の中心部がしばしば赤くなるが、赤くならないこともある。

ナンカイイタチシダ【南海鼬羊歯】

Dryopteris varia

オシダ科オシダ属／本州(関東南部以西)～九州、琉球

暖地の低山・山麓の林下に多い常緑性のシダで、イタチシダ類の網状進化の基本となった種の一つ。オオイタチシダに似ているが、葉柄基部の鱗片が赤褐色～黒褐色で光沢があること、葉身は三角状長楕円形で、先端が穂状に尖ること、葉質がやや厚いこと、中軸や羽軸の鱗片は基部が広がるものの袋状にならないことなどが異なる。名前は日本南部の太平洋側に多く分布することによる。

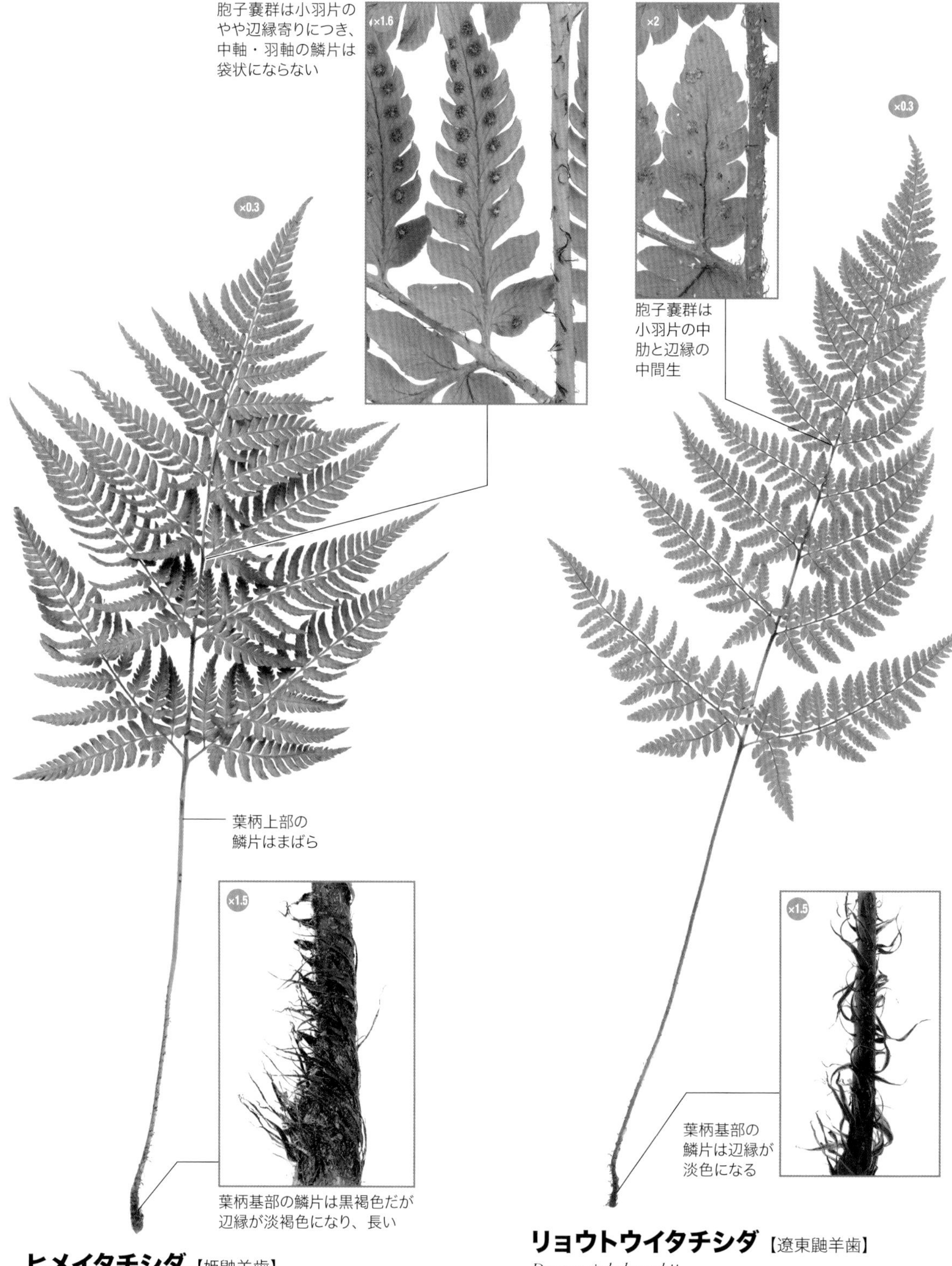

胞子嚢群は小羽片のやや辺縁寄りにつき、中軸・羽軸の鱗片は袋状にならない
×1.6
×0.3
葉柄上部の鱗片はまばら
×1.5
葉柄基部の鱗片は黒褐色だが辺縁が淡褐色になり、長い
×2
胞子嚢群は小羽片の中肋と辺縁の中間生
×0.3
×1.5
葉柄基部の鱗片は辺縁が淡色になる

ヒメイタチシダ【姫鼬羊歯】

Dryopteris sacrosancta

オシダ科オシダ属／本州（山形県以南）〜九州

暖地低山のやや乾いた林縁に生育する常緑性のシダ。葉身は五角形〜卵形、羽片が重なり合うようにつくことが多い。裏面は淡褐色の鱗片がやや多く、中軸・羽軸の鱗片は袋状にならないが、小羽軸の鱗片は袋状になる。胞子嚢群は葉身や羽片の上の方からつく。名前はやや繊細な印象によるのであろう。

リョウトウイタチシダ【遼東鼬羊歯】

Dryopteris kobayashii

オシダ科オシダ属／本州（山形県以南）〜九州

やや乾いた林下、林縁、崖地などに生育する常緑性のシダ。ヤマイタチシダに似ているが、葉質は草質で、黄緑色となり、葉柄基部の鱗片は中央部が黒褐色で辺縁が淡褐色になる。また、小羽軸の鱗片は基部が袋状になるが、中軸や羽軸のものは袋状にならない。名前は中国の遼東半島で最初に見出されたことによる。

イタチシダ類の網状進化

イタチシダの仲間は互いによく似ていて同定が難しい分類群であるが、近年の研究※により、下図のように雑種起源の網状進化によって種分化が起こってきたことが判明した。基になっている2倍体有性生殖型は主にナンカイイタチシダ（A)、イワイタチシダ（B)、モトイタチシダ（C:屋久島のみに分布）である。AとCの雑種起源の種がオオイタチシダ、BとCの雑種起源の種がヤマイタチシダであり、それぞれにミサキカグマ（E）が交雑したものがヒメイタチシダとリョウトウイタチシダである。さらにオオイタチシダとハチジョウベニシダ（D）の雑種起源でベニオオイタチシダができ、Aとヤマイタチシダの雑種起源でイワオオイタチシダができたとのことである（イワオオイタチシダは本書では掲載していない)。ただし、イワオオイタチシダのゲノム構成（ABC）はオオイタチシダとBとの雑種起源でもできうる。なお、イヌイワイタチシダはこの図に出てこないが、ヤマイタチシダと同様BとCの雑種起源で、ヤマイタチシダとは葉緑体ゲノムが異なっていると考えられている。このようなことを念頭において実際のシダを眺めると、各々の種の特徴もより理解しやすくなるのではないだろうか。

※Kiyotaka Hori, Atsushi Ebihara, Noriaki Murakami ; Acta Phytotax. Geobot. 69（2）: 77-108（2018）

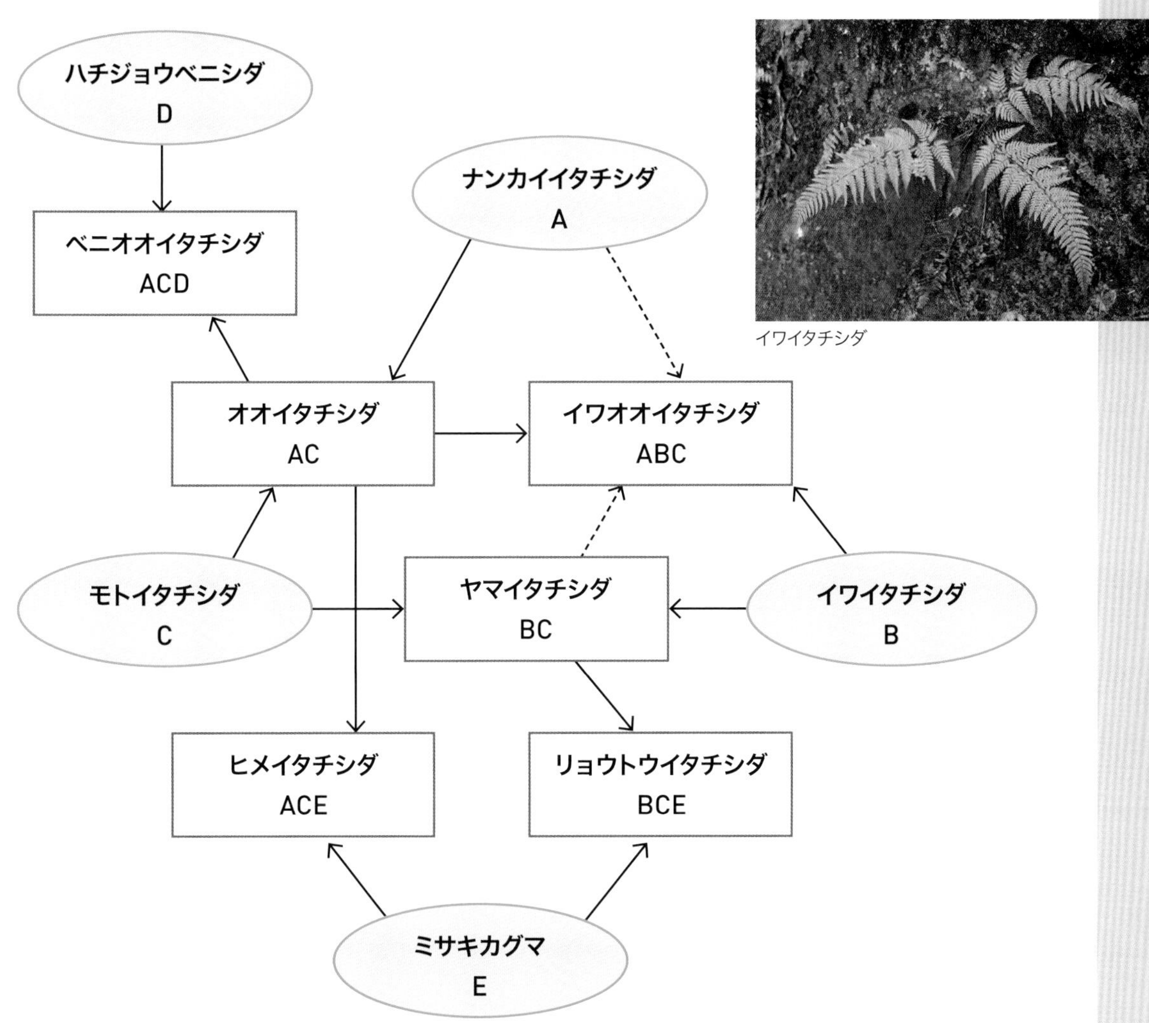
ハチジョウベニシダ
D
ナンカイイタチシダ
A
ベニオオイタチシダ
ACD
オオイタチシダ
AC
イワオオイタチシダ
ABC
モトイタチシダ
C
ヤマイタチシダ
BC
イワイタチシダ
B
ヒメイタチシダ
ACE
リョウトウイタチシダ
BCE
ミサキカグマ
E

イワイタチシダ

ナガバノイタチシダ【長葉の鼬羊歯】

Dryopteris sparsa var. *sparsa*

オシダ科オシダ属／本州(関東以西)〜九州、琉球

暖地の山地林下に生育する常緑性のシダ。葉柄は葉身と同じくらい長く、葉身は卵状広披針形ですっきり整った形をしており、羽片にはやや長い柄がある。葉質は紙質で鮮緑色、あまり光沢はなく、鱗片がほとんどない。胞子嚢群は葉身の先端側からつく。名前は葉身が長いイタチシダということから。

ミヤマイタチシダの胞子嚢群がつく葉は羽片と羽片の間隔が広い

中軸や羽軸はほとんど鱗片がない
原寸
胞子嚢群は中肋寄りにつく
×0.25
羽片の先は尾状に伸びる
下側第1小羽片が大きい
原寸
葉柄には淡褐色の鱗片がまばらにある

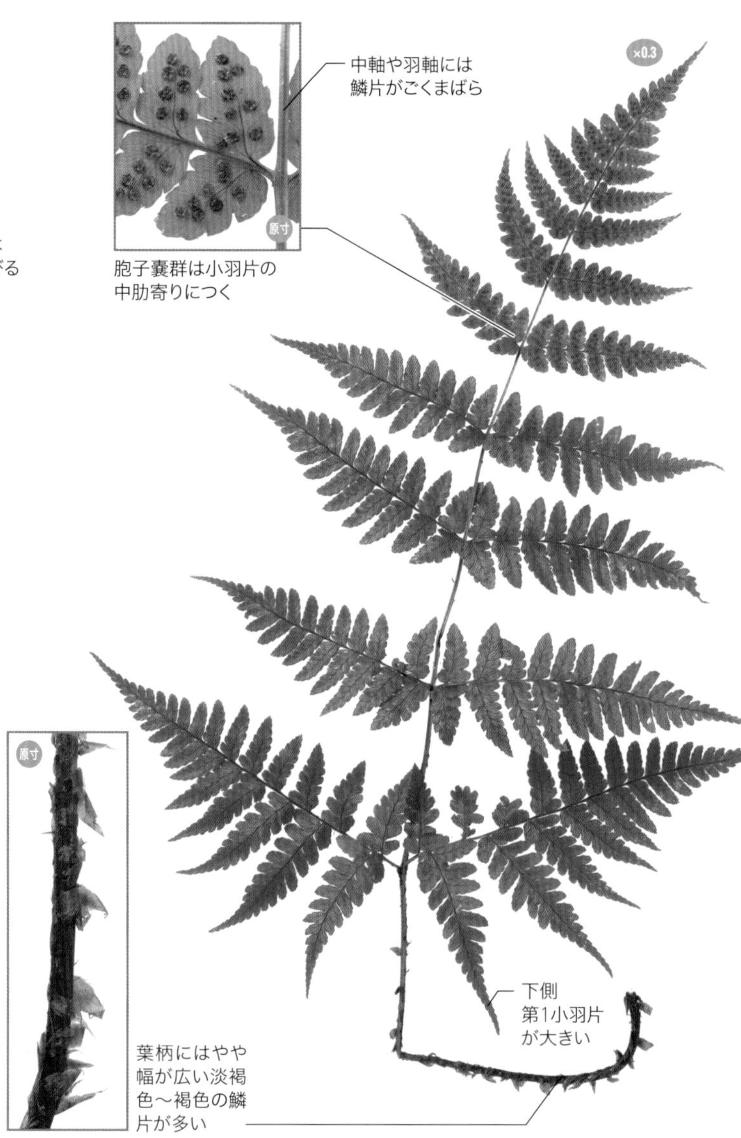

中軸や羽軸には鱗片がごくまばら
原寸
胞子嚢群は小羽片の中肋寄りにつく
×0.3
原寸
葉柄にはやや幅が広い淡褐色〜褐色の鱗片が多い
下側第1小羽片が大きい

ミヤマイタチシダ【深山鼬羊歯】

Dryopteris sabaei

オシダ科オシダ属／北海道〜九州

山地林下に生育するシダで、常緑性とされるが寒冷地では夏緑性となる。また、名前にはミヤマとつくが低山でも見られる。葉身は卵状広披針形で、胞子嚢群がつく葉では羽片の間隔がやや広くなる。また、胞子嚢群は葉身の上半分につき、その部分はやや羽片が縮小し、胞子を放出すると早めに枯れる。葉質は紙質で光沢があり、葉脈が表面でくぼむ。根茎に残った古い葉柄の基部に無性芽をつけることがある。

ホソバカナワラビは根茎が長く匍匐するため、群生することが多い

×0.25
上部の羽片は急に小さくなり、頂羽片状になる
最下羽片の下側第1小羽片が特別に長くなる。
胞子葉の葉柄は長い

×2

中軸や羽軸にも淡褐色〜褐色の鱗片が多い。胞子嚢群は裂片のやや中肋寄りにつく

×0.5

根茎は長く匍匐し、褐色の鱗片が密生し、葉をまばらにつける。葉柄基部にも鱗片は多い

ホソバカナワラビ【細葉鉄蕨】

Arachniodes exilis

オシダ科カナワラビ属／本州(関東以西)〜九州、琉球

海岸に近い山地のやや乾いた林下に多い常緑性のシダで、ときに内陸の山地にも生ずる。根茎は地中を長く匍匐しまばらに葉をつけるため、群生することが多い。葉はやや二形になり、胞子葉では葉柄が長く、羽片の幅がやや狭くなる。葉身中部の羽片は長楕円状披針形で、羽片の両側が平行に伸びる感じになる。名前は、カナワラビの仲間で羽片が細いことによる。

カナワラビの仲間

オシダ科カナワラビ属のグループ。カナワラビの名の通り葉が硬く裂片の先端は尖り、常緑性である種類が多いが、ホソバナライシダ（P199）などのように葉が柔らかく夏緑性のものもある。根茎も長く匍匐するものからほとんど直立するものまで変化に富む。葉身は最下羽片の下側第1小羽片が大きくなるものが多く、やや二形になる種類もある。胞子嚢群は円形で包膜は円腎形。種間で雑種ができやすく、多くの雑種が知られていて、このグループの同定を難しくしている。

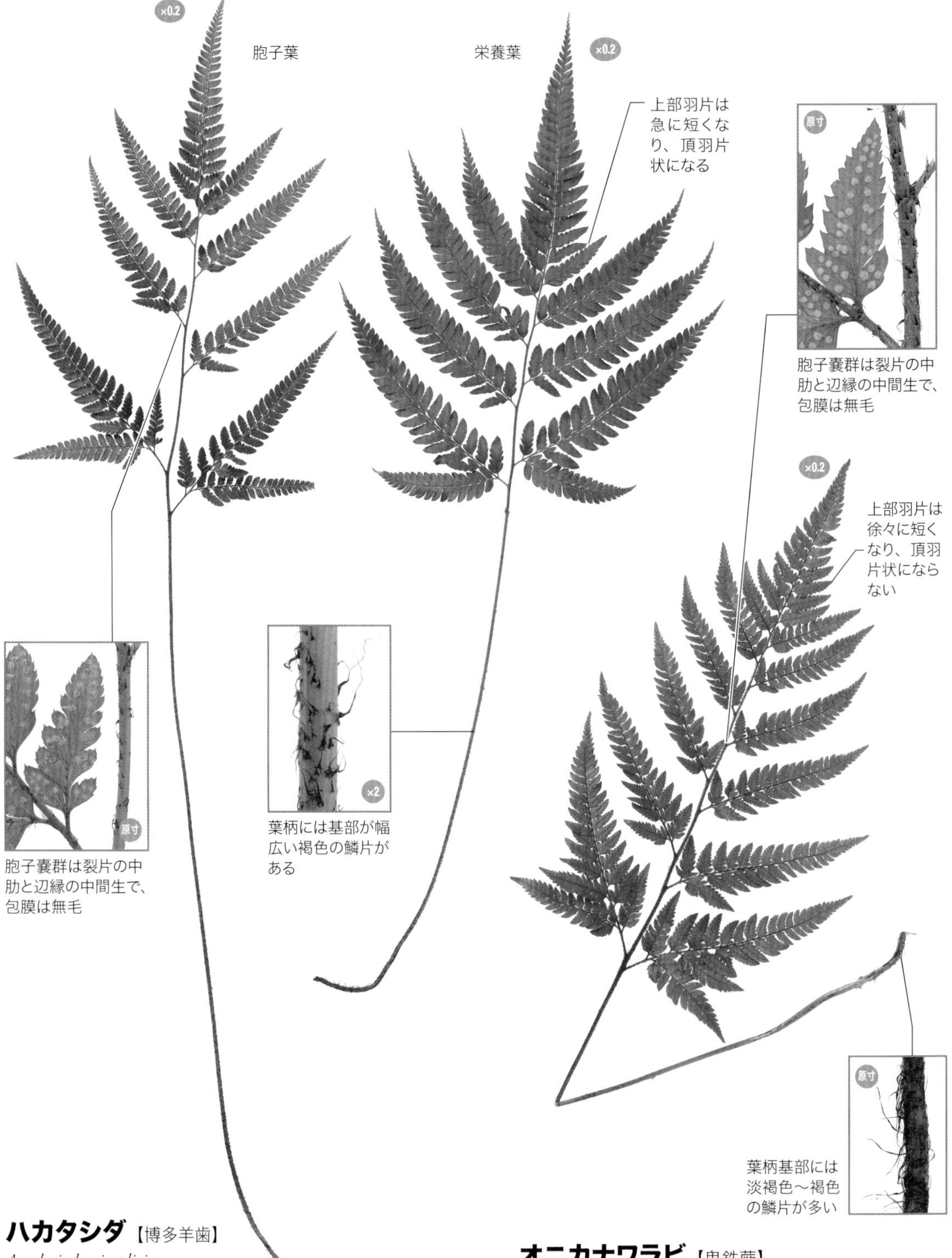
×0.2
胞子葉
栄養葉
×0.2
上部羽片は急に短くなり、頂羽片状になる
原寸
胞子嚢群は裂片の中肋と辺縁の中間生で、包膜は無毛
×0.2
上部羽片は徐々に短くなり、頂羽片状にならない
原寸
胞子嚢群は裂片の中肋と辺縁の中間生で、包膜は無毛
×2
葉柄には基部が幅広い褐色の鱗片がある
原寸
葉柄基部には淡褐色〜褐色の鱗片が多い

ハカタシダ【博多羊歯】

Arachniodes simplicior

オシダ科カナワラビ属／本州(秋田県以南)〜九州

山地のやや乾燥した林下や崖地に生育する常緑性のシダ。根茎は短く匍匐し、鱗片が多い。葉は硬く卵状広披針形で、やや二形となり、胞子葉は葉柄が長く、羽片の間隔が広くなる傾向がある。側羽片は3〜5対で、上部の羽片は急に短くなり、頂羽片状になる。最下羽片の下側第1小羽片が著しく長くなる。葉の表側の羽軸に沿って黄緑色の斑が入ることがあり、この様子を博多帯の模様に見立ててハカタシダとなった。

オニカナワラビ【鬼鉄蕨】

Arachniodes chinensis

オシダ科カナワラビ属／本州(秋田県以南)〜九州

山地のやや乾燥した林下や崖地などに生育する常緑性のシダ。ハカタシダの変種とされていたこともありよく似ているが、羽片の数が多く、上部に向かって徐々に短くなり明確な頂羽片がないことなどで異なる。ハカタシダのような黄緑色の斑が入ることはないようだ。名前は、葉が硬くバリバリした感じから鬼を連想したものであろう。

3〜4回羽状に切れ込む

3回羽状複生以上に切れ込むシダを掲載する。ワラビ（P183）などの大きなシダが多く含まれるが、その他にもハコネシダ（P180）などのように細かく分裂したやや小さい葉の種類もある。

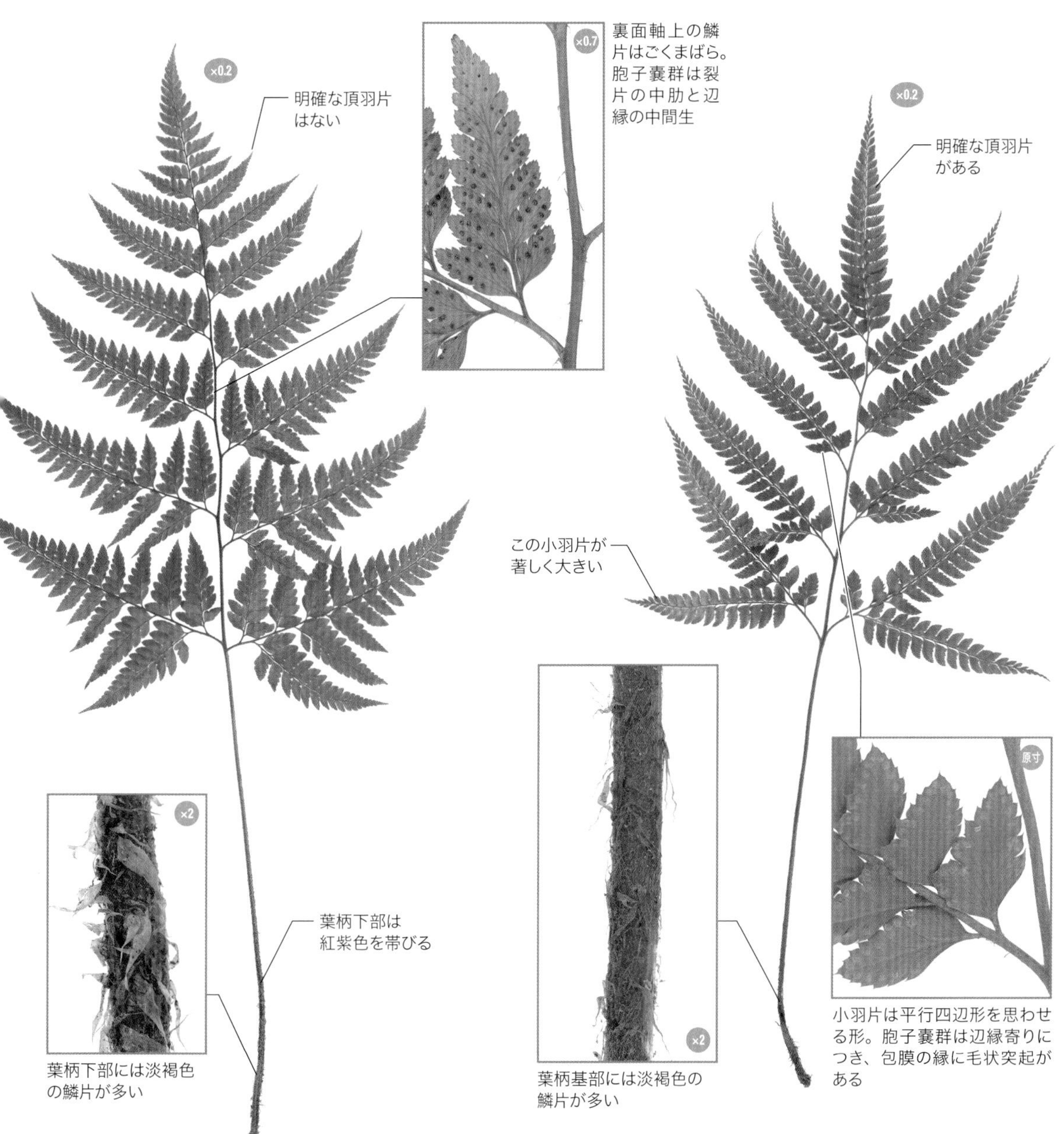
×0.2
明確な頂羽片はない
×0.7
裏面軸上の鱗片はごくまばら。胞子嚢群は裂片の中肋と辺縁の中間生
×0.2
明確な頂羽片がある
この小羽片が著しく大きい
葉柄下部は紅紫色を帯びる
×2
×2
原寸

葉柄下部には淡褐色の鱗片が多い

葉柄基部には淡褐色の鱗片が多い

小羽片は平行四辺形を思わせる形。胞子嚢群は辺縁寄りにつき、包膜の縁に毛状突起がある

ミドリカナワラビ【緑鉄蕨】

Arachniodes nipponica

オシダ科カナワラビ属／本州（千葉県以西）〜九州

低山地のやや湿った林下に生育する常緑性のシダ。根茎は短く匍匐し、葉をまばらにつける。葉は二形にはならず、三角状卵形で頂羽片はなく、葉質は柔らかい紙質で光沢のある濃緑色。大きな葉では葉身が長さ60cmを超える。名前は、葉が鮮やかな緑色であることによる。

オオカナワラビ【大鉄蕨】

Arachniodes amabilis var. *fimbriata*

オシダ科カナワラビ属／本州（関東以西）〜九州、琉球（西表島）

低山地の林下に生育する常緑性のシダ。根茎は短く匍匐し、鱗片に覆われる。葉身は最下羽片の下側第1小羽片が著しく長く、大きな葉では2番目も長いことがある。羽片は長楕円状披針形で、側羽片とほぼ同形の頂羽片がある。名前はカナワラビ類の中では比較的大きな葉になることによる。学名上の母種は九州以南に産するヤクカナワラビである。

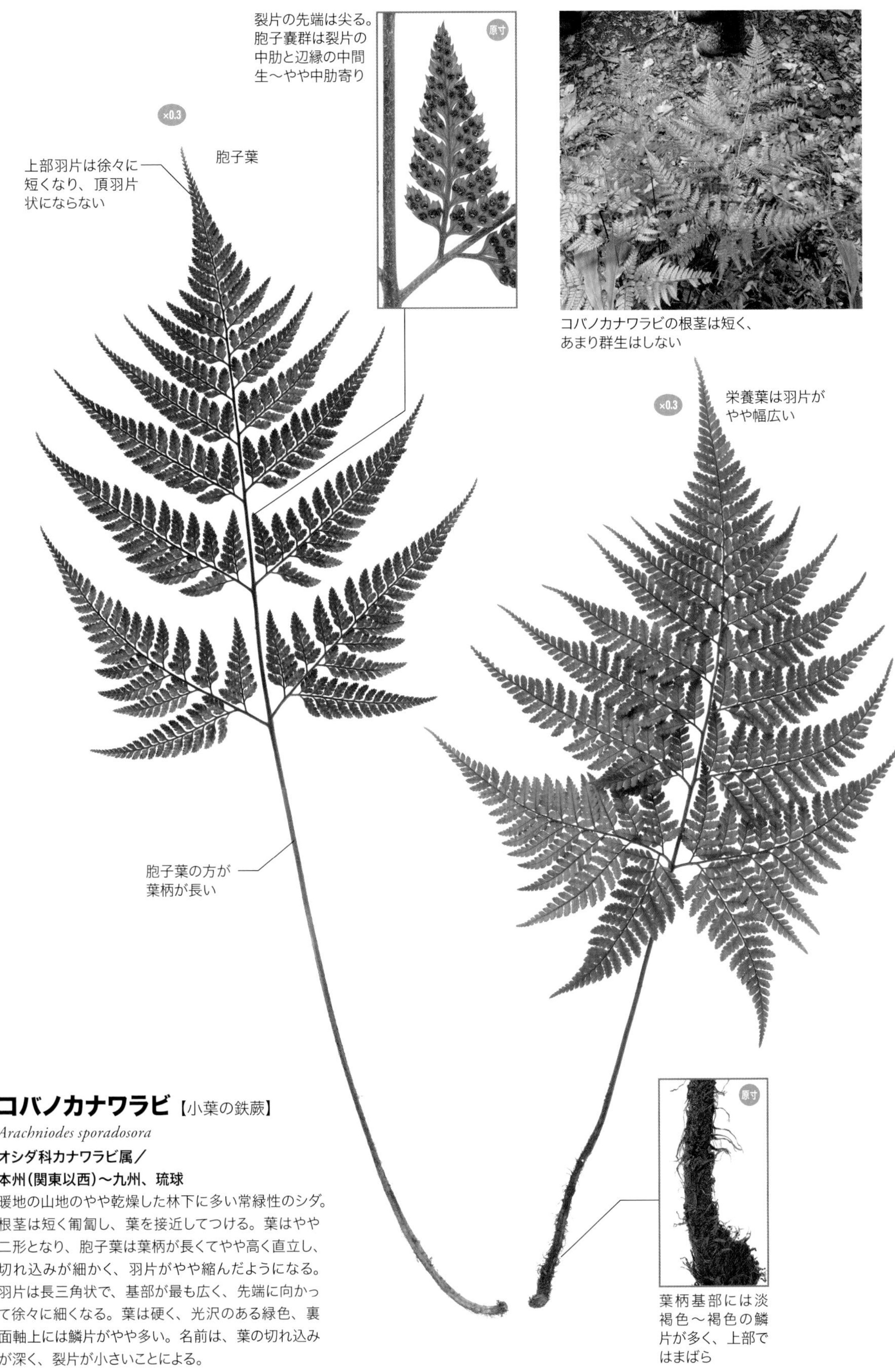
裂片の先端は尖る。
胞子嚢群は裂片の
中肋と辺縁の中間
生〜やや中肋寄り
原寸
×0.3
胞子葉
上部羽片は徐々に
短くなり、頂羽片
状にならない
コバノカナワラビの根茎は短く、
あまり群生はしない
×0.3
栄養葉は羽片が
やや幅広い
胞子葉の方が
葉柄が長い
原寸
葉柄基部には淡
褐色〜褐色の鱗
片が多く、上部で
はまばら

コバノカナワラビ【小葉の鉄蕨】

Arachniodes sporadosora

オシダ科カナワラビ属／
本州（関東以西）〜九州、琉球

暖地の山地のやや乾燥した林下に多い常緑性のシダ。根茎は短く匍匐し、葉を接近してつける。葉はやや二形となり、胞子葉は葉柄が長くてやや高く直立し、切れ込みが細かく、羽片がやや縮んだようになる。羽片は長三角状で、基部が最も広く、先端に向かって徐々に細くなる。葉は硬く、光沢のある緑色、裏面軸上には鱗片がやや多い。名前は、葉の切れ込みが深く、裂片が小さいことによる。

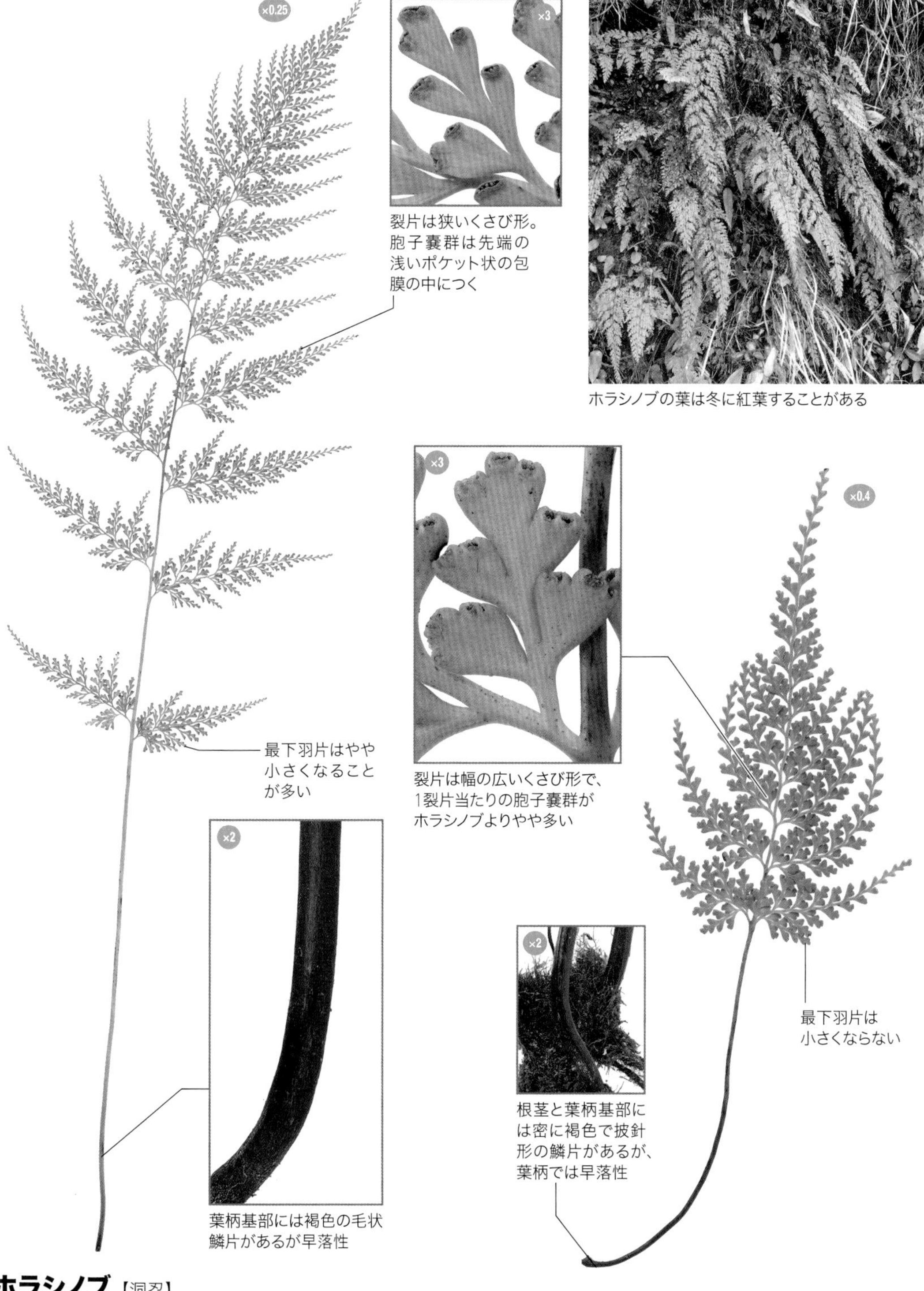
×0.25
×3
×3
×0.4
×2
×2

裂片は狭いくさび形。胞子嚢群は先端の浅いポケット状の包膜の中につく

ホラシノブの葉は冬に紅葉することがある

最下羽片はやや小さくなることが多い

葉柄基部には褐色の毛状鱗片があるが早落性

裂片は幅の広いくさび形で、1裂片当たりの胞子嚢群がホラシノブよりやや多い

最下羽片は小さくならない

根茎と葉柄基部には密に褐色で披針形の鱗片があるが、葉柄では早落性

ホラシノブ【洞忍】

Odontosoria chinensis

ホングウシダ科ホラシノブ属／
本州〜九州、琉球、小笠原(東北地方では少ない)

山野の明るい路傍、草地斜面などに多い常緑性のシダ。根茎は短く匍匐し、葉を接近してつける。葉身の大きさや形などは変異が大きく、3〜4回羽状複葉になる。葉質は厚い草質からやや革質。名前は洞穴のような場所に生える忍に似たシダだからであろう。

ハマホラシノブ【浜洞忍】

Odontosoria biflora

ホングウシダ科ホラシノブ属／
本州(関東以南)〜九州、琉球、小笠原

太平洋側の暖地で海岸近くの斜面や岩場に生育する常緑性のシダ。ホラシノブに似ているが、海岸植物らしく葉は少し小さく、厚く革質で、裏側はやや白っぽくなる。名前は海岸に生えるホラシノブの仲間であることによる。

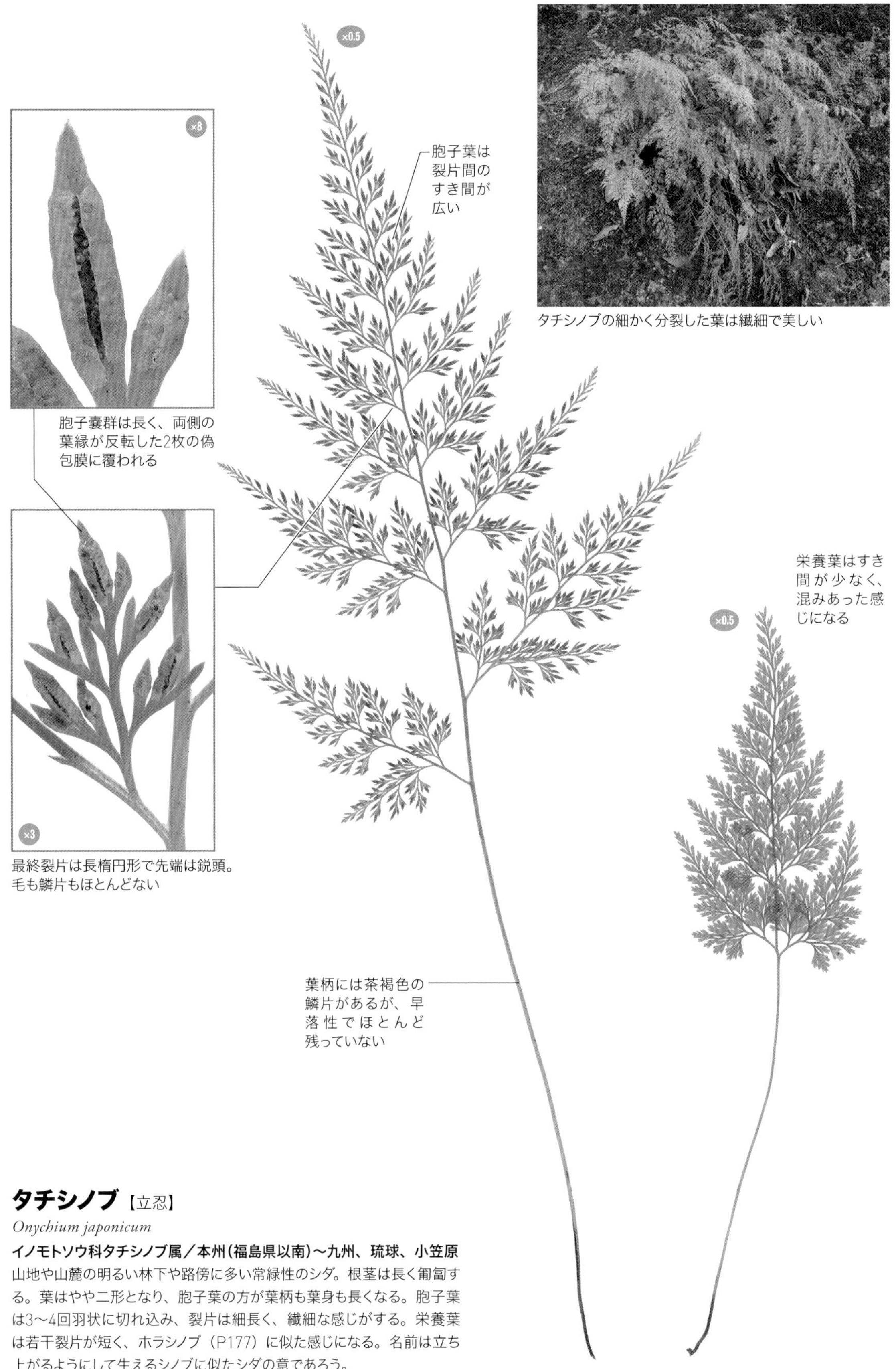
×0.5
×8
×3
×0.5
胞子葉は
裂片間の
すき間が
広い
栄養葉はすき
間が少なく、
混みあった感
じになる
葉柄には茶褐色の
鱗片があるが、早
落性でほとんど
残っていない

タチシノブの細かく分裂した葉は繊細で美しい

胞子嚢群は長く、両側の葉縁が反転した2枚の偽包膜に覆われる

最終裂片は長楕円形で先端は鋭頭。毛も鱗片もほとんどない

タチシノブ【立忍】

Onychium japonicum

イノモトソウ科タチシノブ属／本州(福島県以南)〜九州、琉球、小笠原

山地や山麓の明るい林下や路傍に多い常緑性のシダ。根茎は長く匍匐する。葉はやや二形となり、胞子葉の方が葉柄も葉身も長くなる。胞子葉は3〜4回羽状に切れ込み、裂片は細長く、繊細な感じがする。栄養葉は若干裂片が短く、ホラシノブ（P177）に似た感じになる。名前は立ち上がるようにして生えるシノブに似たシダの意であろう。

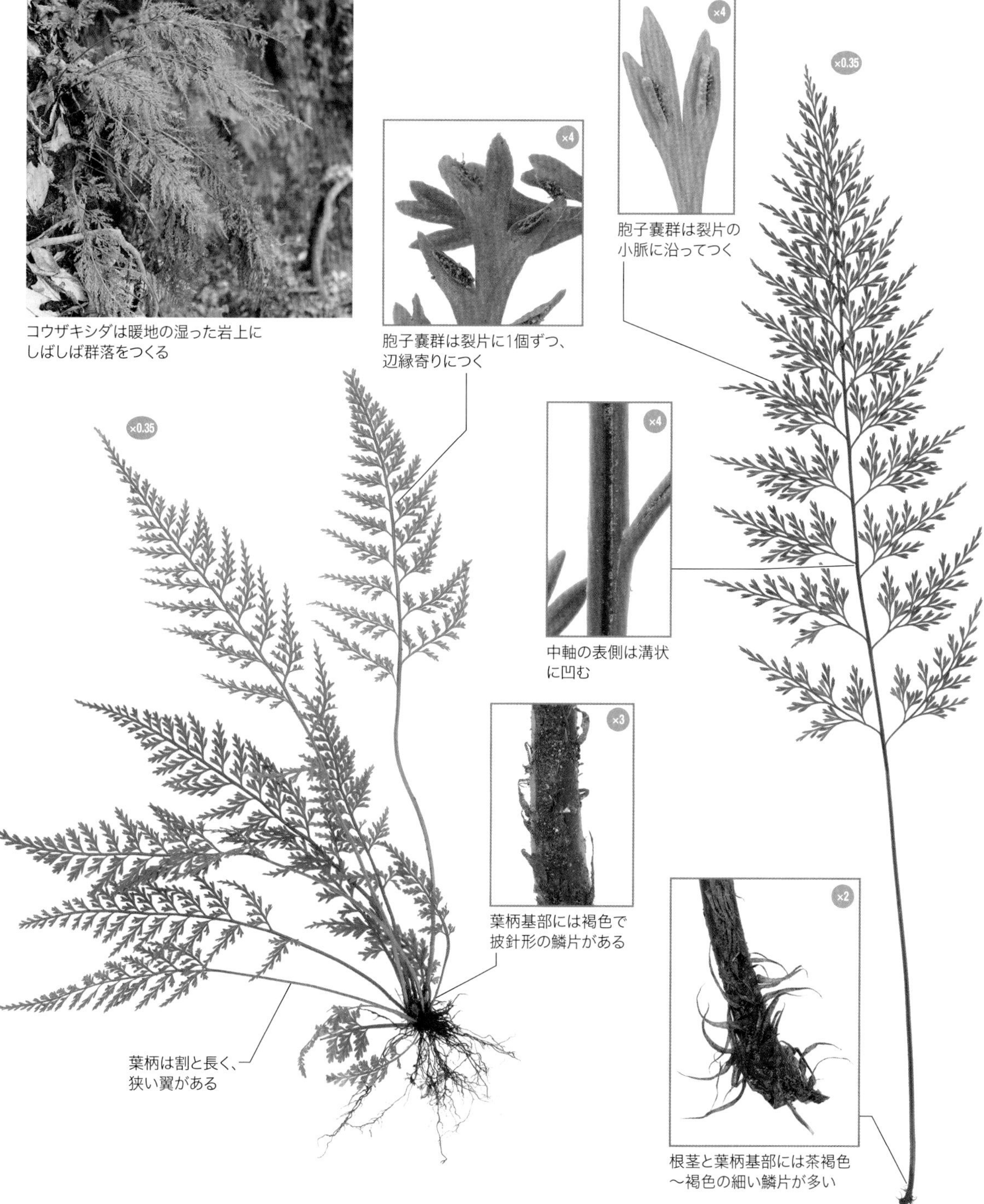
×4
×0.35
×4
×4
×0.35
×3
×2

コウザキシダは暖地の湿った岩上にしばしば群落をつくる

胞子嚢群は裂片に1個ずつ、辺縁寄りにつく

胞子嚢群は裂片の小脈に沿ってつく

中軸の表側は溝状に凹む

葉柄基部には褐色で披針形の鱗片がある

葉柄は割と長く、狭い翼がある

根茎と葉柄基部には茶褐色～褐色の細い鱗片が多い

コウザキシダ【神崎羊歯】

Asplenium ritoense

チャセンシダ科チャセンシダ属／本州(千葉県以西)～九州、琉球、小笠原

暖地の林下岩上に生育する常緑性のシダ。根茎は短く斜上または直立し、褐色の鱗片をつける。葉身は狭卵形で、先端は尾状に尖り、長さは20cmくらいになる。葉質は革質で、中軸や羽軸には狭い翼がある。裂片は披針形。胞子嚢群は長楕円形で、各裂片の辺縁寄りに1個ずつつく。名前の「神崎」がどこの地名なのかははっきりしていないという。

アオガネシダ【青鉄羊歯】

Asplenium wilfordii

チャセンシダ科チャセンシダ属／本州(関東以西)～九州、琉球

暖地の林下岩上や樹幹などに着生する常緑性のシダ。根茎は短く斜上または直立し、葉を叢生する。葉柄の基部には密に、上部にはまばらに鱗片がある。葉身は広披針形～長楕円形で、2～4回羽状複生となる。裂片は長楕円形、鋭頭で小脈が1～3個あり、小脈に沿って長楕円形～線形の胞子嚢群がつく。名前は、葉柄に若干金属的光沢があるためといわれる。

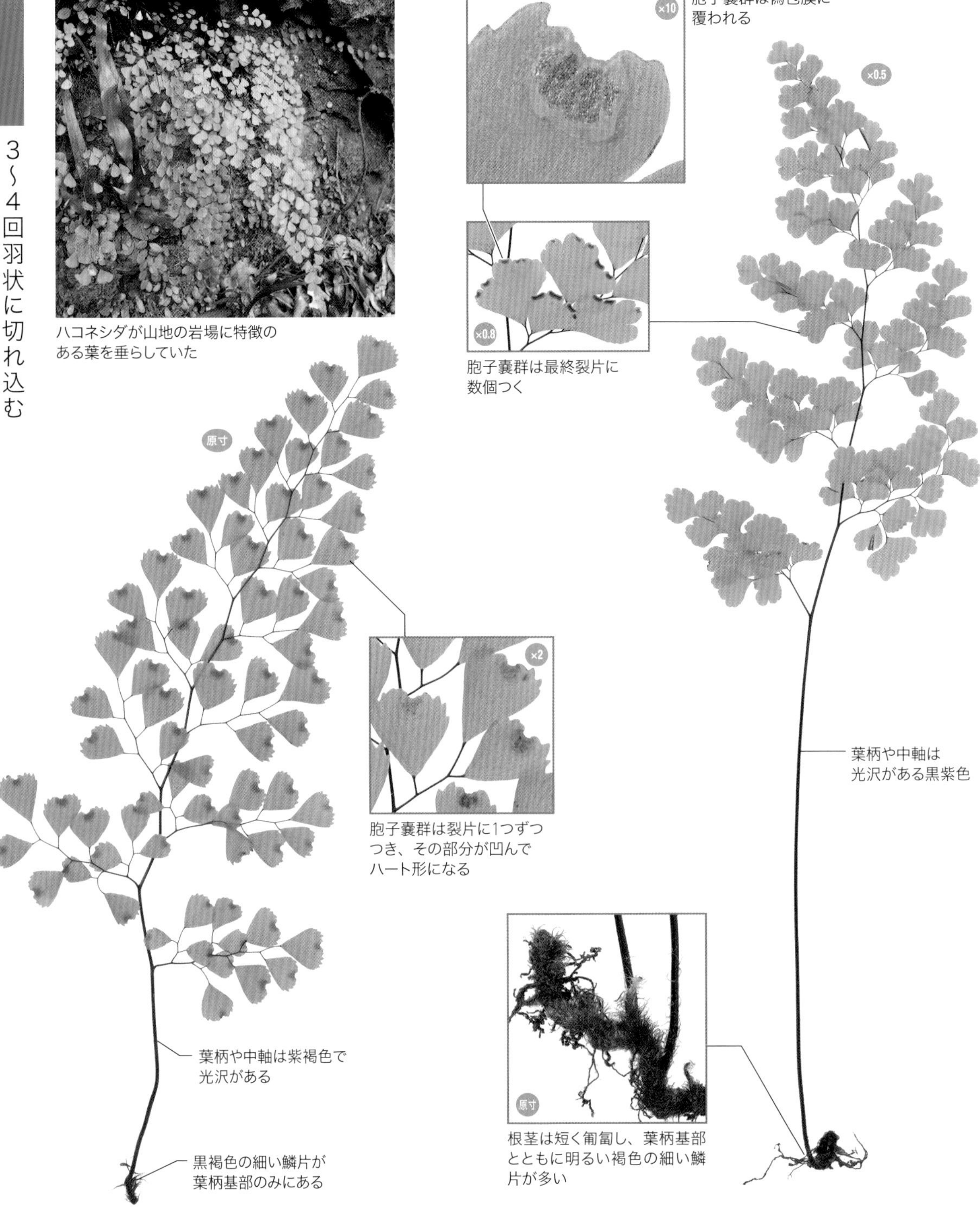
×10
胞子嚢群は偽包膜に
覆われる
×0.5
×0.8
胞子嚢群は最終裂片に
数個つく
原寸
×2
胞子嚢群は裂片に1つずつ
つき、その部分が凹んで
ハート形になる
葉柄や中軸は
光沢がある黒紫色
葉柄や中軸は紫褐色で
光沢がある
原寸
根茎は短く匍匐し、葉柄基部
とともに明るい褐色の細い鱗
片が多い
黒褐色の細い鱗片が
葉柄基部のみにある

ハコネシダが山地の岩場に特徴のある葉を垂らしていた

ハコネシダ【箱根羊歯】

Adiantum monochlamys

イノモトソウ科ホウライシダ属／本州〜九州

主に山地の岩上に生育する常緑性のシダ。根茎は短く匍匐または斜上し、葉を叢生する。葉身は3回羽状に分岐し、葉柄基部以外は毛も鱗片もない。最終裂片は倒三角状卵形で、先端部には鋸歯がある。胞子嚢群は裂片に1個ずつつき、葉縁が反転した偽包膜に覆われる。名前は神奈川県の箱根で見出されたことによる。

ホウライシダ【蓬莱羊歯】

Adiantum capillus-veneris

イノモトソウ科ホウライシダ属／本州(関東以西)〜九州、琉球

水が染み出るような海岸の岩場や路傍の土壁、石垣などに生育する常緑性のシダ。アジアンタムの名でよく栽培されており、都市部でよく見かける個体は温室などからの逸出と推定されている。根茎は短く匍匐し、鱗片が多い。葉柄基部を除き、葉には毛も鱗片もない。名前は台湾（＝蓬莱）に産することに由来する。

シダの帰化植物

日本中に帰化植物があふれているような感のある現在、シダも例外ではあり得ない。2015年環境省発表の「我が国の生態系等に被害を及ぼすおそれのある外来種リスト」にも外来アゾラ類とオオサンショウモ、コンテリクラマゴケがリストアップされている。種子植物ほど多くはないがその他にも帰化植物とされるシダ植物がいくつかあるので、以下に列記した。なお、従来沖縄などの暖地にだけ自生していた種類が、近年それより高緯度地方に出現した場合も含めた。地球の温暖化の影響のためか、これらのシダが徐々に分布を北上させており、また、今後これら以外の帰化シダが各地で発見される可能性もあるので、要注意だ。

- **外来アゾラ類（アメリカオオアカウキクサ（*Azolla cristata*）、アイオオアカウキクサ（*A. cristata × A. filiculoides*））**：アメリカオオアカウキクサは南北アメリカ、アジア、アフリカなどに広く分布し、特定外来生物に指定されている。日本では在来種のオオアカウキクサ（*A. japonica*）が水田緑肥として利用されてきたが、アメリカオオアカウキクサが帰化し、また雑種のアイオオアカウキクサが合鴨農法と共に導入されて盛んに栄養繁殖し、オオアカウキクサを絶滅寸前に追いやっている。
- **オオサンショウモ（*Salvinia molesta*）**：ブラジル南西部原産の水生シダ。東南アジア、オーストラリア、中央アフリカなどに帰化していたが、近年沖縄などの日本の暖地にも帰化している。
- **コンテリクラマゴケ（*Selaginella uncinata*）**：中国南部の原産。観賞用に栽培されていたが、近年各地で逸出帰化している。
- **アメリカシラネワラビ（*Dryopteris intermedia*）**：北アメリカ東部の原産。2003年岡山県に、その後さらに長野県、茨木県、兵庫県でも帰化が確認された。長野県ではオクマワラビとの雑種と考えられる個体も確認されている。
- **ワタナベシダ（*Dryopteris carthusiana*）**：北アメリカ・ヨーロッパ原産。2003年福井県で、その後長野県でも帰化が確認されている。
- **ギンシダ（*Pityrogramma calomelanos*）**：熱帯アメリカ原産。アジアの熱帯などに広く帰化しており、石垣島や西表島にも帰化が見られる。
- ***Cheilanthes viridis*：**1994年に八丈島で、2004年宮崎県でも発見された（宮崎県での発見は当初*Pellaea* sp.として発表された）。原産地はアフリカ、マダガスカル、イエメン、インド等。
- **ホウライシダ（*Adiantum capillus-veneris*）**：世界の熱帯・亜熱帯に広く分布し、日本でも沖縄・九州・四国の海岸岩場などに分布している。また、温室などで観賞用に栽培されていたが、近年神奈川県や東京都内など各地で逸出帰化している。

ホウライシダ

- **モエジマシダ（*Pteris vittata*）**：旧世界の熱帯・亜熱帯に自生。日本でも沖縄などの暖地に自生しているが、近年愛知県、神奈川県、東京都などでも観察されている。
- **ツルカタヒバ（*Selaginella flagellifera*）**：沖縄島〜熱帯アジア、ニューギニアに知られていたが、三重県に帰化した記録がある。

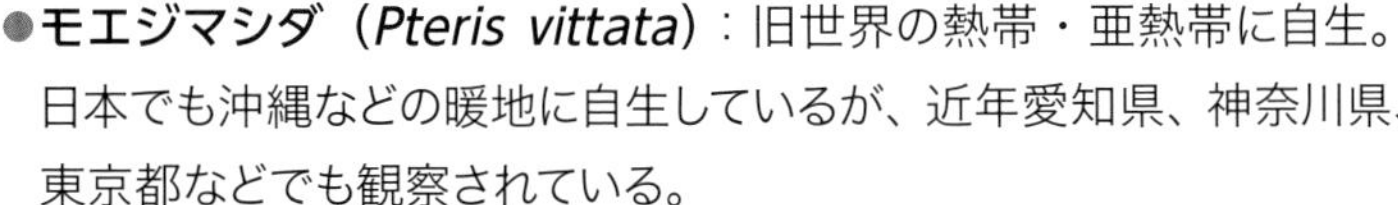

以上の他に、イヌカタヒバ（P26）、イヌケホシダ（P101）は、熱帯〜亜熱帯に広く分布し、日本でも沖縄県に自生していたが、近年栽培からの逸出帰化と考えられる事例が増えている。

イヌカタヒバ

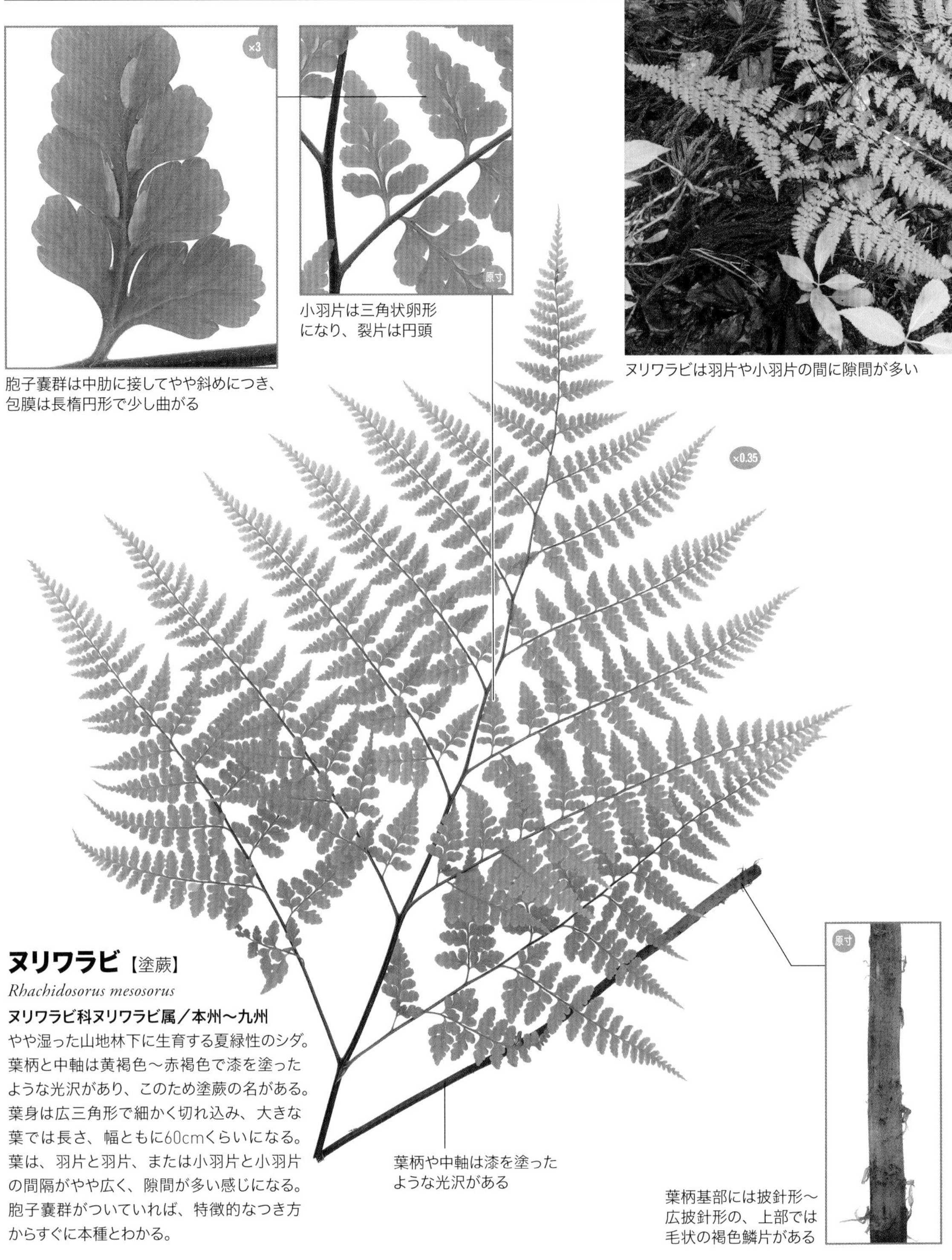
×3
原寸
×0.35
原寸

小羽片は三角状卵形になり、裂片は円頭

胞子嚢群は中肋に接してやや斜めにつき、包膜は長楕円形で少し曲がる

ヌリワラビは羽片や小羽片の間に隙間が多い

葉柄や中軸は漆を塗ったような光沢がある

葉柄基部には披針形〜広披針形の、上部では毛状の褐色鱗片がある

ヌリワラビ【塗蕨】

Rhachidosorus mesosorus

ヌリワラビ科ヌリワラビ属／本州〜九州

やや湿った山地林下に生育する夏緑性のシダ。葉柄と中軸は黄褐色〜赤褐色で漆を塗ったような光沢があり、このため塗蕨の名がある。葉身は広三角形で細かく切れ込み、大きな葉では長さ、幅ともに60cmくらいになる。葉は、羽片と羽片、または小羽片と小羽片の間隔がやや広く、隙間が多い感じになる。胞子嚢群がついていれば、特徴的なつき方からすぐに本種とわかる。

他人の空似

以前*Diplazium*（旧ヘラシダ属）とされていたシダには系統的に異なるシダが含まれていたことが遺伝子解析などの結果判明した。その結果、ヘラシダ（P47）はシケシダ属となり、イワヤシダ（*Diplaziopsis cavaleriana*）はイワヤシダ科として、そしてヌリワラビはヌリワラビ科として独立することになった。そして、残った*Diplazium*はノコギリシダ属と呼ばれることになった。ヌリワラビの胞子嚢群などを見るとノコギリシダ属のキヨタキシダなど（P154）に似ているのだが、どうやら他人の空似だったようだ。

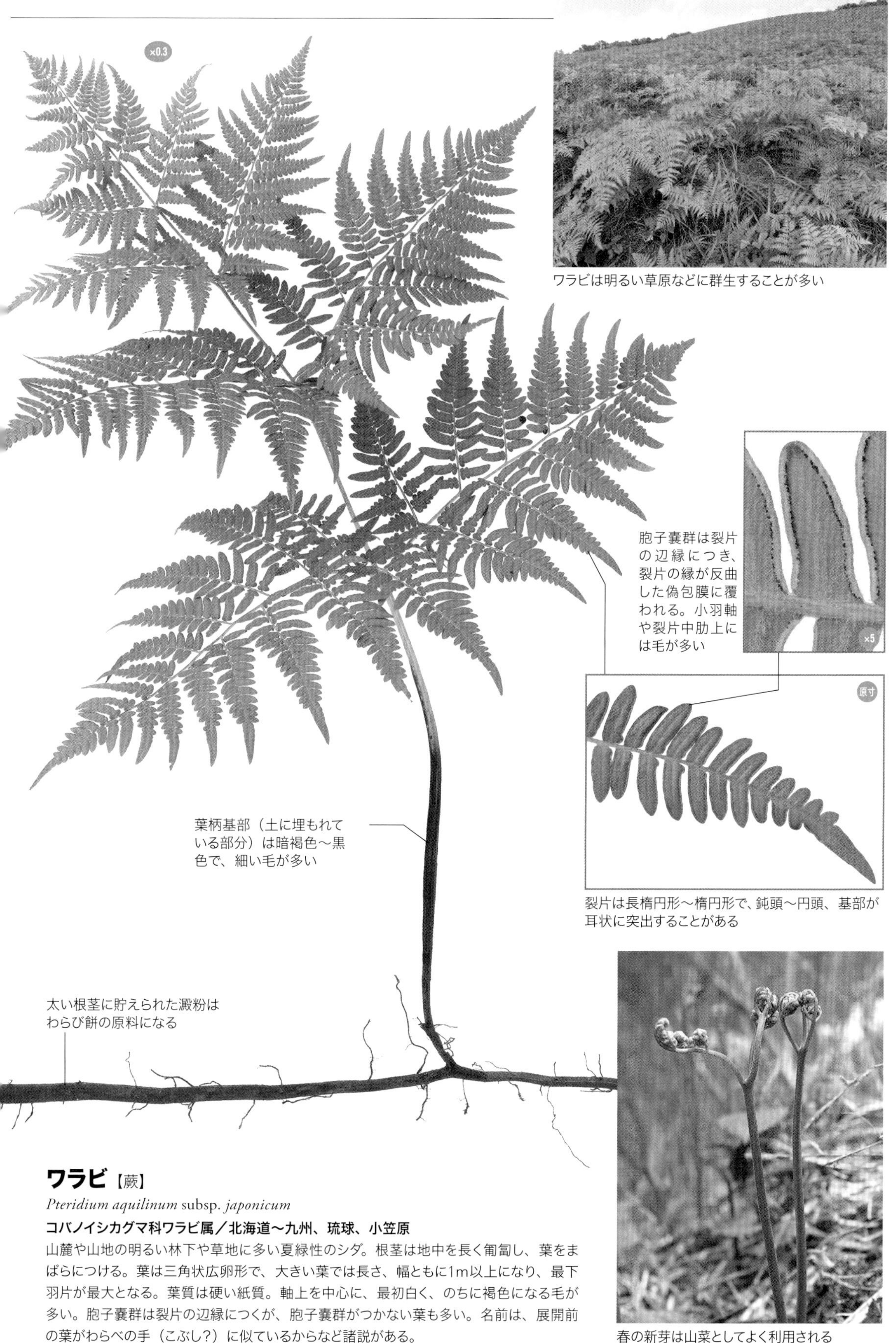
×0.3
×5
原寸

ワラビは明るい草原などに群生することが多い

胞子嚢群は裂片の辺縁につき、裂片の縁が反曲した偽包膜に覆われる。小羽軸や裂片中肋上には毛が多い

葉柄基部（土に埋もれている部分）は暗褐色〜黒色で、細い毛が多い

裂片は長楕円形〜楕円形で、鈍頭〜円頭、基部が耳状に突出することがある

太い根茎に貯えられた澱粉はわらび餅の原料になる

春の新芽は山菜としてよく利用される

ワラビ【蕨】

Pteridium aquilinum subsp. *japonicum*

コバノイシカグマ科ワラビ属／北海道〜九州、琉球、小笠原

山麓や山地の明るい林下や草地に多い夏緑性のシダ。根茎は地中を長く匍匐し、葉をまばらにつける。葉は三角状広卵形で、大きい葉では長さ、幅ともに1m以上になり、最下羽片が最大となる。葉質は硬い紙質。軸上を中心に、最初白く、のちに褐色になる毛が多い。胞子嚢群は裂片の辺縁につくが、胞子嚢群がつかない葉も多い。名前は、展開前の葉がわらべの手（こぶし?）に似ているからなど諸説がある。

×0.15
×1.5
×0.3
小羽片はシロヤマシダより
やや幅が広く、切れ込み
が深い
下部羽片には
やや長い柄がある
葉柄は太い

オニヒカゲワラビが杉林の下に大きな葉を展開させていた

胞子嚢群は裂片の中肋寄りにつき、線形、包膜の縁は不規則な突起がある。また、羽軸や小羽軸には白い微毛がある

新芽の様子。葉柄は太く、黒っぽい鱗片が目立つ

オニヒカゲワラビ【鬼日陰蕨】

Diplazium nipponicum

メシダ科ノコギリシダ属／本州〜九州

やや陰湿な山地林下に生育する常緑性の大きなシダで、北地のものは冬に枯れる。根茎は太く、短く匍匐し、狭い間隔で葉をつける。葉柄は太く、褐色〜黒褐色で狭披針形の鱗片をつける。葉身は三角状広卵形、大きな葉では長さ1mに達し、葉質は草質。小羽片は長楕円形で短い柄があり、羽状に深裂〜複生し、二次小羽片は鋭頭〜鈍頭で鋸歯がある。名前はヒカゲワラビに似て大型であることによる。新芽は山菜として利用されることがあり、山菜名はガンソクという。

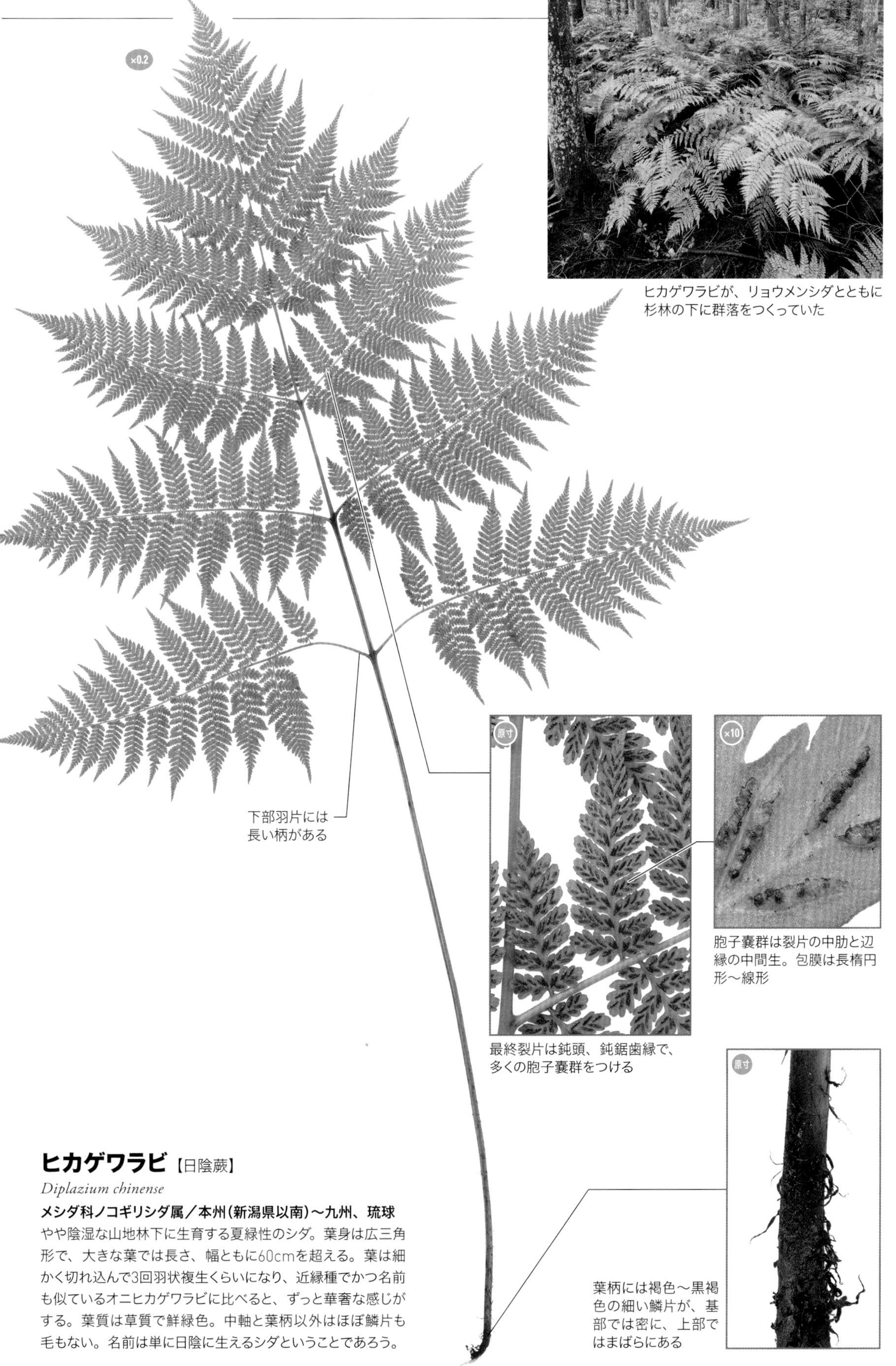
×0.2
原寸
×10
原寸

ヒカゲワラビが、リョウメンシダとともに杉林の下に群落をつくっていた

下部羽片には長い柄がある

最終裂片は鈍頭、鈍鋸歯縁で、多くの胞子嚢群をつける

胞子嚢群は裂片の中肋と辺縁の中間生。包膜は長楕円形〜線形

葉柄には褐色〜黒褐色の細い鱗片が、基部では密に、上部ではまばらにある

ヒカゲワラビ【日陰蕨】

Diplazium chinense

メシダ科ノコギリシダ属／本州（新潟県以南）〜九州、琉球

やや陰湿な山地林下に生育する夏緑性のシダ。葉身は広三角形で、大きな葉では長さ、幅ともに60cmを超える。葉は細かく切れ込んで3回羽状複生くらいになり、近縁種でかつ名前も似ているオニヒカゲワラビに比べると、ずっと華奢な感じがする。葉質は草質で鮮緑色。中軸と葉柄以外はほぼ鱗片も毛もない。名前は単に日陰に生えるシダということであろう。

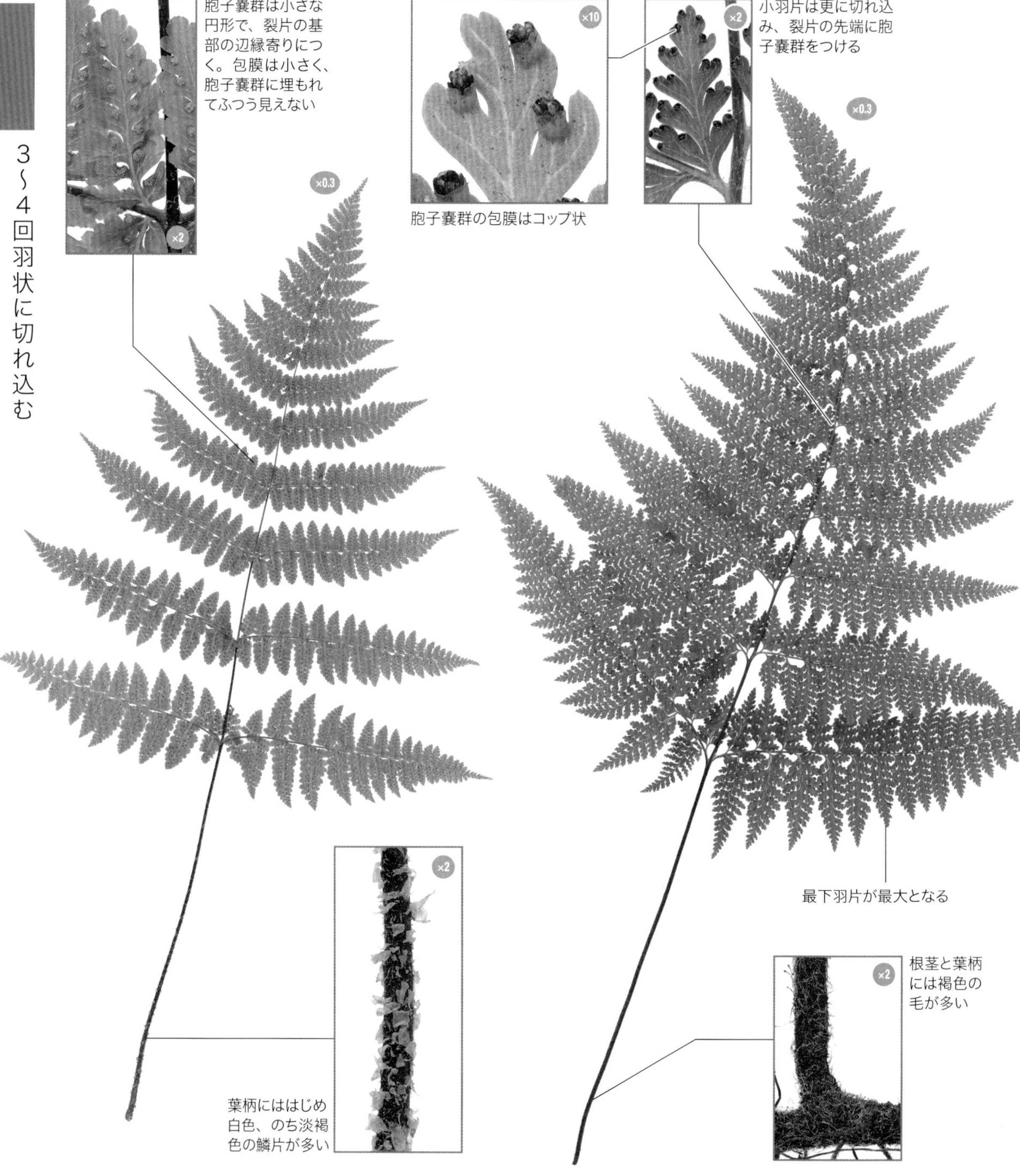
胞子嚢群は小さな円形で、裂片の基部の辺縁寄りにつく。包膜は小さく、胞子嚢群に埋もれてふつう見えない
×2
×0.3
×10
胞子嚢群の包膜はコップ状
×2
小羽片は更に切れ込み、裂片の先端に胞子嚢群をつける
×0.3
×2
葉柄にははじめ白色、のち淡褐色の鱗片が多い
最下羽片が最大となる
×2
根茎と葉柄には褐色の毛が多い

ウスヒメワラビ【薄姫蕨】

Acystopteris japonica

ナヨシダ科ウスヒメワラビ属／本州(宮城県以南)〜九州

やや陰湿な山地林下に生育する夏緑性のシダ。根茎はやや長く匍匐し、群生することが多い。葉柄は若い時には緑色のち褐色〜紫褐色で光沢があり、白い鱗片との対比が美しい。葉身は三角状卵形で、大きい葉では長さ50cmに達する。葉は薄い草質、細い鱗片や半透明の毛がある。名前はヒメワラビに似て葉が薄いシダであることによる。

コバノイシカグマ【小葉の石かぐま】

Dennstaedtia scabra

コバノイシカグマ科コバノイシカグマ属／本州〜九州(東北地方では少ない)

山地林下に生育する常緑性のシダ。根茎は長く匍匐し、ややまばらに葉をつけ、群生することが多い。葉柄・中軸は赤褐色で光沢があり、粗い毛があるが早落性で、毛の脱落痕が突起として残り、ざらつく。葉身は広三角状披針形で、大きい葉は長さ60cmくらいになり、両面に毛が多い。名前は、イシカグマ(P143)に似て葉が小さいことによる。

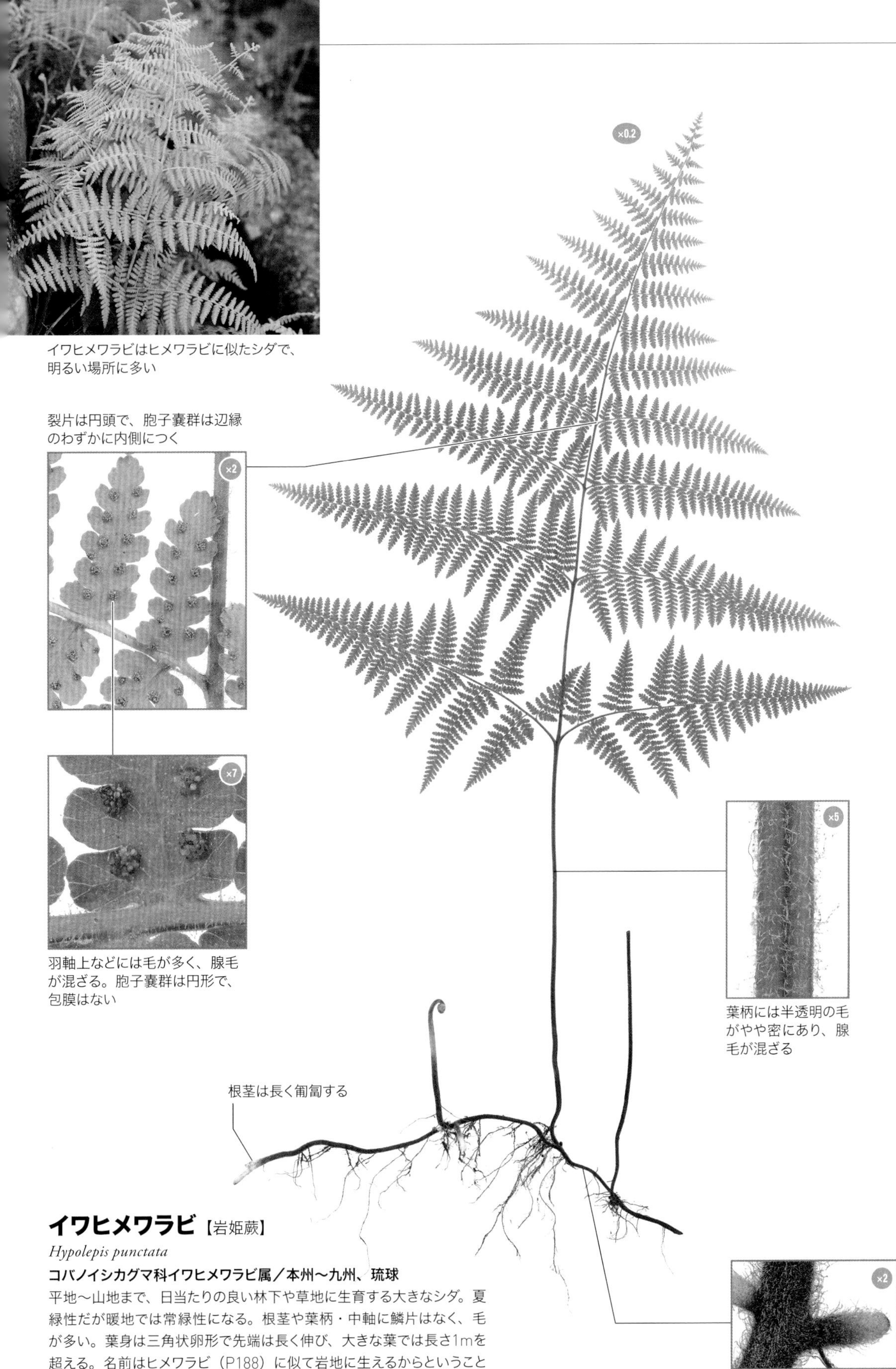
×0.2
×2
×7
×5
×2

イワヒメワラビはヒメワラビに似たシダで、明るい場所に多い

裂片は円頭で、胞子嚢群は辺縁のわずかに内側につく

羽軸上などには毛が多く、腺毛が混ざる。胞子嚢群は円形で、包膜はない

葉柄には半透明の毛がやや密にあり、腺毛が混ざる

根茎は長く匍匐する

根茎には毛のみがあり、鱗片はない

イワヒメワラビ【岩姫蕨】

Hypolepis punctata

コバノイシカグマ科イワヒメワラビ属／本州〜九州、琉球

平地〜山地まで、日当たりの良い林下や草地に生育する大きなシダ。夏緑性だが暖地では常緑性になる。根茎や葉柄・中軸に鱗片はなく、毛が多い。葉身は三角状卵形で先端は長く伸び、大きな葉では長さ1mを超える。名前はヒメワラビ（P188）に似て岩地に生えるからということだが、岩地以外の場所にも多い。

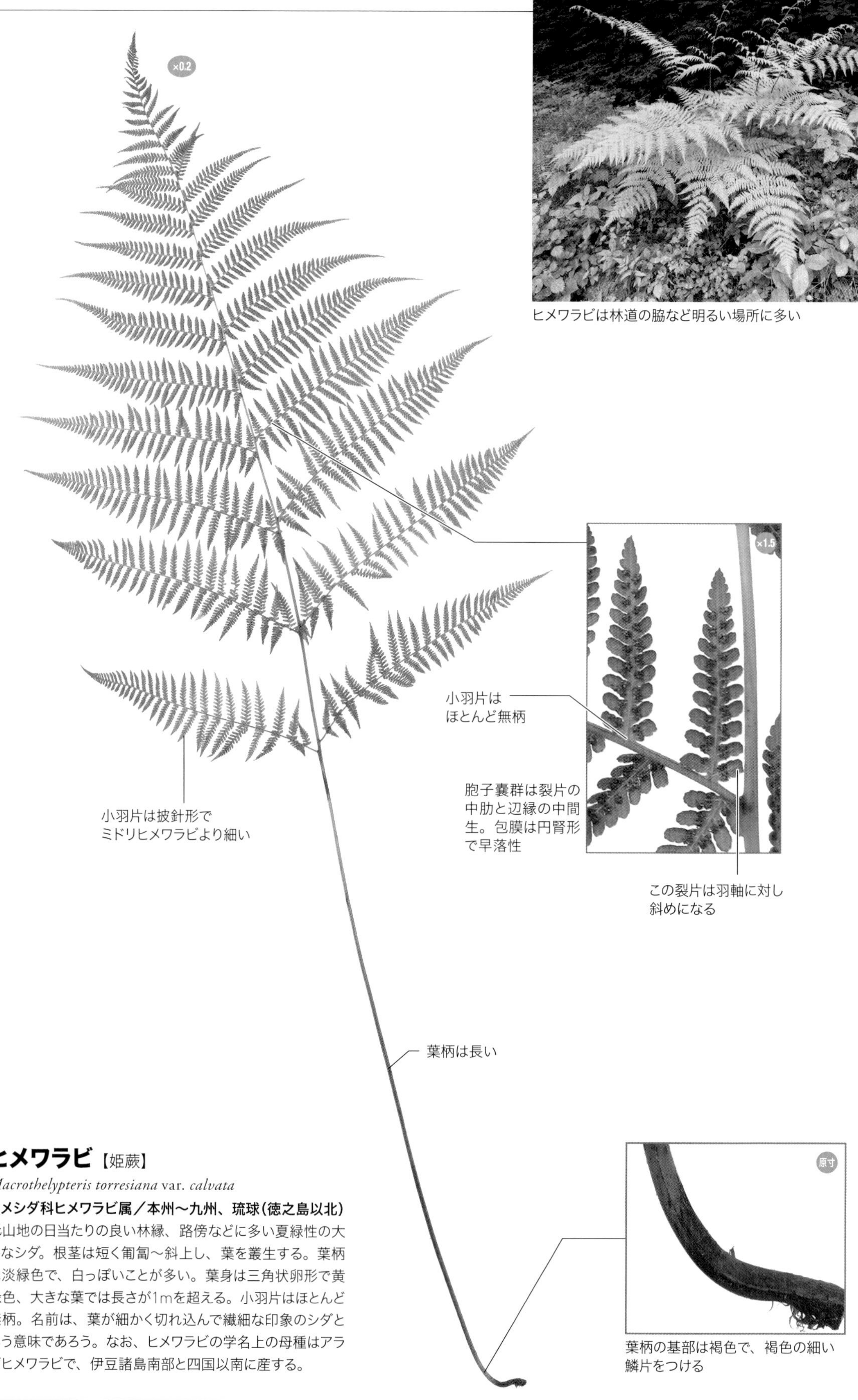
×0.2
×1.5
原寸
小羽片は
ほとんど無柄
胞子嚢群は裂片の
中肋と辺縁の中間
生。包膜は円腎形
で早落性
この裂片は羽軸に対し
斜めになる
小羽片は披針形で
ミドリヒメワラビより細い
葉柄は長い
葉柄の基部は褐色で、褐色の細い
鱗片をつける

ヒメワラビは林道の脇など明るい場所に多い

ヒメワラビ【姫蕨】

Macrothelypteris torresiana var. *calvata*

ヒメシダ科ヒメワラビ属／本州〜九州、琉球(徳之島以北)

低山地の日当たりの良い林縁、路傍などに多い夏緑性の大きなシダ。根茎は短く匍匐〜斜上し、葉を叢生する。葉柄は淡緑色で、白っぽいことが多い。葉身は三角状卵形で黄緑色、大きな葉では長さが1mを超える。小羽片はほとんど無柄。名前は、葉が細かく切れ込んで繊細な印象のシダという意味であろう。なお、ヒメワラビの学名上の母種はアラゲヒメワラビで、伊豆諸島南部と四国以南に産する。

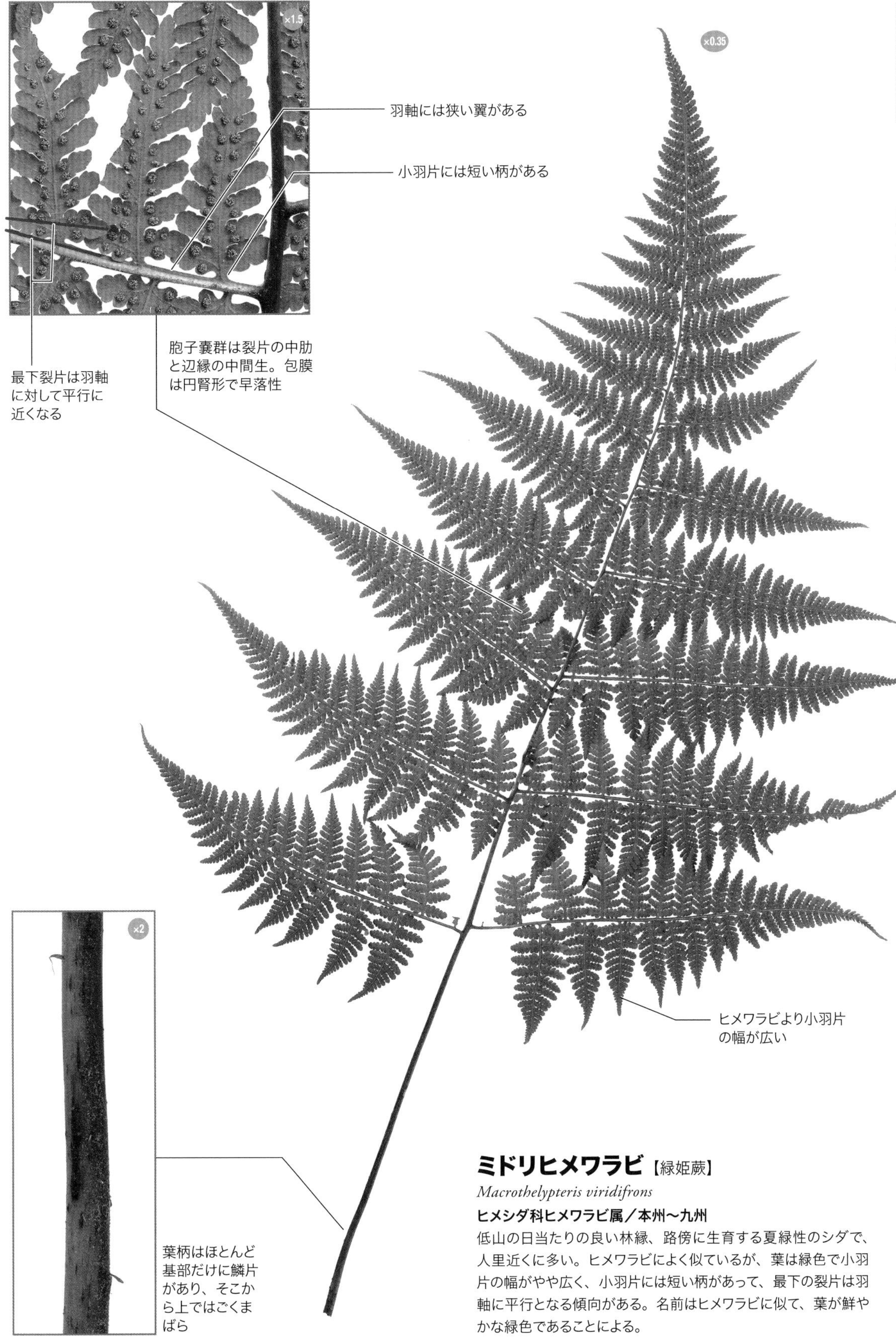
×1.5
×0.35
×2
羽軸には狭い翼がある
小羽片には短い柄がある
胞子嚢群は裂片の中肋と辺縁の中間生。包膜は円腎形で早落性
最下裂片は羽軸に対して平行に近くなる
ヒメワラビより小羽片の幅が広い
葉柄はほとんど基部だけに鱗片があり、そこから上ではごくまばら

ミドリヒメワラビ【緑姫蕨】

Macrothelypteris viridifrons

ヒメシダ科ヒメワラビ属／本州〜九州

低山の日当たりの良い林縁、路傍に生育する夏緑性のシダで、人里近くに多い。ヒメワラビによく似ているが、葉は緑色で小羽片の幅がやや広く、小羽片には短い柄があって、最下の裂片は羽軸に平行となる傾向がある。名前はヒメワラビに似て、葉が鮮やかな緑色であることによる。

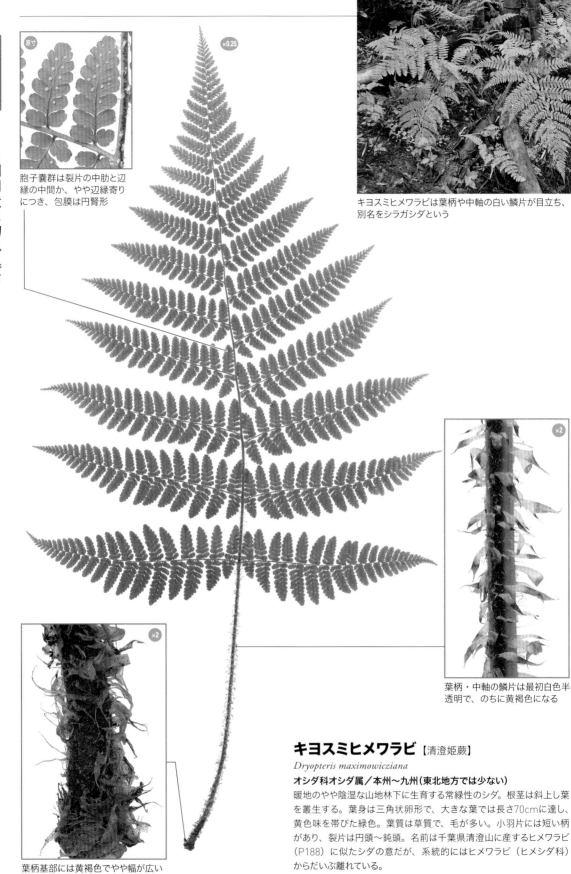

胞子嚢群は裂片の中肋と辺縁の中間か、やや辺縁寄りにつき、包膜は円腎形

キヨスミヒメワラビは葉柄や中軸の白い鱗片が目立ち、別名をシラガシダという

葉柄・中軸の鱗片は最初白色半透明で、のちに黄褐色になる

葉柄基部には黄褐色でやや幅が広い鱗片が密にある

キヨスミヒメワラビ【清澄姫蕨】

Dryopteris maximowicziana

オシダ科オシダ属／本州〜九州（東北地方では少ない）

暖地のやや陰湿な山地林下に生育する常緑性のシダ。根茎は斜上し葉を叢生する。葉身は三角状卵形で、大きな葉では長さ70cmに達し、黄色味を帯びた緑色。葉質は草質で、毛が多い。小羽片には短い柄があり、裂片は円頭〜鈍頭。名前は千葉県清澄山に産するヒメワラビ（P188）に似たシダの意だが、系統的にはヒメワラビ（ヒメシダ科）からだいぶ離れている。

鱗片が特徴的なシダ

シダの観察において、鱗片の性状は種の同定に重要な指標となる。そこで特徴的な鱗片を持つ種類をいくつか取り上げてみた。特にメシダ科やオシダ科のシダは鱗片が多く、また特徴的な鱗片を持つものが多いので、注意して観察してみよう。なお、詳細は各シダのページ参照。

(1) 黒い鱗片が目立つシダ

ミヤマメシダ（メシダ科、P151）：夏の高原で、黒いねじれた鱗片のシダを見たら、まず本種と思ってよい。よく似たシダにエゾメシダがあるが、その鱗片はミヤマメシダほど黒くない。

コクモウクジャク（メシダ科、P155）：黒毛孔雀という名前なのだが、名前のわりには黒褐色鱗片は多くない。ただ同属のシロヤマシダなどと比較すれば葉柄下部の鱗片が目立つ。

ミヤマクマワラビ（オシダ科、P109）：オシダによく似ているが、葉柄〜中軸にかけての黒い鱗片が特徴的。ただオシダでも葉柄基部鱗片が黒褐色になることがあるので注意が必要。

イワヘゴ（オシダ科、P84）：葉柄・中軸に黒い鱗片が多いが、類似種のキヨスミオオクジャクやツクシイワヘゴも黒い鱗片が多いので、これだけでは決め手にはならない。ただイヌイワヘゴやオオクジャクシダの鱗片は褐色なので、これらとの区別には役立つ。

カタイノデ、サイゴクイノデ（オシダ科、P135）：イノデ属も鱗片が多い種類が多い。その中でカタイノデは葉柄基部の黒い鱗片が特徴的。サイゴクイノデの基部鱗片も黒褐色になるが、カタイノデほど黒くはない。

(2) 白い鱗片が目立つシダ

キヨスミヒメワラビ（オシダ科、P190）：シラガシダという別名が示すように、若い葉では葉柄の白い鱗片が目立つが、標本にすると黄褐色になってしまう。

ハクモウイノデ（メシダ科、P96）：名前の通り白い鱗片（これを白毛とみた）が多くて目立つ。

ムクゲシケシダ（メシダ科、P94）：シケシダ属でも葉柄の鱗片が多い種類があるが、その中でも本種は特に多く、それが種名に反映されている。

ウスヒメワラビ（ナヨシダ科、P186）：多くはないが、若い葉では艶のある葉柄と白い鱗片の対比が美しい。

(3) その他の鱗片が特徴的なシダ

サイゴクベニシダ（オシダ科、P164）：葉柄〜中軸にかけて、やや幅の広い鱗片が多く、このことが類似種のベニシダやマルバベニシダとの区別に役立つ。しかし、ギフベニシダやアツギノヌカイタチシダマガイなども多いので注意が必要。

ツヤナシイノデ、サカゲイノデ（オシダ科、P136〜137）：ツヤナシイノデは中軸に開出気味につく幅の広い淡褐色の鱗片が特徴的である。イワシロイノデはツヤナシイノデに似るが、中軸の鱗片はやや幅が狭い。サカゲイノデも中軸に幅広い鱗片があるが下向きに圧着するようにつく。

イワイタチシダ、イヌイワイタチシダ（オシダ科、P167）：葉柄〜中軸にかけての鱗片は、基部が褐色で幅広く、上部が黒くて長く伸びる鱗片が開出してつくことが、類似種のヤマイタチシダとの区別に役立つ。

カツモウイノデ（オシダ科、P123）：名前の通り褐色の毛（実際には鱗片）が多い。

キンモウワラビ（キンモウワラビ科、P192）：葉柄基部の肥厚した部分（葉枕）に長い黄褐色の鱗片が多く、この鱗片を金色の毛と見立てて和名となった。

その他にも特徴的な鱗片を持つ種類は多いが、ここでは残念ながら割愛した。また、鱗片ではないが特徴的な星状毛を持つ種類などもあり、これらにも注意して観察してもらえればと思う。

×0.5
×10
×19
×3
×0.8
葉枕

キンモウワラビは名前の通り、葉柄基部の黄褐色の鱗片が特徴的

中軸や羽軸、葉の表面には半透明の毛がやや密にある

包膜は円腎形で、開出する毛が多い

裂片は鈍頭で、胞子嚢群は中肋寄りにつく

葉柄基部の鱗片の一部を取り去ったところ。葉柄基部のふくらみ（葉枕）に鱗片が多くついていたことがわかる

キンモウワラビ【金毛蕨】

Hypodematium crenatum subsp. *fauriei*

キンモウワラビ科キンモウワラビ属／本州（関東以西）〜九州

石灰岩のすき間に生育する夏緑性のシダで、石垣などに見ることもある。根茎は短く匍匐し、葉を接近してつける。葉柄の基部のふくらみ（葉枕）には黄褐色〜褐色の長い鱗片をつけ、この鱗片を金色の毛に見立てて金毛わらびの名がある。葉身は三角形状で、大きな葉では長さ40cm以上に達する。葉柄は平滑でほとんど無毛だが、中軸や葉には毛が多い。類似種のケキンモウワラビ（*H. glandulosopilosum*）には毛の他に腺毛があり、リュウキュウキンモウワラビ（*H. fordii*）には腺毛だけがある。

×5
×3
×0.8
×2

胞子嚢群は裂片の脈端につき、包膜はコップ状

シノブが木の幹に根茎を這わせ、多くの葉をつけていた

胞子嚢群をつけた小羽片。裂片は長楕円形〜披針形

葉柄上部〜中軸の鱗片はまばら

根茎と葉柄基部には褐色で周辺部が白っぽい鱗片が密にある

シノブ【忍】

Davallia mariesii

シノブ科シノブ属／北海道〜九州、琉球（北海道では稀）

山地や山麓の樹幹や岩上に着生する夏緑性のシダ。鱗片に覆われた根茎は長く匍匐し、まばらに葉を出す。葉身は長さ15cm前後の三角状広卵形、3〜4回羽状に切れ込み、最終裂片に1つずつの胞子嚢群がつく。名前は、土がなくても、また乾燥にも耐え忍ぶ性質に由来し、このような性質を利用して古来よりシノブ玉として栽培・鑑賞される。また、琉球列島以南の亜熱帯に分布する個体群は常緑性となり、別変種（var. *stenolepis*）として、分けられることがある。

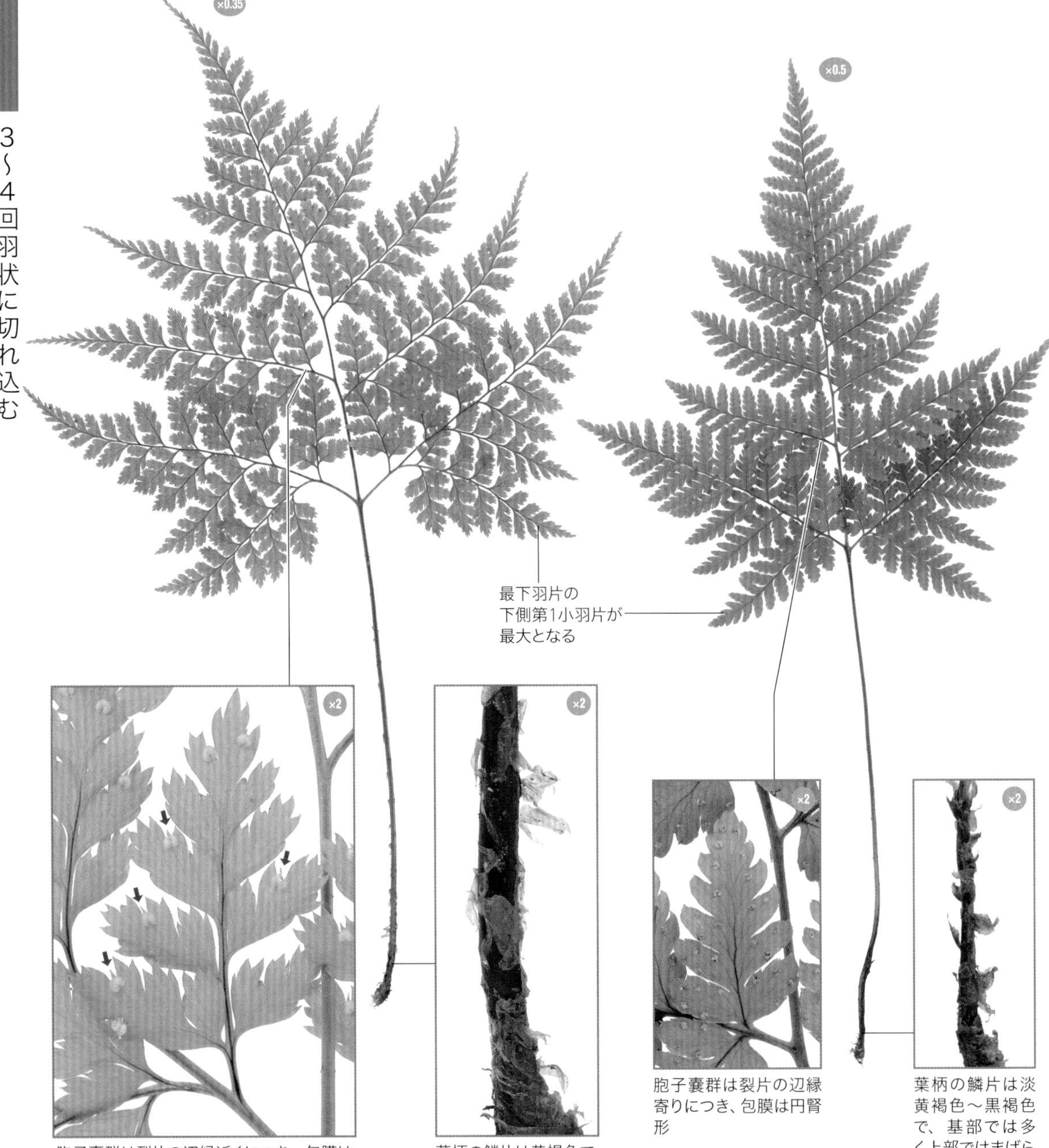
×0.35
×0.5
最下羽片の
下側第1小羽片が
最大となる
×2
×2
×2
×2

胞子嚢群は裂片の辺縁近くにつき、包膜は円腎形。胞子嚢群のついた場所の先には小さな鋭い鋸歯がある（⬇）

葉柄の鱗片は黄褐色で、基部では多く上部ではまばら

胞子嚢群は裂片の辺縁寄りにつき、包膜は円腎形

葉柄の鱗片は淡黄褐色〜黒褐色で、基部では多く上部ではまばら

ナンタイシダ【男体羊歯】

Dryopteris maximowiczii

オシダ科オシダ属／本州（関東・中部地方以外では稀）

ブナ帯〜針葉樹林帯の林下に生育する夏緑性のシダ。根茎は短く匍匐し、葉を接近してつける。葉身は五角形状で、最下羽片が最も大きく、柄が長い。中軸や羽軸には鱗片がごくまばらにあるが、小羽片には鱗片はない。また裂片は粗い鋭鋸歯縁となる。名前は最初に見出された栃木県日光の男体山にちなんでいる。

ミサキカグマ【岬かぐま】

Dryopteris chinensis

オシダ科オシダ属／本州〜九州

低山地の明るい林下や岩の多い斜面などに生育するシダ。夏緑性とされるが暖地では常緑となる。根茎は斜上または短く匍匐し、葉を叢生する。葉身は五角形状で、長さは大きな葉で30cmくらい。裂片は鈍頭で、粗い鋸歯縁となる。中軸にはまばらに細い鱗片がある。胞子嚢群は葉身の上部からつき始める。名前は、鹿児島県佐多岬で見出されたからと言われる。別名をホソバイタチシダという。

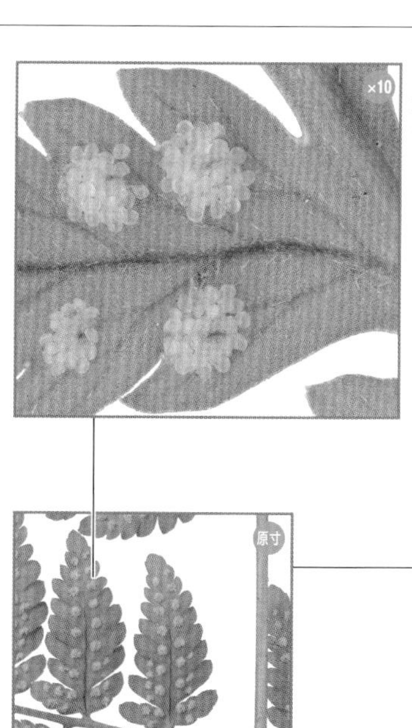
×10

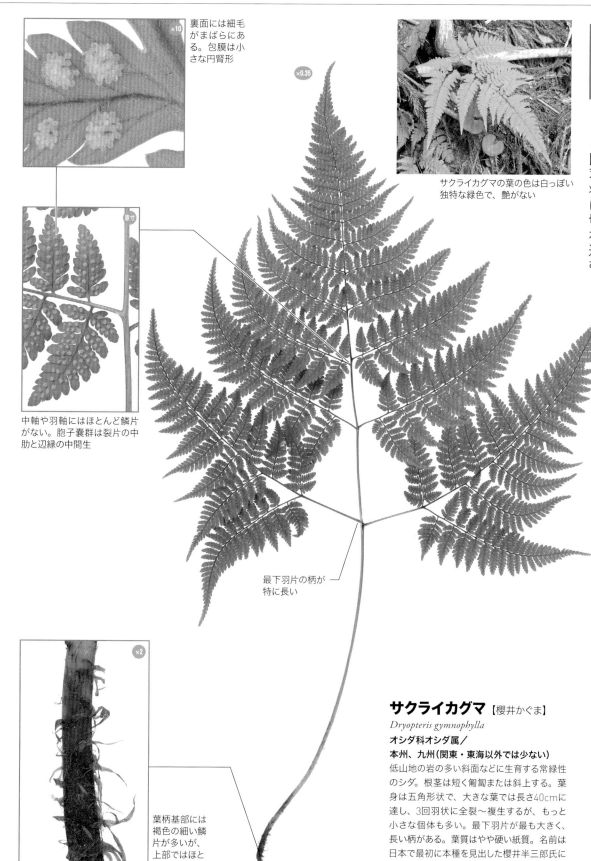

裏面には細毛がまばらにある。包膜は小さな円腎形

サクライカグマの葉の色は白っぽい独特な緑色で、艶がない

中軸や羽軸にはほとんど鱗片がない。胞子嚢群は裂片の中肋と辺縁の中間生

最下羽片の柄が特に長い

×2

葉柄基部には褐色の細い鱗片が多いが、上部ではほとんどない

サクライカグマ【櫻井かぐま】

Dryopteris gymnophylla

オシダ科オシダ属／

本州、九州(関東・東海以外では少ない)

低山地の岩の多い斜面などに生育する常緑性のシダ。根茎は短く匍匐または斜上する。葉身は五角形状で、大きな葉では長さ40cmに達し、3回羽状に全裂～複生するが、もっと小さな個体も多い。最下羽片が最も大きく、長い柄がある。葉質はやや硬い紙質。名前は日本で最初に本種を見出した櫻井半三郎氏にちなんで名付けられた。

シラネワラビはブナ林や針葉樹林の林下に群生していることが多い

シラネワラビ【白根蕨】

Dryopteris expansa

オシダ科オシダ属／北海道〜九州

深山の林下に多い夏緑性のシダで、群生していることが多い。根茎は短く匍匐または斜上し、葉を叢生する。葉柄には淡褐色の鱗片が下部で多く、上部ではややまばらにつく。葉身は卵形で、大きな葉では長さ60cmくらいになる。3回羽状に深裂〜複生する。小羽軸上の鱗片は袋状にならないが、類似種のオクヤマシダ（*D. amurensis*）は袋状になる。名前は最初に見出された栃木県の日光白根山にちなんでいる。

×0.3

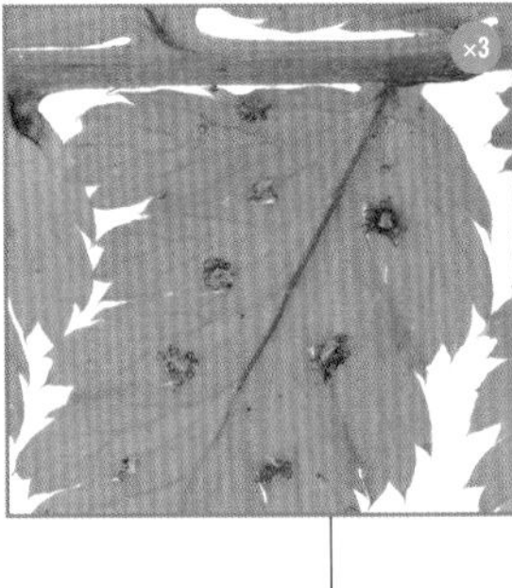
×3
羽軸や中肋上の鱗片はまばらにつき、線形で袋状にはならない。裂片や鋸歯の先は芒状に尖る

原寸
胞子嚢群は裂片の中肋と辺縁の中間生

最下羽片の下側第1小羽片が最も長い

原寸
葉柄基部の鱗片は中央部に褐色の筋が入る

×10
×0.35
×2
原寸
×2

小羽片中肋上の鱗片は基部が袋状になる。胞子嚢群の包膜は円腎形で波状縁

シノブカグマはブナ林の林床に整った形の葉を広げていることが多い

胞子嚢群は裂片のやや辺縁寄りにつく

最下羽片の下側第1小羽片が長い

葉柄はあまり長くない

葉柄〜中軸には黒褐色のねじれた鱗片が多い

葉柄基部では褐色、それより上では黒褐色の鱗片が多い

シノブカグマ【忍かぐま】

Arachniodes mutica

オシダ科カナワラビ属／北海道〜九州（屋久島のみ）

通常ブナ帯〜針葉樹林帯の林下に生育する常緑性のシダ。根茎は短く斜上し、葉を叢生する。葉身は整った三角状卵形で長さは30〜40cmくらい、やや硬い紙質で中軸には鱗片が多い。名前はシノブに似た葉のシダであることによる。

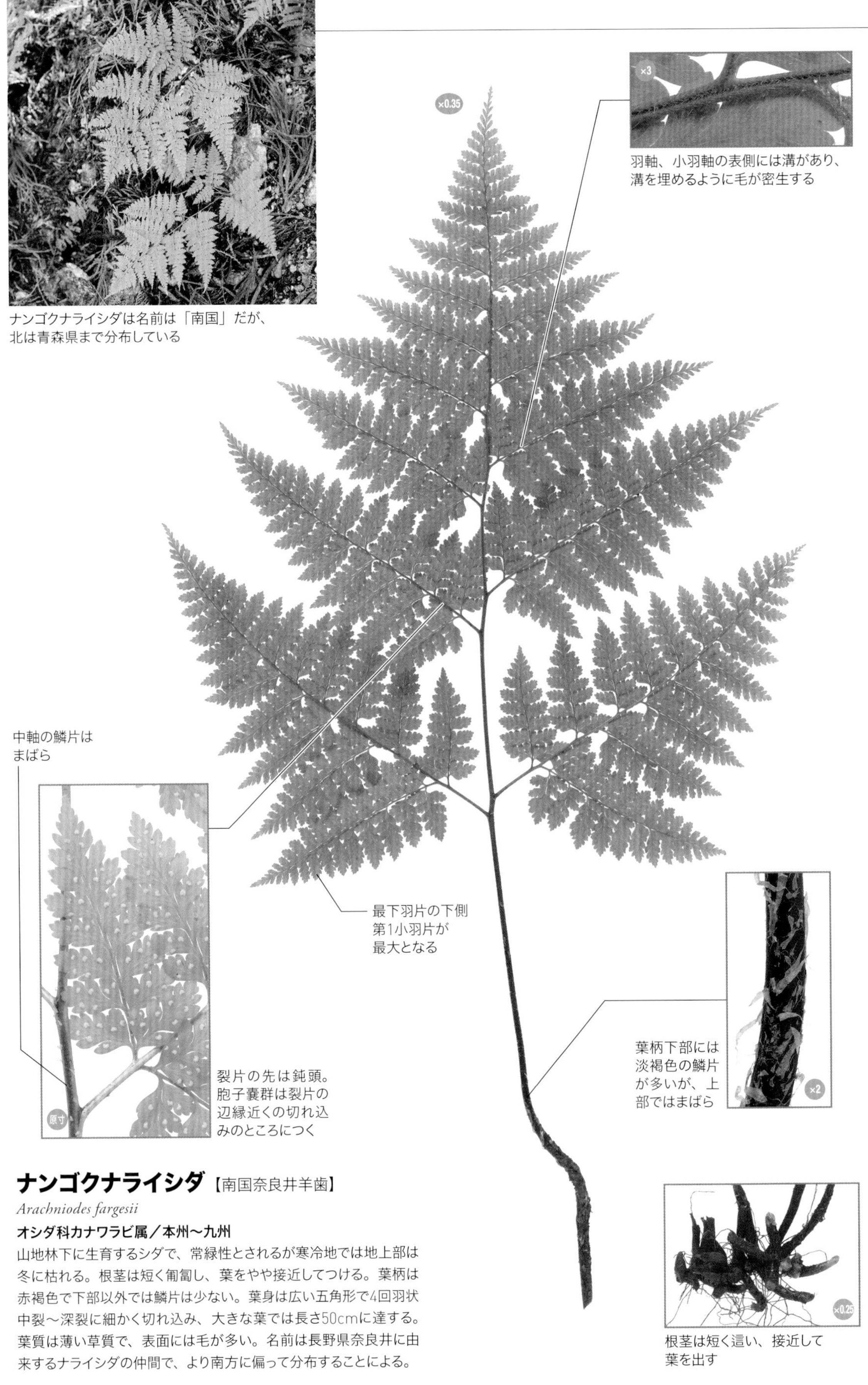
×0.35
×3
羽軸、小羽軸の表側には溝があり、溝を埋めるように毛が密生する
中軸の鱗片はまばら
原寸
裂片の先は鈍頭。胞子嚢群は裂片の辺縁近くの切れ込みのところにつく
最下羽片の下側第1小羽片が最大となる
葉柄下部には淡褐色の鱗片が多いが、上部ではまばら
×2
×0.25
根茎は短く這い、接近して葉を出す

ナンゴクナライシダは名前は「南国」だが、北は青森県まで分布している

ナンゴクナライシダ【南国奈良井羊歯】

Arachniodes fargesii

オシダ科カナワラビ属／本州〜九州

山地林下に生育するシダで、常緑性とされるが寒冷地では地上部は冬に枯れる。根茎は短く匍匐し、葉をやや接近してつける。葉柄は赤褐色で下部以外では鱗片は少ない。葉身は広い五角形で4回羽状中裂〜深裂に細かく切れ込み、大きな葉では長さ50cmに達する。葉質は薄い草質で、表面には毛が多い。名前は長野県奈良井に由来するナライシダの仲間で、より南方に偏って分布することによる。

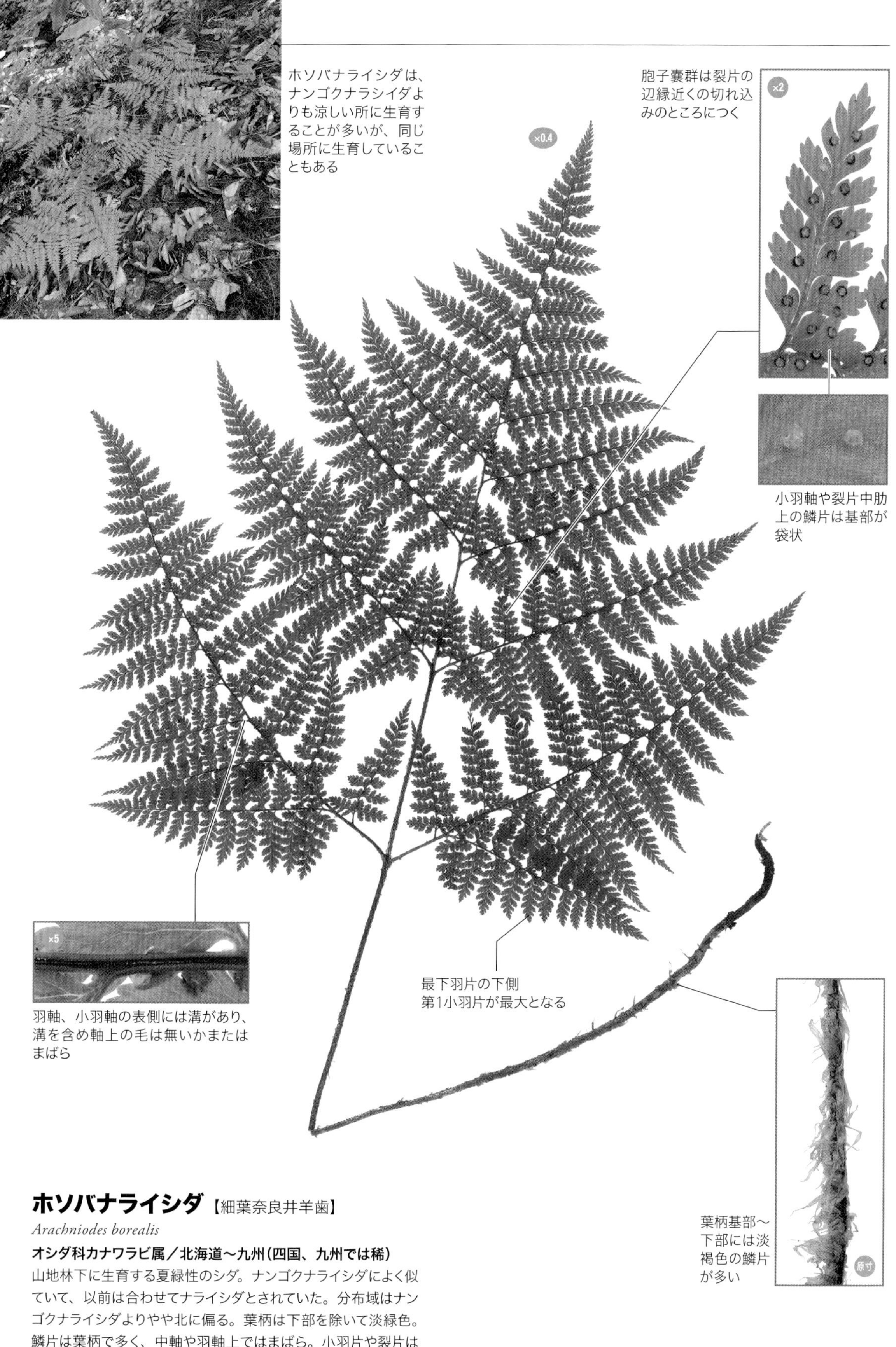
ホソバナライシダは、ナンゴクナラシイダよりも涼しい所に生育することが多いが、同じ場所に生育していることもある
×0.4
胞子嚢群は裂片の辺縁近くの切れ込みのところにつく
×2
小羽軸や裂片中肋上の鱗片は基部が袋状
×5
羽軸、小羽軸の表側には溝があり、溝を含め軸上の毛は無いかまたはまばら
最下羽片の下側第1小羽片が最大となる
葉柄基部〜下部には淡褐色の鱗片が多い
原寸

ホソバナライシダ【細葉奈良井羊歯】

Arachniodes borealis

オシダ科カナワラビ属／北海道〜九州（四国、九州では稀）

山地林下に生育する夏緑性のシダ。ナンゴクナライシダによく似ていて、以前は合わせてナライシダとされていた。分布域はナンゴクナライシダよりやや北に偏る。葉柄は下部を除いて淡緑色。鱗片は葉柄で多く、中軸や羽軸上ではまばら。小羽片や裂片はナンゴクナライシダよりもやや小さく、このことからホソバナライシダの名がある。

渓流沿いの湿った林下に群生していたリョウメンシダ

×5

包膜は葉面を覆いつくすように大きく、円腎形で縁は全縁

×1.5

羽軸や小羽軸の鱗片は袋状にならない。胞子嚢群は裂片の中肋と辺縁の中間生

×1.5

葉柄基部には密に、上部ではまばらに淡褐色の鱗片がある

×0.4

最下羽片の下側第1小羽片が最も長い。

リョウメンシダ【両面羊歯】

Arachniodes standishii

オシダ科カナワラビ属／北海道〜九州

山地のやや湿った林下に多い常緑性のシダで、しばしば群生する。根茎は短く匍匐または斜上し、葉を叢生する。葉身は卵状楕円形で、大きな葉では長さ60cmを超え、3回羽状複生に細かく切れ込む。葉質は紙質で、両面とも同じような質感と色をしており、このことから両面シダの名がある。胞子嚢群は葉身の下部中央からつき始める。胞子嚢は秋〜冬にかけて熟し、他のカナワラビ類よりも遅いため雑種をつくりにくいという。

解説

シダ植物の歴史と分類

●シダ植物とは

シダ植物とはどのような植物なのでしょうか。一言でいえば、種子ではなく胞子で繁殖し、胞子体と配偶体がそれぞれ独立している維管束植物の総称です。維管束とは、根が吸収した水分を運ぶための導管（シダ植物の場合は仮導管）と、光合成でできた栄養分を運ぶための篩管（しかん）が束になったものです。ちなみにコケ植物には維管束がなく、胞子体は配偶体から独立していませんので、その点でシダ植物とコケ植物は大別されます。そしてシダ植物は以下に述べるように、大きく小葉類と大葉類の二つの系統に分かれて進化してきました。

●シダ植物の歴史

地球上に生命が誕生したのは今から約40億年前といわれます。それは海の中での出来事であり、植物が陸上に進出したのはそれから約35億年経ったおよそ5億年前といわれています。昆虫や両生類などの動物が陸上に進出したのはおそらくその後のことでしょうから、46億年の地球の歴史の9割近くの期間は、陸上は岩石と砂礫だけの荒野でした（水辺にはわずかな藻類や菌類があったでしょうが）。

最初に陸上に進出した植物は、湿地に生えた苔のような植物だったのだろうと考えられています。それは根も葉もなく、維管束もありませんでした。その後数千万年を経て維管束を持つ植物が現れ、さらにその後小葉類と大葉類が分かれました。小葉類と大葉類は葉の起源が異なり、小葉類は枝分かれしない1本の維管束だけの細い葉を持っていて、現生植物ではヒカゲノカズラ科とミズニラ科、イワヒバ科の3科だけが該当します。大葉類はその後、種子植物の系統とシダ類の系統に分かれました。デボン紀（4.2～3.6億年前）の頃には最古の森林が形成され、石炭紀（3.6～3億年前）には大森林が繁茂して、光合成によって空気中の炭酸ガスは急速に有機化合物として固定され、これが現在の石炭の素になりました。これらの森林を構成したのは、リンボク（現在のミズニラ科に近縁な小葉類）やロボク、シダ種子類（初期の種子植物）などでした。ロボクは現在のトクサに近縁なシダ類（トクサ目）で、この頃すでにトクサ目の分岐は進んでいたのです。

その後、真嚢シダと呼ばれるマツバラン、ハナヤスリ、リュウビンタイ等の仲間が次々と分岐し、さらに薄嚢シダの仲間が分岐していきました。薄嚢シダでは最初にゼンマイの仲間が現れ、次にコケシノブ目、ウラジロ目（ウラジロ科、ヤブレガサウラボシ科等）、フサシダ目（フサシダ科、カニクサ科）、サンショウモ目（サンショウモ科、デンジソウ科）などの仲間が分かれ、ヘゴ目（ヘゴ科、タカワラビ科、キジノオシダ科）とウラボシ目が分かれたのが2億年くらい前とされています。

現在日本で最も繁茂しているメシダ科やオシダ科、ウラボシ科等（いずれもウラボシ目）は1億年前以降に多様化した比較的新しい群であり、その頃はすでに裸子植物や被子植物の森林が成立していました。シダ植物はよく原始的な植物であると言われます。確かに胞子繁殖という繁殖方式は種子による繁殖の起源になった繁殖様式かもしれませんが、現在見られる分類群の多くは被子植物の進化と同時期に並行して進化してきた植物であり、その意味では決して原始的とは言えないのです。

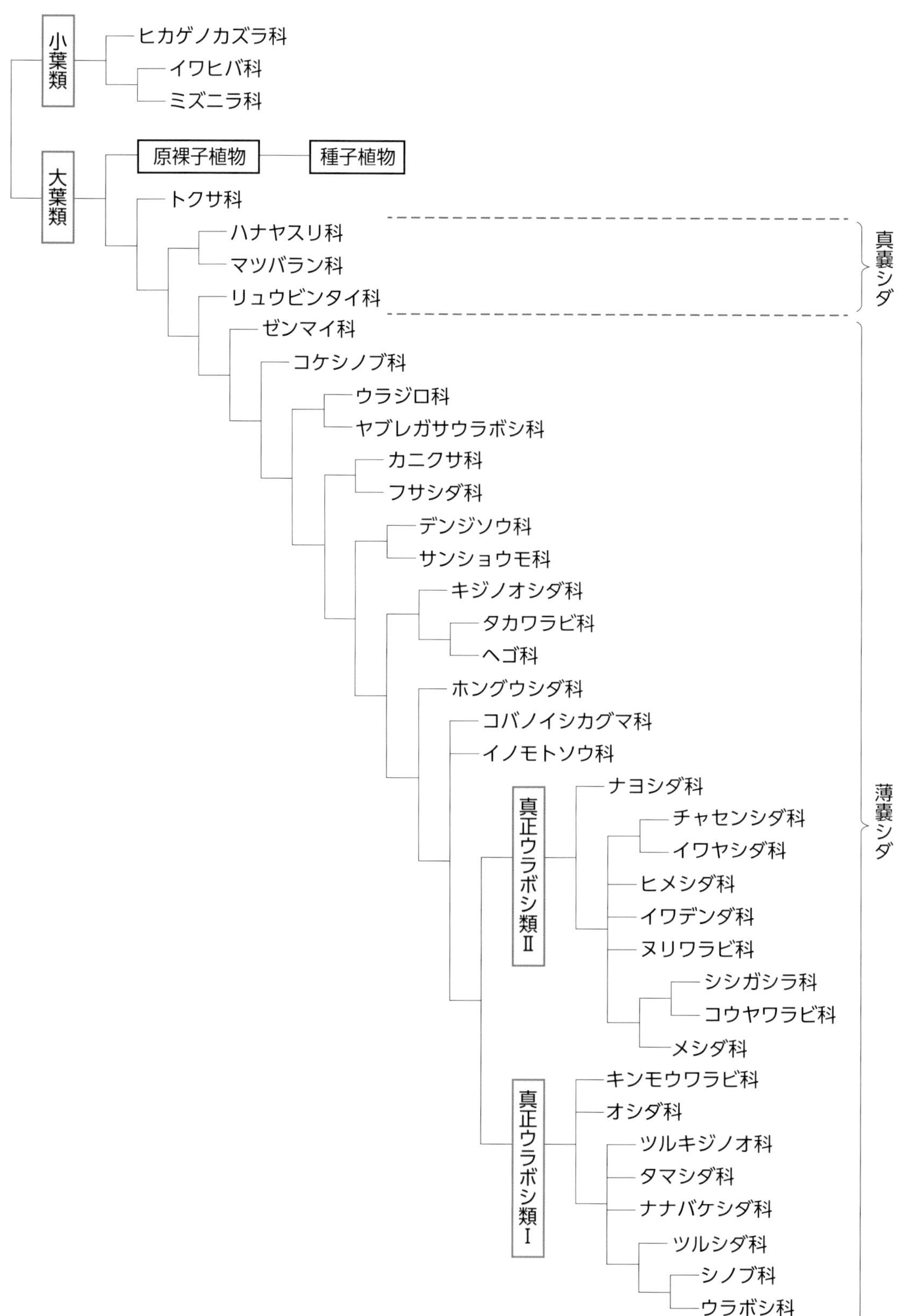
小葉類
ヒカゲノカズラ科
イワヒバ科
ミズニラ科
大葉類
原裸子植物
種子植物
トクサ科
ハナヤスリ科
マツバラン科
リュウビンタイ科
真嚢シダ
ゼンマイ科
コケシノブ科
ウラジロ科
ヤブレガサウラボシ科
カニクサ科
フサシダ科
デンジソウ科
サンショウモ科
キジノオシダ科
タカワラビ科
ヘゴ科
ホングウシダ科
コバノイシカグマ科
イノモトソウ科
真正ウラボシ類Ⅱ
ナヨシダ科
チャセンシダ科
イワヤシダ科
ヒメシダ科
イワデンダ科
ヌリワラビ科
シシガシラ科
コウヤワラビ科
メシダ科
真正ウラボシ類Ⅰ
キンモウワラビ科
オシダ科
ツルキジノオ科
タマシダ科
ナナバケシダ科
ツルシダ科
シノブ科
ウラボシ科
薄嚢シダ

シダ植物系統図（「日本産シダ植物標準図鑑」より改変）

シダ植物の生活環

私たちが普段見ているシダは胞子体（核相は2n）ですが、配偶体（前葉体ともいう。核相はn）との間で常に世代交代を行っていて、その生活環（生活史ともいう）は小葉類も大葉類も基本的に変わりません。また、胞子体には維管束がありますが、通常配偶体には維管束がありません。このように胞子体と配偶体が各々独立して存在し、世代交代を行うのがシダ植物の特徴です。

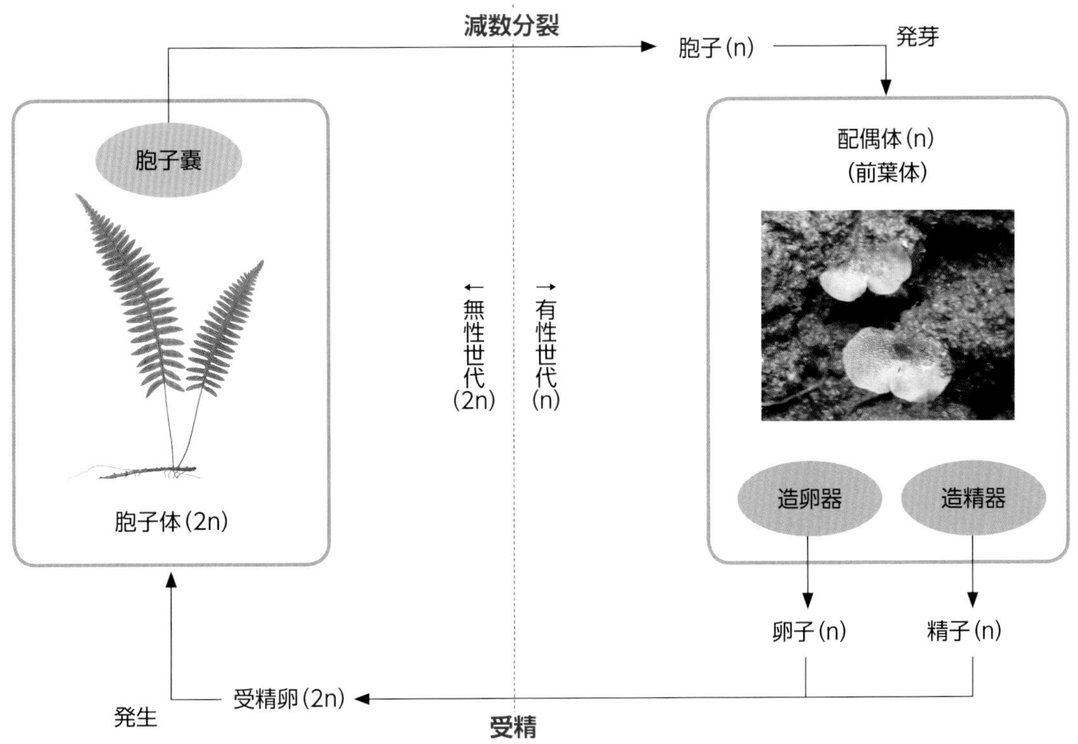
減数分裂
胞子(n)
発芽
胞子嚢
配偶体(n)
(前葉体)
←無性世代(2n)
→有性世代(n)
胞子体(2n)
造卵器
造精器
卵子(n)
精子(n)
受精卵(2n)
発生
受精

体細胞分裂と減数分裂

すべての生物は自己複製能力があり、一つの細胞が分裂して元と同じ細胞を二つ作り、これを繰り返して繁殖し、あるいは多細胞の体を作っていきます。上記の生活環でも受精卵が胞子体になるときや、胞子が発芽して配偶体になるときなどには細胞分裂が行われています。そしてこの細胞分裂には体細胞分裂と減数分裂という2種類の分裂様式があります。

●体細胞分裂

細胞分裂が起こる前に核のDNAが複製され、2倍になった状態で細胞分裂が起こります。DNAは細胞核に存在しますが、普段は光学顕微鏡では観察できません。細胞分裂時には、DNAは凝集して光学顕微鏡で見えるレベルになり、これが染色体です。体細胞分裂においては2倍になった染色体が各々の娘細胞に2分されるため、娘細胞の染色体は親細胞と同じ数になります。

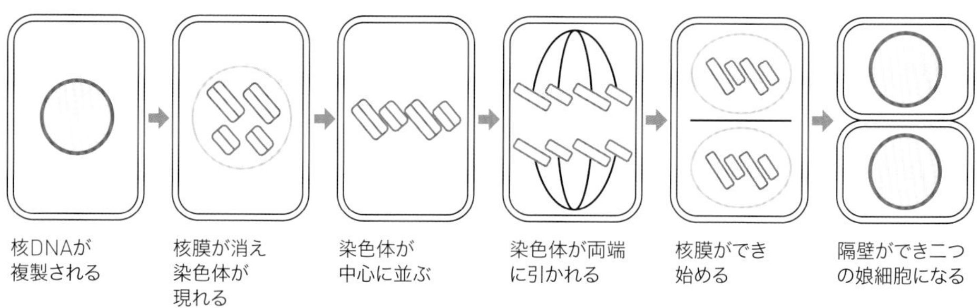
核DNAが
複製される
核膜が消え
染色体が
現れる
染色体が
中心に並ぶ
染色体が両端
に引かれる
核膜ができ
始める
隔壁ができ二つ
の娘細胞になる
複製されて2本になった染色体（姉妹染色体）

●減数分裂

胞子をつくる際に行われる細胞分裂です。細胞分裂の前にDNAが複製され、2倍になるのは体細胞分裂と同じですが、その後図のように2段階の分裂が起こり、4つの娘細胞になるため、各々の娘細胞にある染色体数は親細胞の1／2になります。シダではこの娘細胞が胞子となります。娘細胞の染色体の数を基本数（n）といい、親細胞は娘細胞と比べ2倍の染色体をもつことになるので、親細胞の染色体数を2nと表します。これが「シダの生活環」の項で出てきた核相です（図は2n＝4の場合を示した）。

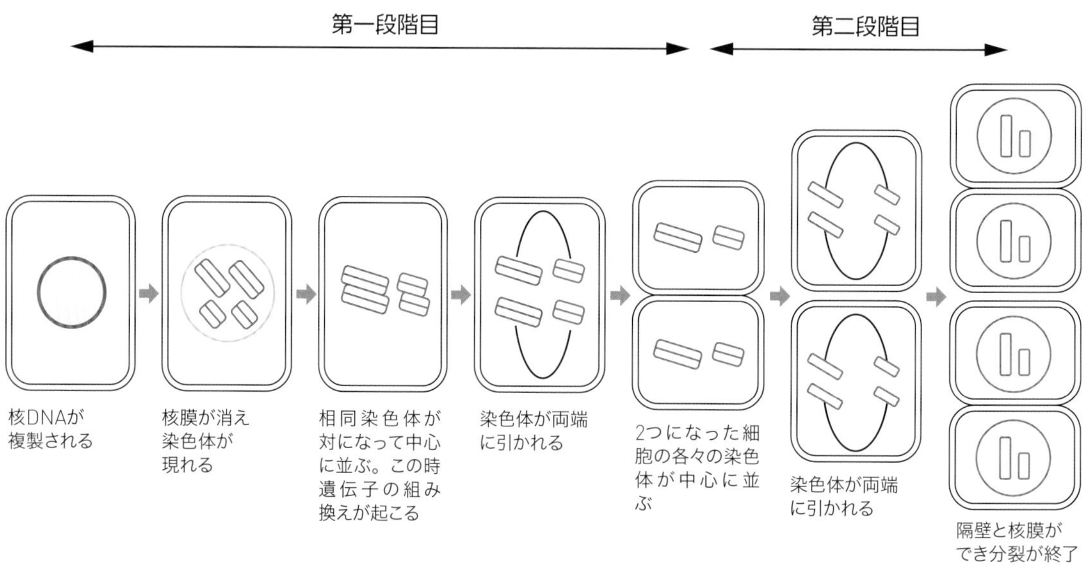
第一段階目
第二段階目
核DNAが
複製される
核膜が消え
染色体が
現れる
相同染色体が
対になって中心
に並ぶ。この時
遺伝子の組み
換えが起こる
染色体が両端
に引かれる
2つになった細
胞の各々の染色
体が中心に並
ぶ
染色体が両端
に引かれる
隔壁と核膜が
でき分裂が終了

この時、第一段階目の分裂では相同染色体が対になり2つの娘細胞に分配されますが、雑種などの場合、染色体がうまく対になれず、したがって減数分裂が進まないため正常な胞子ができません（不稔という）。

有性生殖と無融合生殖

●有性生殖

減数分裂でできた娘細胞は胞子になり、胞子が発芽してできた配偶体から精子と卵子ができるので、精子や卵子の染色体もｎ個となります。精子と卵子は受精して元の2nとなり、体細胞分裂によって通常のシダ（胞子体）となります。このような繁殖の仕方を有性生殖といい、203ページで示した「シダの生活環」は、この有性生殖の場合を示しています。

●無融合生殖

例えば3倍体のシダの場合は、相同染色体が3セットあります。2セットの相同染色体は1対となれますが、もう1セットは余ってしまって対になることができません。そのため通常減数分裂がうまくできず胞子ができない(不稔)のですが､まれに通常の減数分裂を経ることなく胞子を作ってしまうことがあります。この場合できた胞子は親細胞と同じ数の染色体をもつため、発芽して配偶体ができた後、受精することなしに胞子体をつくることができます。このように受精せずに新たな胞子体を発生させる生殖様式を無融合生殖（または無配生殖）といい、3倍体種に限らず、そのほかの倍数体でも観察される生殖様式で、日本のシダでは約15%程度の種類で見られます。

●胞子嚢内の胞子の数

薄嚢シダの多くの種類では胞子嚢の中の1つの胞原細胞が4回の体細胞分裂と1回の減数分裂（2段階の分裂）によって胞子をつくるため、1胞子嚢中の胞子の数は通常64個です。しかし無融合生殖の場合、細胞分裂の回数が1回少ないため1胞子嚢当たりの胞子数が通常の半分の32個になります。したがって胞子嚢の中の胞子数を数えることにより、有性生殖か無融合生殖かを推定することができるのです。

索引

【参考文献】『日本産シダ植物標準図鑑Ⅰ、Ⅱ』（海老原淳／学研プラス）、『日本の野生植物・シダ』（岩槻邦男／平凡社）、『原色日本羊歯植物図鑑』（田川基二／保育社）、『写真でわかるシダ図鑑』（池畑怜伸／トンボ出版）、『北海道のシダ入門図鑑』（梅沢 俊／北海道大学出版会）、『日本帰化植物写真図鑑』（清水矩宏・森田弘彦・廣田伸七／全国農村教育協会）、『日本帰化植物写真図鑑第2巻』（植村修二・勝山輝男・清水矩宏・水田光雄・森田弘彦・廣田伸七・池原直樹／全国農村教育協会）、日本シダの会会報（日本シダの会）

文

桶川 修

1949年静岡県富士市生まれ。静岡薬科大学（現静岡県立大学薬学部）大学院修士課程修了。学生時代は植物研究部に所属して山と植物を堪能し、その後も製薬会社に勤務する傍ら、シダ植物を中心に国内および海外で植物観察を続ける。現在は公益社団法人日本植物友の会理事、日本シダの会幹事。

写真

大作 晃一

1963年千葉県生まれ。自然写真家。きのこや植物などを被写体として美しい自然写真を撮影している。被写体全面にピントがあった深度合成と呼ばれる撮影を行い、本書にも用いられている。著書に『小学館の図鑑NEO 花』（小学館）、『くらべてわかるきのこ』『美しき雑草の花図鑑』（山と溪谷社）など多数。

資料協力（五十音順）――――大洞浩一、倉俣武男、櫻井八洲彦、佐藤 康、松岡輝宏、御巫由紀

写真提供（五十音順）――――小久保恭子、境野圭吾、舘野太一

助言――――岡 武利

装幀・本文レイアウト――――ニシ工芸㈱（西山克之）

編集――――舘野太一

編集協力（五十音順）――――大井裕介、白須賀奈菜、手塚海香、三上允杜

くらべてわかるシダ

2020年4月30日　初版第1刷発行
2023年2月25日　初版第2刷発行

文――――桶川 修

写真――――大作晃一

発行人――――川崎深雪

発行所――――株式会社 山と溪谷社
〒101-0051東京都千代田区神田神保町1丁目105番地
https：//www.yamakei.co.jp/

印刷・製本――――図書印刷株式会社

●乱丁・落丁、及び内容に関するお問合せ先
山と溪谷社自動応答サービス　TEL. 03-6744-1900
受付時間／11:00-16:00（土日、祝日を除く）
メールもご利用ください。【乱丁・落丁】service@yamakei.co.jp【内容】info@yamakei.co.jp
●書店・取次様からのご注文先　山と溪谷社受注センター
TEL. 048-458-3455　FAX. 048-421-0513
●書店・取次様からのご注文以外のお問合せ先
eigyo@yamakei.co.jp

ISBN978-4-635-06354-8

Printed in Japan